气压与液压传动控制技术

（第5版）

主　编　胡海清　万伟军
副主编　孙弘翔

北京理工大学出版社
BEIJING INSTITUTE OF TECHNOLOGY PRESS

内容简介

本书主要介绍了气、液压传动控制系统的工作原理和基本构成，流体传动中的基础理论知识，气、液压能源，执行及控制元件的结构、功能和应用。此外，本书还结合工业实际应用对气、液压基本控制回路的构成和功能进行了较为具体的分析和介绍。

本书以培养机电一体化应用型人才为目标，为了使学生牢固地掌握本专业所需的基本理论和基本技能，书中注重基础理论教育的同时，突出实用性、针对性和先进性。结合我国高等教育的现状，在保留经典理论体系的同时，又吸收新的科技成果，注重加强基本概念、基本分析方法和基本技能的培养和训练，体现高等教育的特点。

本书是高等教育机电一体化专业的规划教材，主要供高等学校机电一体化专业、数控技术专业学生作为教材使用，也可供从事机电一体化专业的工程技术人员参考。

图书在版编目（CIP）数据

气压与液压传动控制技术 / 胡海清，万伟军主编. —5 版. —北京：北京理工大学出版社，2018.6

ISBN 978-7-5682-5672-8

Ⅰ. ①气…　Ⅱ. ①胡…②万…　Ⅲ. ①气压传动-高等学校-教材②液压传动-高等学校-教材　Ⅳ. ①TH138②TH137

中国版本图书馆 CIP 数据核字（2018）第 108596 号

出版发行 / 北京理工大学出版社有限责任公司
社　　址 / 北京市海淀区中关村南大街 5 号
邮　　编 / 100081
电　　话 / （010）68914775（总编室）
（010）82562903（教材售后服务热线）
（010）68948351（其他图书服务热线）
网　　址 / http://www.bitpress.com.cn
经　　销 / 全国各地新华书店
印　　刷 / 涿州市新华印刷有限公司
开　　本 / 787 毫米×1092 毫米　1/16
印　　张 / 16
字　　数 / 376 千字
版　　次 / 2018 年 6 月第 5 版　2018 年 6 月第 1 次印刷
定　　价 / 65.00 元

责任编辑 / 张旭莉
文案编辑 / 张旭莉
责任校对 / 周瑞红
责任印制 / 李　洋

图书出现印装质量问题，请拨打售后服务热线，本社负责调换

前　言

本书是为了适应高等教育发展的需要而编写的机电一体化、数控技术专业规划教材之一。

在编写过程中，我们从应用的角度出发，力求贯彻少而精、理论联系实际的原则，突出基本知识和基本技能的培养，以读者为本，条理清晰，便于阅读，主要特点体现为：

1. 在具体讲述液压与气动元件时侧重于基本原理而不过多的涉及具体结构，以示意图、外形图为主，通俗易懂。

2. 在气压传动和液压传动的讲述中，既考虑到两个内容的独立性和完整性，又考虑到两者的共同点，力求使读者学完本书后，能真正掌握液压与气压传动的主要内容和设计方法。

3. 本书所有实验课题主要取材于实际生产中的应用，与生产实际紧密结合。

4. 根据现代技术的发展需要和工业实际生产中的应用，做到气压与液压并重，纠正了传统教材中重液压轻气动的弊病。

5. 根据课题需要合理安排理论知识，注重技能培养，体现了“教、学、做合一”的教育特色。

6. 本书系理论实践一体化教材，适合在实验室现场教学时使用。新增加了多媒体课件、图片及动画演示等内容，方便教师教学和学生实习时使用。

本书是机械类、数控类等专业通用教材，也可以作为相关技术人员的参考书。

本书由胡海清、万伟军担任主编，孙弘翔担任副主编，其中绪论、第4章、第9章和附录一、二、三由胡海清编写；第1章、第2章、第3章由万伟军编写；第5章和第6章、第7章、第8章由孙弘翔编写并负责相关材料的收集和整理工作。

书中采用的部分元件结构图、剖面图和元件实物图来源于费斯托（FESTO）、派克（PARKER）、力乐士（REXROTH）、威格士（VICKERS）等公司网站。书中所用回路图均采用德国 FESTO 公司 FLUIDSIM-P 和 FLUIDSIM-H 软件绘制，部分图形符号与图家标准 GB/T 786. 1-1993 略有出入，具体对照请参见附录。

由于编者学识和经验有限，书中难免有错漏之处，敬请广大读者批评指正。

AR 内容资源获取说明

——→扫描二维码即可获取本书 AR 内容资源！

Step1：扫描下方二维码，下载安装“4D 书城”APP；

Step2：打开“4D 书城”APP，点击菜单栏中间的扫码图标，再次扫描二维码下载本书；

Step3：在“书架”上找到本书并打开，即可获取本书 AR 内容资源！

目　　录

绪 论

【本章知识点】

1. 气、液压传动的工作原理和工作方式
2. 气、液压传动中的输出力、运动速度和功率关系
3. 气、液压传动系统的构成要素
4. 气压传动和液压传动的优、缺点
5. 气、液压传动技术的发展趋势

【背景知识】

气压传动和液压传动相对于机械传动和电气传动结构简单，维修、维护方便，输出力大小、方向和速度易于调节。气动技术和液压技术虽然都是比较新的技术，但随着制造技术的发展，它们在现代工业的各行业中得到日益广泛的应用，正成为目前工业中不可缺少的两种传动和控制技术。

0.1 概 述

液压传动与气压传动统称为流体传动，都是利用有压流体（液体或气体）作为工作介质来传递动力或控制信号的一种传动方式。

不论液压传动还是气压传动，相对于机械传动来说，都是一门新兴的技术。若从17世纪中叶帕斯卡提出静压传递原理、18世纪末英国制成第一台水压机开始算起，液压传动已有二三百年的历史，但只是在第二次世界大战后的60年间这项技术才得到真正的发展。战后，随着现代科学技术的迅速发展和制造工艺水平的提高，各种液压元件的性能日益完善，液压技术迅速转向民用工业，在机床、工程机械、农业机械、运输机械、冶金机械等许多机械装置特别是重型机械设备中得到非常广泛的应用，并渗入工业的其他领域中，成为工业领域中一门非常重要的控制和传动技术。特别是出现了高精度、响应速度快的伺服阀后，液压技术的应用更是飞速发展，在20世纪70年代末至80年代末，由于电子计算机的迅速发展，促使液压技术进入了数控液压伺服技术的时期。目前普遍认为：电子技术和液压技术相结合是液压系统实现自动控制的发展方向。

气动技术由风动技术和液压技术演变、发展而来，作为一门独立的技术门类至今还不到50年。由于气压传动的动力传递介质是取之不尽的空气，环境污染小，工程实现容易，所以在自动化领域中充分显示出它强大的生命力和广阔的发展前景。气动技术在机械、电子、钢铁、运输车辆、橡胶、纺织、轻工、化工、食品、包装、印刷、烟草等各个制造行业，尤其在各种自动化生产装备和生产线中得到了非常广泛的应用，成为当今应用最广、发展最快、也最易被接受和重视的技术之一。

0.2 气、液压传动的工作原理

液压与气压传动的工作原理是相似的，它们都是执行元件在控制元件的控制下，将传动介质（压缩空气或液压油）的压力能转换为机械能，从而实现对执行机构运动的控制。

图0-1和图0-2为液（气）压执行机构（液、气压缸）的活塞在控制元件（换向阀）的控制下实现运动的工作过程示意图。

图0-1所示的单作用缸动作控制示意图中，按下换向阀4的按钮前，进油（气）口5封闭，单作用缸的活塞2由于弹簧的作用力处于缸体的左侧。按下按钮后，换向阀切换到左位，使液压油（压缩空气）进油口5与缸的左侧腔体（无杆腔）相通，液压油（压缩空气）推动活塞克服摩擦力和弹簧的反作用力，向右运动，带动活塞杆向外伸出。松开按钮，换向

阀在弹簧力的作用下回到右位，进油（气）口 5 再次封闭，缸无杆腔与排油（气）口 6 相通，由于油（气）压作用在活塞左侧的推力消失，在缸复位弹簧弹力的作用下，活塞缩回。这样就实现了单作用缸活塞杆在油（气）压和弹簧作用下的直线往复运动。

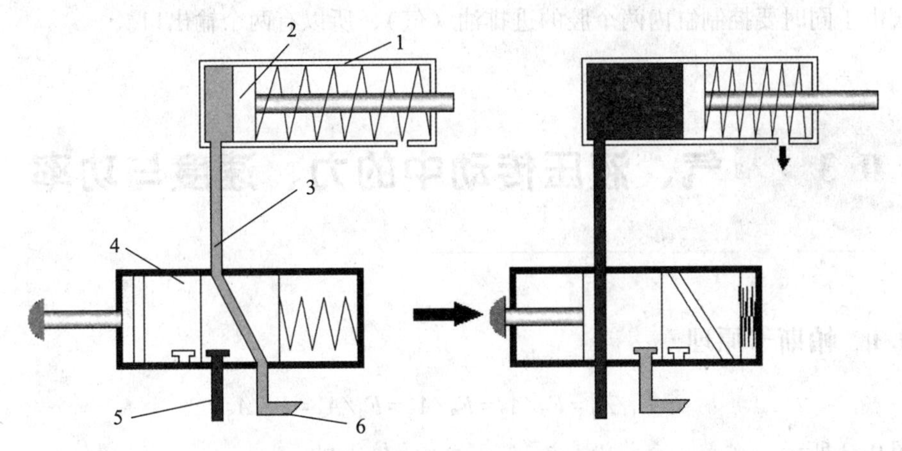

图 0-1　单作用液、气压缸动作控制示意图

1—单作用缸；2—活塞；3—连接管；4—按钮式二位三通换向阀；
5—进油（气）口；6—排油（气）口

图 0-2 所示的双作用缸动作控制示意图中，在按下换向阀 4 的按钮前，双作用缸左腔（无杆腔）与排油（气）口 6 连通，右腔（有杆腔）与液压油（压缩空气）进口 5 连通，在液压油（压缩空气）的压力作用下使活塞处于缸体左侧，活塞杆处于缩回状态。按下按钮后，换向阀切换至左位，使缸左腔与进油（气）口 5 相通，右腔与排油（气）口 6 相通，压力作用推动活塞向右运动，带动活塞杆伸出。松开按钮，换向阀 4 复位，压力作用在活塞右侧，使活塞杆再次缩回。这样就实现了双作用缸活塞杆在油（气）压作用下的直线往复运动。

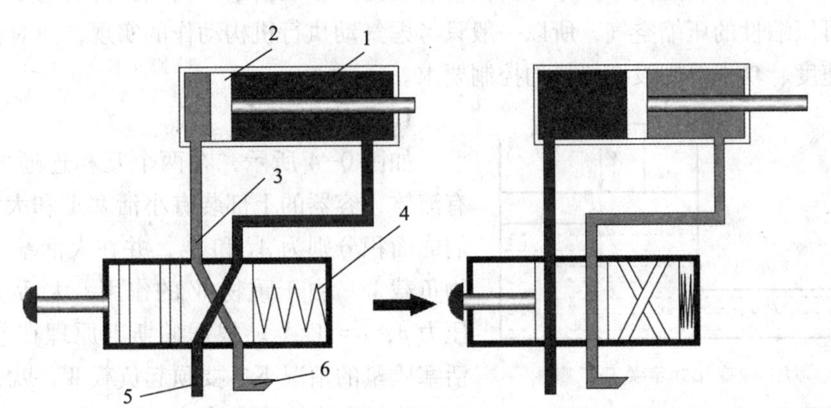

图 0-2　双作用液、气压缸动作控制示意图

1—双作用缸；2—活塞；3—连接管；4—按钮式二位四通换向阀；
5—进油（气）口；6—排油（气）口

通过图 0-1 和图 0-2 可以看出，双作用缸与单作用缸的工作原理是有区别的。单作用缸活塞仅有一个方向上的运动是通过压力作用实现的；而双作用缸活塞的双向往复运动都是在压力作用下实现的。用于控制这两种缸的换向阀在结构上也有所不同，控制单作用缸的换向阀有一个进油（气）口、一个排油（气）口和一个与缸相连的输出口；而控制双作用缸的换向阀由于同时要控制缸内两个腔的进排油（气），所以有两个输出口。

0.3 气、液压传动中的力、速度与功率

0.3.1 帕斯卡原理

$$p=F_1/A_1=F_2/A_2=F_3/A_3=F_4/A_4=F_5/A_5$$

如图0-3所示，在密闭容器内，施加于静止液体上的压力将以等值同时传到液体的各点，这就是帕斯卡原理，或称静压传递原理。帕斯卡的发现为封闭流体在传动和放大方面的应用开辟了道路，它也是气、液压传动的最基本的原理。

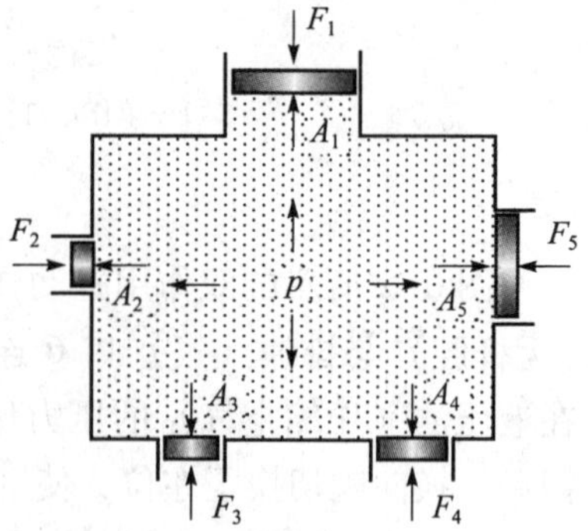

图0-3　帕斯卡原理示意图

0.3.2 气、液压传动中的力、速度与功率

下面以图0-4所示的液压千斤顶的工作原理图为例来分析气、液压传动中力、运动速度与功率的关系。应当注意的是在液压传动控制系统中用的是刚性的液压油，所以对输出力的大小、运动速度、功率等往往有着较高的控制要求，而气压传动由于传动介质为具有很强可压缩性的压缩空气，所以一般只考虑气动执行机构动作的实现，而对输出力的大小、运动速度、功率等则没有严格的控制要求。

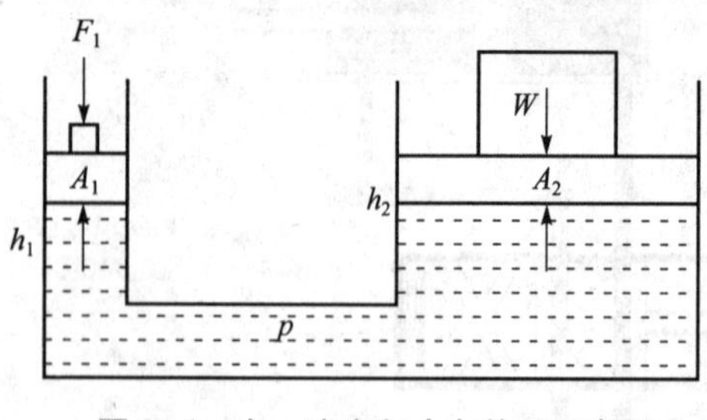

图0-4　力、速度和功率关系示意图

1. 力比例关系

如图0-4所示，在两个互相连通的容器中装有流体，容器的上部装有小活塞1和大活塞2，它们的面积分别为A_1和A_2，并在大活塞上面放一重物负载W。由于重物W的作用，大活塞下腔产生压力p，$p=W/A_2$。根据帕斯卡原理在忽略流体和活塞质量的情况下，要顶起负载W，就必须在小活塞上施加一个向下的力F_1，$F_1=pA_1$，因而有：

$$p=\frac{F_1}{A_1}=\frac{W}{A_2}$$

或

$$\frac{W}{F_1}=\frac{A_2}{A_1} \tag{0.1}$$

式中：A_1 和 A_2——分别是小活塞和大活塞的作用面积；

F_1——作用在小活塞上的力；

W——负载。

式（0.1）是液压传动和气压传动中力传递的基本公式，由于 $p=W/A_2$，因此，当负载 W 增大时，流体工作压力 p 也要随之增大，亦即 F_1 要随之增大；反之若负载 W 减小，流体压力就降低，F_1 也就减小。由此可以得到一个很重要的结论：在液压和气压传动中工作压力取决于负载，而与流入的流体多少无关。

同时我们也可以看到，只要对小活塞上施加大小为 F_1 的力，即可在大活塞下方产生一个大小为 F_1A_2/A_1、方向向上的推力。这个力是 F_1 的 A_2/A_1 倍，从而实现了力的放大，这是流体传动的一个非常重要的特征。

2. 运动速度

如果不考虑液体和气体的可压缩性、泄漏和缸体的变形等因素，由图 0-4 可知，被小活塞压出的流体的体积必然等于大活塞向上升起后大缸扩大的体积。即

$$A_1h_1=A_2h_2$$

或

$$\frac{h_2}{h_1}=\frac{A_1}{A_2} \tag{0.2}$$

式中：h_1 和 h_2——分别为小活塞和大活塞的位移。

由式（0.2）可知，两个活塞的位移和两个活塞的面积成反比，将 $A_1h_1=A_2h_2$ 两端同时除以活塞移动的时间 t 得

$$A_1\frac{h_1}{t}=A_2\frac{h_2}{t}$$

即

$$A_1v_1=A_2v_2=\cdots$$

或

$$\frac{v_2}{v_1}=\frac{A_1}{A_2} \tag{0.3}$$

式中：v_1 和 v_2——分别为小活塞和大活塞的运动速度。

从式（0.3）可以看出，活塞的运动速度和活塞的作用面积成反比。

Ah/t 的物理意义是单位时间内流体流过截面积为 A 的某一截面的体积，称为流量 q，即

$$q=Av$$

图 0-5 可知，如果已知进入缸体的流量为 q，则活塞的运动速度为

$$v=q/A \tag{0.4}$$

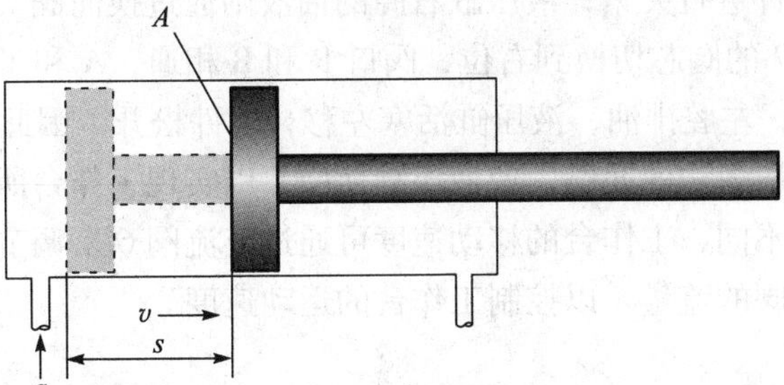

图 0-5 运动关系示意图

可见调节进入缸体的流体流量 q，即可调节活塞的运动速度 v，这就是液压传动与气压传动能实现无级调速的基本原理。由此我们还可以得到另一个重要的结论：即活塞的运动速度取决于进入液压（气压）缸的流量，而与流体的压力大小无关。

但在气压传动系统中，由于空气具有很强的可压缩性，所以气缸活塞的运动速度并不能完全按照上面的公式来进行计算。

3. 功率关系

由式（0.1）和式（0.3）可得

$$F_1 v_1 = W v_2 \tag{0.5}$$

式中，等号左端为输入功率，右端为输出功率，这说明在不计损失的情况下流体传动的输入功率等于输出功率。由式（0.5）还可得出

$$P = pA_1 v_1 = pA_2 v_2 = pq \tag{0.6}$$

式中：P——功率；

p——流体压力；

q——流体的流量。

由式（0.6）可知，在液压和气压传动中的功率 P 可以用压力 p 和流量 q 的乘积来表示，压力 p 和流量 q 是流体传动中最基本、最重要的两个参数，它们的乘积即为功率。

由以上分析可以得出第三个重要结论：液压和气压传动是以流体的压力能来传递动力的。

0.4 气、液压传动系统的基本构成

0.4.1 液压传动系统

如图0-6所示的液压夹紧装置传动原理图，液压泵3由电动机2带动，从油箱1中吸油，然后将具有压力能的油液输送到管路，油液通过过滤器5过滤后，经节流阀6流至换向阀7。换向阀7的阀芯有两个不同的工作位置，当阀芯处于左位时，阀口P和A相通，B和T相通，压力油经P口流入换向阀A口，进入液压缸8的左腔，液压缸活塞在左腔压力油的推动下向右伸出对工件进行夹紧；液压缸右腔的油液则通过换向阀7的B口经回油口T流回油箱1。若将换向阀7的阀芯切换到右位，阀口P和B相通，A和T相通，压力油经换向阀B口进入液压缸右腔，左腔排油，液压缸活塞左移，工件松开。因此换向阀7的工作位置不同时，就能不断改变压力油的通路，使液压缸换向，以实现工作台所需要的往复运动。

根据加工要求的不同，工作台的移动速度可通过节流阀6来调节，改变节流阀开口的大小可以调节通过节流阀的流量，以控制工作台的运动速度。

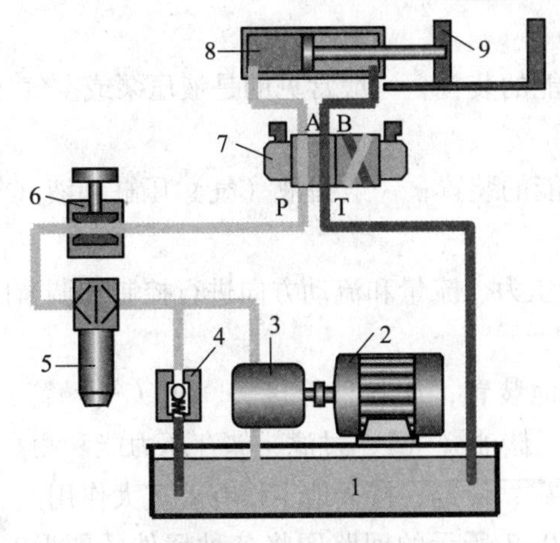

图 0-6 液压夹紧装置传动原理图

1—油箱；2—电动机；3—液压泵；4—溢流阀；5—过滤器；6—节流阀；
7—电磁换向阀；8—液压缸；9—工作台；P，A，B，T—换向阀各油口

夹紧过程中，由于工件材料不同，要克服的阻力也不同，不同的阻力都是由液压泵输出油液的压力能来克服的，系统的压力可通过溢流阀 4 调节。当系统中的油压升高到稍高于溢流阀的调定压力时，溢流阀上的钢球被顶开，油液经溢流阀排回油箱，这时油压不再升高，维持定值。为保持油液的清洁，设置了过滤器 5，将油液中的污物杂质去掉，使系统工作正常。

0.4.2 气动系统

图 0-7 为一个气动系统的回路图。气动三联件 1Z1 用于对压缩空气进行过滤、减压和注入润滑油雾，按钮 1S1、1S2 信号经梭阀 1V2 处理后控制主控换向阀 1V1 切换到左位，使气缸 1A1 伸出；行程阀 1S3 则在气缸活塞杆伸出到位后，发出信号控制 1V1 切换回右位，使气缸活塞缩回。

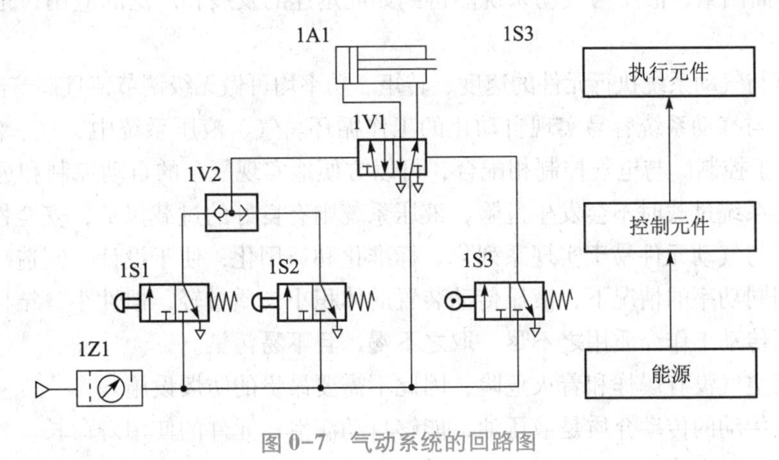

图 0-7 气动系统的回路图

0.4.3 基本构成

由上面的例子可以看出，液压与气压传动系统主要由以下几个部分组成：

1. 能源装置

把机械能转换成流体的压力能的装置，一般常见的是液压泵或空气压缩机。

2. 执行装置

把流体的压力能转换成机械能的装置，一般指液（气）压缸和液（气）压马达。

3. 控制调节装置

对液（气）压系统中流体的压力、流量和流动方向进行控制和调节的装置。

4. 辅助装置

指除以上3种装置以外的其他装置，如各种管接头、油（气）管、油箱、蓄能器、过滤器、压力计等，它们起着连接、储油（气）、过滤、储存压力能和测量油（气）压等辅助作用，对保证液（气）压系统可靠、稳定、持久地工作有着重大作用。

同时我们可以看到采用如图0-7所示的回路图将各种元件的图形符号组合起来就可以成为一个实际控制系统的解决方案。

0.5 气、液压传动的基本特点

20世纪80年代以来，自动化技术得到迅速发展。自动化实现的主要方式有：机械方式、电气方式、液压方式和气动方式等。这些方式都有各自的优缺点和适用范围。任何一种方式都不是万能的，在对实际生产设备、生产线进行自动化设计和改造时，必须对各种技术进行比较，扬长避短，选出最适合的方式或几种方式的组合，以使设备更简单、更经济，工作更可靠、更安全。

综合各方面因素，液压与气动系统能得到如此迅速的发展和广泛的应用，是由于它们有许多突出的优点：

（1）液压与气动系统执行元件的速度、转矩、功率均可做无级调节，且调节简单、方便。

（2）液压与气动系统容易实现自动化的工作循环。气、液压系统中，气、液体的压力、流量和方向易于控制。与电气控制相配合，可以方便地实现复杂的自动控制和远程控制。

（3）气动系统过载时不会发生危险，液压系统则有良好的过载保护，安全性高。

（4）液压与气动元件易于实现系列化、标准化和通用化，便于设计、制造。

（5）在相同功率的情况下，液压传动装置的体积小，质量轻，惯性小，结构紧凑。

（6）气压传动工作介质用之不尽，取之不竭，且不易污染。

（7）压缩空气没有爆炸和着火危险，因此不需要昂贵的防爆设施。

（8）液压传动的传动介质是液压油，能够自动润滑，元件的使用寿命长。

（9）压缩空气由管道输送容易，而且由于空气黏性小，在输送时压力损失小，可进行远距离压力输送。

液压与气动系统的主要缺点是：

（1）由于泄漏及气体、液体的可压缩性，使它们无法保证严格的传动比，这一缺点对

气动尤为显著。

(2) 液压传动常因有泄漏，所以易污染环境。另外油液易被污染，从而影响系统工作的可靠性。

(3) 气压传动传递的功率较小，气动装置的噪声也大，高速排气时要加消声器。

(4) 由于气动元件对压缩空气要求较高，为保证气动元件正常工作，压缩空气必须经过良好的过滤和干燥，不得含有灰尘和水分等杂质。

(5) 相对于电信号而言，气、液压控制远距离传递信号的速度较慢，不适用于需要高速传递信号的复杂回路。

(6) 液压元件制造精度要求高，加工、装配比较困难，使用维护要求严格，在工作过程中发生故障不易诊断。

(7) 油液中混入空气易影响液压系统的工作性能。油液混入空气后，易引起液压系统爬行、振动和噪声，使系统的工作性能受到影响并缩短元件的使用寿命。

0.6 气、液压传动的发展趋势

随着生产的不断发展，对液、气压元件的结构和性能的要求也越来越高，纵观国内外液、气压元件的发展趋势，大致有以下两个方面：

1. 小型、轻量化

在液压技术中，为了达到小型轻量化的目的，液压系统的压力趋向高压化，如国外的建筑机械正向 35 MPa 迈进，航空附件正向 56~63 MPa 进军。当然，随着压力的提高，系统及元件的寿命有所下降，质量也有所增加，上述矛盾的出现，给材料科学的研究者提出了新的课题。

在国外，液压和气动元件正在向多功能或系统化方向发展。例如：以方向控制阀为核心，再加上其他各种功能的截止式四通阀，使液压系统具有高度集成化、轻量化和小型化等特点。用一个多功能阀（即组合阀）即可组成一个差动回路，但其安装尺寸仅与一般电磁阀相同。

在气动技术中，在小功率范围内，小型元件的开发和系列化正在积极地发展，特别是使单个元件向系统化方向发展，正作为小型、轻量化的主攻方向。如：一个组合式元件，即可构成包括执行元件在内的一个自成系统，它既具有自动换向、中途停止的功能，又具有调速等功能。

由于气动系统的压力较低，故元件材料选用的自由度较大，现正由铁制品向完全铝合金化过渡，并由铝合金化进一步向树脂塑料化方向发展，所以树脂塑料技术的发展是今后气动元件进一步轻量化的方向。

2. 与电子技术相结合

以电子元件作为系统的信息处理和传递信息的手段来控制控制阀，以输出流体的压力能

作为功率输出，这两者的结合，是流体控制阀的重要研究课题。

在液压技术中，现在感兴趣的是比例电磁阀和数字阀，这两者虽然都是开环控制，但与电-液伺服阀相比，抗污染能力要强得多，且制造方便，维护使用简单。

气动技术中，比例电磁阀已开始进入实用阶段，且可与微机控制直接结合。

总之，随着工业的发展，液压与气压传动技术必将更加广泛地应用于各个工业领域。液压技术正向高压、高速、大功率、高效、低噪声、经久耐用、高度集成化的方向发展。而气动技术的应用领域已从汽车、采矿、钢铁、机械工业等行业迅速扩展到化工、轻工、食品、军事工业等各行各业，已发展成为包含传动、控制与检测在内的自动化技术。

生产学习经验

1. 在液压系统中液压油的压力可以达到几百个大气压，把此压力油送入油缸后即可产生很大的力（可达700-3 000 N/cm^2），而气动系统中的工作压力一般只有5～8个大气压。

2. 在气动系统中由于空气具有很强的可压缩性，定位精度一般只能达到0.1 mm，液压系统中则可以达到±1 μm。

3. 气压传动由于工作压力不高，因此，工作时摩擦力的影响相对较大，低速时气动设备易出现爬行现象。因此，低速稳定性要求高的场合不宜采用气压传动。

4. 在液压传动装置中，由于油液的压缩量非常小，在通常压力下可以认为不可压缩，可依靠油液的连续流动进行传动。油液本身有一定吸振能力，在油路中还可以设置液压缓冲装置，故不像机械机构因加工和装配误差而引起振动和撞击，使传动十分平稳，便于实现频繁的换向。

5. 在液压传动中，调节液体的流量就可以实现无级调速，并且调速范围很大，可达200：1以上。

6. 液压传动是以液压油为工作介质，在相对运动的表面间不可避免的要有泄漏，同时油液又不是绝对不可压缩的，因此不宜应用在传动要求严格的场合。

本章小结

通过本章的学习可以了解什么是气、液压传动，气、液压传动的工作原理、特点，明确气、液压传动系统中压力、流量和功率的关系以及气、液压系统的构成和发展趋势。

思考题

1. 对照图 0-1 和图 0-2 所示气、液压传动的工作原理，说明它与三相异步电动机的工作原理有什么不同。

2. 查找资料了解气压传动和液压传动在生活或在工业中的应用，并举出两者各三个应用实例。

习 题

1. 什么是液压传动？什么是气压传动？
2. 气、液压传动系统主要由哪几部分构成？
3. 什么是帕斯卡原理？液压缸的输出力、速度和功率分别由哪些因素决定？
4. 气压传动和液压传动分别具有哪些优点和缺点？

第1章
气源系统及气源处理装置

【本章知识点】

1. 压缩空气的相关知识
2. 压力的表示方法
3. 气源系统的作用和构成
4. 气源系统构成元件的结构和工作原理

【背景知识】

由产生、处理和储存压缩空气的设备组成的系统称为气源系统，气源系统用于为气动装置提供符合其要求的压缩空气。气源系统一般由气压发生装置、空气净化处理装置以及压缩空气传输管道构成。

1.1 压缩空气

在气压系统中，压缩空气是传递动力和信号的工作介质，气压系统能否可靠地工作，在很大程度上取决于系统中所用的压缩空气的质量。因此，在研究气压系统之前，须对系统中使用的压缩空气及其性质作必要的介绍。

1.1.1 压缩空气的物理性质

1. 空气的组成

自然界的空气是由若干种气体混合而成的，表1-1列出了地表附近空气的组成。在城市和工厂区，由于烟雾及汽车排气，大气中还含有二氧化硫、亚硝酸、碳氢化合物等。空气里常含有少量水蒸气，对于含有水蒸气的空气称为湿空气，完全不含水蒸气的空气叫干空气。

表1-1 空气的组成

成分	氮（N_2）	氧（O_2）	氩（A_r）	二氧化碳（CO_2）	氢（H_2）	其他气体
体积分数/%	78.03	20.95	0.93	0.03	0.01	0.05

2. 空气的密度

单位体积内所含气体的质量称为密度，用ρ表示。单位为kg/m^3。

$$\rho = \frac{m}{V} \tag{1.1}$$

式中：m表示空气的质量，kg；

V表示空气的体积，m^3。

3. 空气的黏性

黏性是由于分子之间的内聚力，在分子间相对运动时产生的内摩擦力，而阻碍其运动的性质。与液体相比，气体的黏性要小得多。空气的黏性主要受温度变化的影响，且随温度的升高而增大，其与温度的关系见表1-2。

表1-2 空气的运动黏性与温度的关系（压力为0.1 MPa）

t/℃	0	5	10	20	30	40	60	80	100
$\nu/(10^{-4}m^2 \cdot s^{-1})$	0.133	0.142	0.147	0.157	0.166	0.176	0.196	0.21	0.238

没有黏性的气体称为理想气体。在自然界中，理想气体是不存在的。当气体的黏性较小，沿气体流动方向的法线方向的速度变化也不大时，由于黏性产生的黏性力与气体所受的其他作用力相比可以忽略，这时的气体便可当作理想气体。理想气体具有重要的实用价值，可以使问题的分析大为简化。

4. 湿空气

空气中的水蒸气在一定条件下会凝结成水滴，水滴不仅会腐蚀元件，而且对系统工作的稳定性带来不良影响。因此不仅各种气动元器件对空气含水量有明确规定，而且常需要采取一些措施防止水分进入系统。

湿空气中所含水蒸气的程度用温度和含湿量来表示，而湿度的表示方法有绝对湿度和相对湿度之分。

(1) 绝对湿度：1 m^3 湿空气中所含水蒸气的质量称为绝对湿度，也就是湿空气中水蒸气的密度。

空气中水蒸气的含量是有极限的。在一定温度和压力下，空气中所含水蒸气达到最大极限时，这时的湿空气叫饱和湿空气。1 m^3 的饱和湿空气中，所含水蒸气的质量称为饱和湿空气的绝对湿度。

(2) 相对湿度：在相同温度、相同压力下，绝对湿度与饱和绝对湿度之比称为该温度下的相对湿度。一般湿空气的相对湿度值在0～100%之间变化，通常情况下，空气的相对湿度在60%～70%范围内人体感觉舒适，气动技术中规定各种阀的相对湿度应小于95%。

(3) 含湿量：空气的含湿量指1 kg质量的干空气中所混合的水蒸气的质量。

(4) 露点：保持水蒸气压力不变而降低未饱和湿空气的温度，使之达到饱和状态时的温度叫露点。温度降到露点温度以下，湿空气便有水滴析出。冷冻干燥法去除湿空气中的水分，就是利用这个原理。

1.1.2　压缩空气的污染

由于压缩空气中的水分、油污和灰尘等杂质不经处理直接进入管路系统时，会对系统造成不良后果，所以气压传动系统中所使用的压缩空气必须经过干燥和净化处理后才能使用。压缩空气中的杂质来源主要有以下几个方面：

(1) 由系统外部通过空气压缩机等设备吸入的杂质。即使在停机时，外界的杂质也会从阀的排气口进入系统内部。

(2) 系统运行时内部产生的杂质。如：湿空气被压缩、冷却就会出现冷凝水；压缩机油在高温下会变质，生成油泥；管道内部产生的锈屑；相对运动件磨损而产生的金属粉末和橡胶细末；密封和过滤材料的细末等。

(3) 系统安装和维修时产生的杂质。如安装、维修时未清除掉的铁屑、毛刺、纱头、焊接氧化皮、铸砂、密封材料碎片等。

1.1.3　空气的质量等级

随着机电一体化程度的不断提高，气动元件日趋精密。气动元件本身的低功率，小型化、集成化，以及微电子、食品和制药等行业对作业环境的严格要求和污染控制，都对压缩空气的质量和净化提出了更高的要求。不同的气动设备，对空气质量的要求不同。空气质量低劣，优良的气动设备也会事故频繁发生，使用寿命缩短。但如对空气质量提出过高要求，又会增加压缩空气的成本。

表 1-3 为 ISO8573.1 标准以对压缩空气中的固体尘埃颗粒、含水率（以压力露点形式要求）和含油率的要求划分的压缩空气的质量等级。我国采用的 GB/T 13277—1991《一般用压缩空气质量等级》等效采用 ISO8573 标准。

表 1-3　压缩空气的质量等级（ISO 8573.1）

等级	最大粒子		压力露点（最大值）/℃	最大含油量/（$mg \cdot m^{-3}$）
	尺寸/μm	浓度/（$mg \cdot m^{-3}$）		
1	0.1	0.1	−70	0.01
2	1	1	−40	0.1
3	5	5	−20	1.0
4	15	8	+3	5
5	40	10	+7	25
6	—	—	+10	—
7	—	—	不规定	—

1.2　压力的表示方法

压力是由于气体分子热运动而互相碰撞，在容器的单位面积上产生的力的统计平均值，用 p 表示。

工程上压力有两种表示方法：一种是以绝对真空作为基准所计的压力，称为绝对压力；另一种是以大气压力作为基准所计的压力，称为相对压力。由于大多数测压仪表所测得的压力都是相对压力，故相对压力也称为表压力（表压）。绝对压力与相对压力的关系为：

$$绝对压力=相对压力+大气压力 \tag{1.2}$$

而当某点的绝对压力小于大气压时，则将在这点上的绝对压力比大气压小的那部分数值叫作真空度，即：

$$真空度=大气压-绝对压力 \tag{1.3}$$

由此可知，当以大气压为基准计算压力时，基准以上的正值是表压力；基准以下的负值是真空度。

绝对压力、表压力和真空度的相互关系如图 1-1 所示。

ISO 规定的压力单位为帕斯卡，简称为帕，符号为 Pa，$1\ Pa=1\ N/m^2$。由于这个单位很小，工程上使用不方便，因此常采用兆帕，符号为 MPa，$1\ MPa=10^6\ Pa$。目前，压力单位

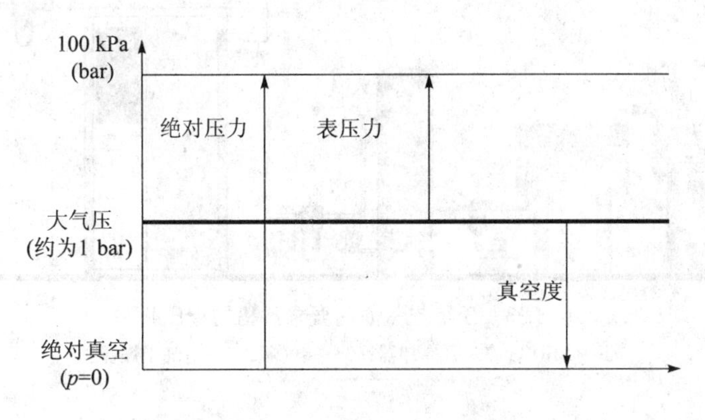

图 1-1　绝对压力、表压力和真空度关系示意图

巴也很常用，它的符号是 bar，1 bar = 10^5 Pa。

1.3　空气压缩站

空气压缩站（简称空压站）是为气动设备提供压缩空气的动力源装置，是气动系统的重要组成部分。对于一个气动系统来说，一般规定：排气量大于或等于 6～12 m^3/min 时，就应独立设置压缩站；若排气量低于 6 m^3/min 时，可将压缩机或气泵直接安装在主机旁。

对于一般的空压站除空气压缩机（简称空压机）外，还必须设置过滤器、后冷却器、油水分离器和储气罐等装置。如图 1-2 和图 1-3 所示，空压站的布局根据对压缩空气的不同要求，可以有多种不同的形式。

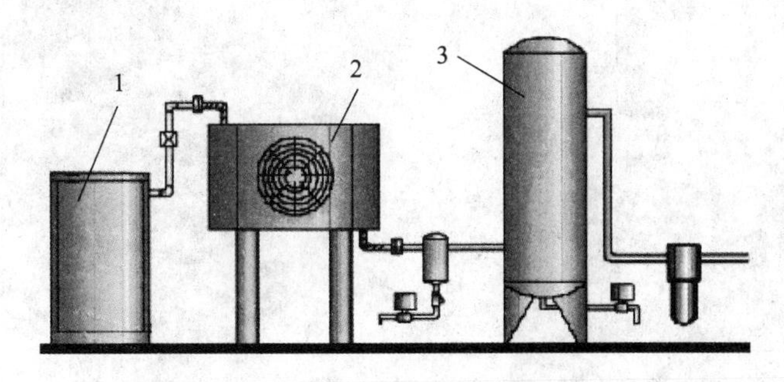

图 1-2　压缩空气质量要求一般的空压站

1—空压机；2—后冷却器；3—储气罐

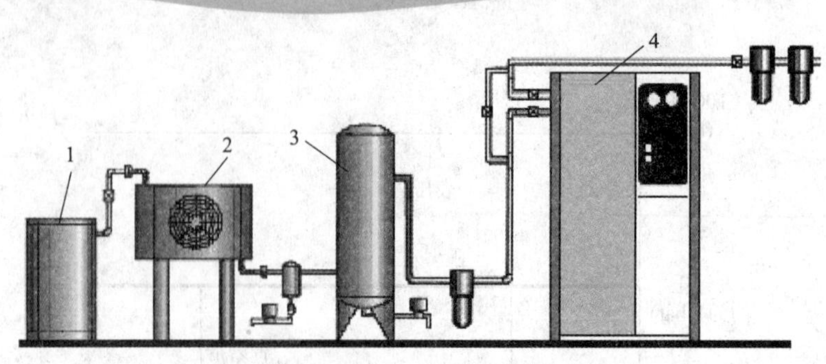

图 1-3　压缩空气质量要求严格的空压站

1—空压机；2—后冷却器；3—储气罐；4—空气干燥器

1.3.1　空气压缩机

空气压缩机是空压站的核心装置，它的作用是将电动机输出的机械能转换成压缩空气的压力能供给气动系统使用。

1. 分类

空气压缩机的作用是将电动机输出的机械能转换成压缩空气的压力能，供气动系统使用。空气压缩机按压力大小可分成低压型（0.2～1.0 MPa）、中压型（1.0～10 MPa）和高压型（>10 MPa）。

按工作原理的不同，空气压缩机则可分成容积型和速度型。容积型空压机的工作原理是将一定量的连续气流限制于封闭的空间里，通过缩小气体的容积来提高气体的压力。按结构不同，容积型空压机又可分成往复式（活塞式和膜片式等）和旋转式（滑片式和螺杆式等），如图 1-4 所示。

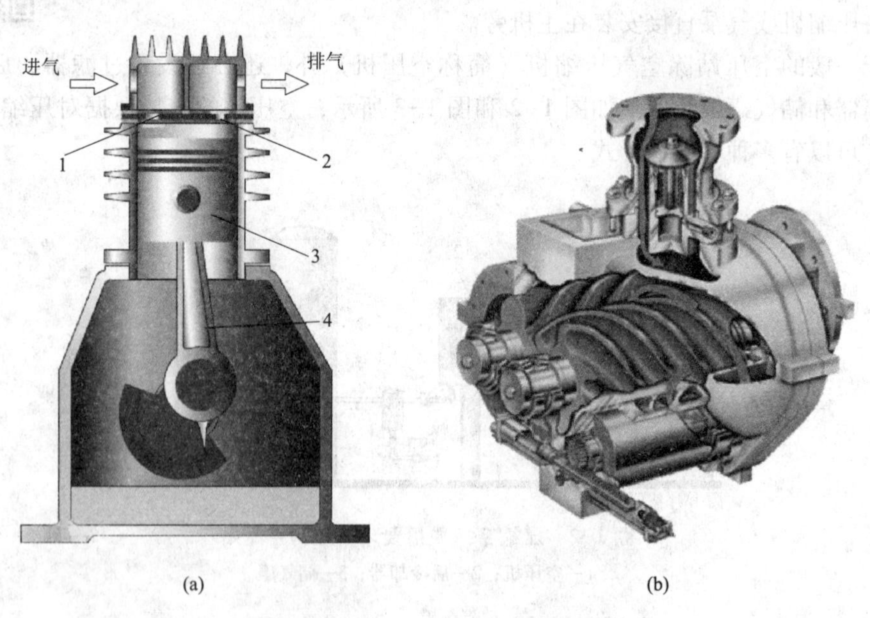

图 1-4　容积式空气压缩机工作原理图

（a）活塞式空压机；（b）螺杆式空压机

1—单向进气阀；2—单向排气阀；3—活塞；4—活塞杆

速度型空压机是通过空压机提高气体流速，并使其突然受阻而停滞，将其动能转化成压力能，来提高气体的压力的。速度型空压机主要有离心式、轴流式、混流式等几种，如图1-5所示。

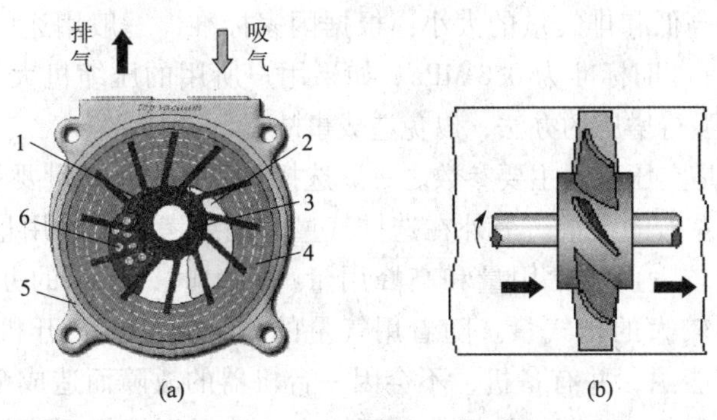

图1-5　速度式空气压缩机工作原理图

（a）离心式空压机；（b）轴流式空压机

1—排气口；2—吸气口；3—叶轮；4—水环；5—泵体；6—橡胶球

2. 工作原理

目前，使用最广泛的是活塞式空气压缩机。单级活塞式空压机通常用于需要0.3～0.7 MPa压力范围的场合。若压力超过0.6 MPa，其各项性能指标将急剧下降，故往往采用分级压缩以提高输出压力。为了提高效率，降低空气温度，还需要进行中间冷却。以采用二级压缩的活塞式空压机为例，其工作原理如图1-6所示。

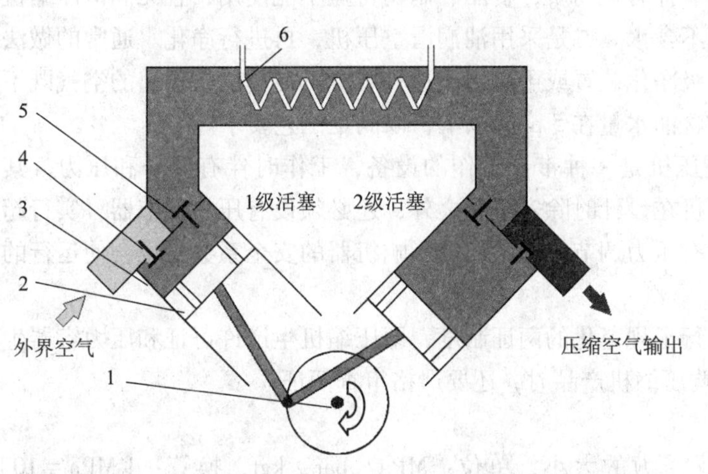

图1-6　两级活塞式空气压缩机工作原理示意图

1—转轴；2—活塞；3—缸体；4—吸气阀；5—排气阀；6—中间冷却器

活塞式空压机是通过转轴带动活塞在缸体内作往复运动，从而实现吸气和压气，达到提高气压的目的的。以图中一级级活塞为例，当活塞向下运动，缸体内容积相应增大，气压下降形成真空。大气压将吸气阀顶开，外界空气被吸入缸体；当活塞向上运动，缸体内容积下降，压力升高，使吸气阀关闭，让排气阀打开，将具有一定压力的压缩空气向2级活塞输

出。这样就完成了一级活塞的一次工作循环。输出的压缩空气在经中间冷却器冷却后，由2级活塞进行二次压缩，使压力进一步提高，以满足气动系统使用的需要。

3. 空压机的选用

空气压缩机主要依据工作可靠性、经济性与安全性进行选择。

（1）排气压力的高低和排气量的大小：根据国家标准，一般用途的空气动力用压缩机其排气压力为0.7 MPa，旧标准为0.8 MPa。如果用户所用的压缩机大于0.8 MPa，一般要特别制作，不能采取强行增压的办法，以免造成事故。

排气量的大小也是空压机的主要参数之一。选择空压机的排气量要和自己所需的排气量相匹配，并留有10%左右的余量。另外在选排气量时还要考虑高峰用量和通常用量及低谷用量。如果低谷用量较大而通常用量和高峰用量都不大时，通常的办法是以较小排气量的空压机并联，取得较大的排气量。随着用气量的增大，而逐一开机，这样不但对电网有好处，而且能节约能源，并有备机，不会因一台机器的故障而造成全线停产。

（2）用气的场合和条件：用气的场合和环境也是选择压缩机型式的重要因素。如用气场地狭小，应选立式空压机；如船用、车用；如用气的场合做长距离的变动（超过500 m），则应考虑移动式；如果使用的场合不能供电，则应选择柴油机驱动式；如果使用场合没有自来水，就必须选择风冷式。

（3）压缩空气的质量：一般空压机产生的压缩空气均含有一定量的润滑油，并有一定量的水。有些场合是禁油和禁水的，这时不但对压缩机选型要注意，必要时要增加附属装置。解决的办法大致有如下两种：一是选用无油润滑压缩机，这种压缩机气缸中基本上不含油，其活塞环和填料一般为聚四氟乙烯。这种机器也有其缺点，首先是润滑不良，故障率高；另外，聚四氟乙烯也是一种有害物质，食品、制药行业不能使用，且无润滑压缩机只能做到输气不含油，不能做到不含水。二是采用油润滑空压机，再进行净化。通常的做法是无论哪种空压机再加一级或二级净化装置或干燥器。这种装置可使压缩机输出的空气既不含油又不含水，使压缩空气中的含油水量在5 ppm以下，以满足工艺要求。

（4）运行的安全性：空压机是一种带压工作的设备，工作时伴有温升和压力，其运行的安全性要放在首位。空压机在设计时除安全阀之外，还必须设有压力调节器，实行超压卸荷双保险。只有安全阀而没有压力调节阀，不但会影响机器的安全系数，也会使运行的经济性降低。

国家对压缩机的生产实行了规范化的两证制度，即压缩机生产许可证和压力容器生产许可证（储气罐）。因此在选购压缩机产品时，还要严格审查两证。

4. 常用术语

（1）压力：单位面积承受力的大小，单位：MPa、bar、kgf，换算：1 MPa = 10 bar = 10 kgf。

（2）排气量：出气口排出空气量，单位：m^3/min。

（3）功率：单位时间做功的多少，单位：kW。

（4）气体含油量：排出气体在单位时间单位体积的含油量，单位：ppm。

（5）压缩比：压缩机排气和进气的绝对压力之比。

1.3.2 储气罐

储气罐的主要作用主要有：

（1）用来储存一定量的压缩空气，一方面可解决短时间内用气量大于空压机输出气量的矛盾；另一方面可在空压机出现故障或停电时，作为应急气源维持短时间供气，以便采取措施保证气动设备的安全。

（2）减小空压机输出气压的脉动，稳定系统气压。

（3）进一步降低压缩空气温度，分离压缩空气中的部分水分和油分。

储气罐的容积是根据其主要使用目的是用来消除压力脉动还是储存压缩空气，调节用气量来进行选择的。应当注意的是由于压缩空气具有很强的可膨胀性，所以在储气罐上必须设置安全阀（溢流阀）来保证安全。储气罐底部还应装有排污阀，并对罐中的污水进行定期排放。

1.3.3 后冷却器

空压机输出的压缩空气温度可以达到 120 ℃以上，空气中水分完全呈气态。后冷却器的作用就是将空压机出口的高温空气冷却至 40 ℃以下，将其中大部分水蒸气和变质油雾冷凝成液态水滴和油滴，从空气中分离出来。所以后冷却器底部一般安装有手动或自动排水装置，对冷凝水和油滴等杂质进行及时排放。

后冷却器有风冷式和水冷式两大类。

风冷式是通过风扇产生的冷空气吹向带散热片的热空气管道，对压缩空气进行冷却。风冷式不需冷却水设备，不用担心断水或水冻结。占地面积小、质量轻、紧凑、运转成本低、易维修，但只适用于入口空气温度低于 100 ℃，且需处理空气量较少的场合。

水冷式是通过强迫冷却水沿压缩空气流动方向的反方向流动来进行冷却的，其工作原理如图 1-7 所示。水冷式后冷却器散热面积是风冷式的 25 倍，热交换均匀，分水效率高，故适用于入口空气温度低于 200 ℃，且需处理空气量较大、湿度大、尘埃多的场合。

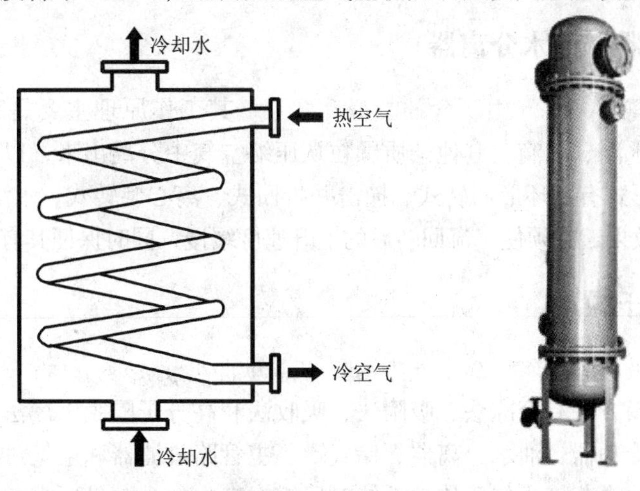

图 1-7 后冷却器的工作原理及实物图

1.4 气源处理装置

空气质量不良是气动系统出现故障的最主要原因。空气中的污染物会使气动系统的可靠性和使用寿命大大降低，由此造成的损失大大超过气源处理装置的成本和维修费用。故正确选用气源处理系统及其元件是非常重要的。常用的空气净化装置主要有除油器、空气干燥器和空气过滤器。

1.4.1 污染对气动系统的危害

从空压机输出的压缩空气中，含有大量的水分、油分和固体粉尘等杂质。若不经处理直接进入管路系统时，对气动系统的正常工作造成危害，可能会引起下列不良后果：

（1）变质油分的黏度增大，从液态逐渐固态化而形成油泥。它会使橡胶及塑料材料变质和老化。积存在后冷却器、干燥器内的油泥，会降低其工作效率。油泥还会堵塞小孔，影响元件性能，造成气动元件内的相对运动的动作不灵活。油泥的水溶液呈酸性，会使金属生锈，污染环境和产品。

（2）水分会造成管道及金属零件腐蚀生锈，使弹簧失效或断裂。在寒冷地区以及在元件内的高速流动区，由于空气温度太低，其中水分会结冰，造成元件动作不良、管道冻结或冻裂。管道及零件内滞留的冷凝水会导致空气流量不足、压力损失增大，甚至造成阀的动作失灵。冷凝水混入润滑油中会使润滑油变质，液态水会冲洗掉润滑脂，导致润滑不良。

（3）锈屑及粉尘会使相对运动件磨损加剧，造成元件动作不良，甚至卡死。粉尘会加速过滤器滤芯的堵塞，增大流动阻力。固体杂质还会加速密封件损伤，导致漏气。

（4）液态油、水及粉尘从排气口排出，还会污染环境和影响产品质量。

因此压缩空气在使用之前必须进行良好的过滤和干燥处理。

1.4.2 除油器（油水分离器）

除油器用于分离压缩空气中所含的油分和水分。其工作原理主要是利用回转离心、撞击、水洗等方法使水滴、油滴及其他杂质颗粒从压缩空气中分离出来，以净化压缩空气。

除油器的结构形式有：环形回转式、撞击并折回式、离心旋转式、水浴并旋转离心式等。为保证良好的分离效果，必须使气流回转后的上升速度缓慢，同时保证其有足够的上升空间。

1.4.3 空气干燥器

空气干燥器是吸收和排除压缩空气中水分和部分油分与杂质，使湿空气成为干空气的装置。压缩空气的干燥方法有冷冻法、吸附法、吸收法和高分子隔膜干燥法。

压缩空气经后冷却器、油水分离器、储气罐、主管路过滤器和空气过滤器得到初步净化后，仍含有一定量的水蒸气。气压传动系统对压缩空气中的含水量要求非常高，如果过多的

水分经压缩空气带到各零部件上，气动系统的使用寿命会明显缩短。因此，安装空气干燥设备是很重要的，这些设备会使系统中的水分含量降低到满足使用要求和零件保养要求的水平，但不能依靠干燥器清除油分。

1. 冷冻式干燥器

冷冻干燥器是利用冷冻法对空气进行干燥处理的。冷冻干燥法是通过将湿空气冷却到其露点温度以下，使空气中的水汽凝结成水滴并排除出去来实现空气干燥的。经过干燥处理的空气需再加热至环境温度后才能输送出去供系统使用。冷冻干燥器工作原理如图 1-8 所示，实物图如图 1-9 所示。

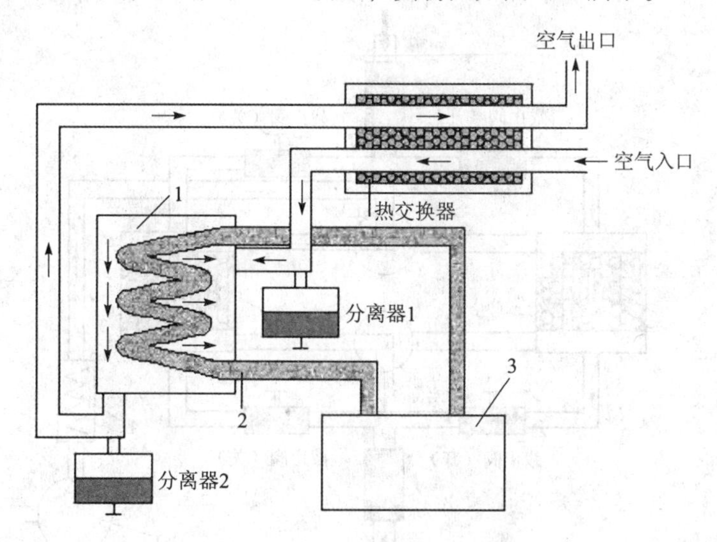

图 1-8　冷冻干燥器工作原理图

1—制冷器；2—制冷剂；3—制冷机

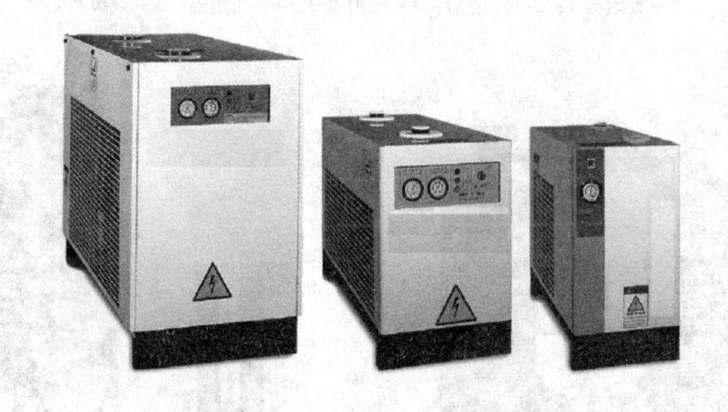

图 1-9　冷冻式干燥器实物图

压缩空气进入干燥器后首先要进入热交换器进行初步冷却。经初步冷却后，一部分水分和油分从空气中分离出来，经分离器 1 排出。随后空气进入制冷器，并被冷却至 2 ℃～5 ℃，其中分离出来的大量水分和油分经分离器 2 排出。冷却后的空气再进入热交换器加热至符合系统要求的温度后输出。

2. 吸附式干燥器

吸附干燥法是利用具有吸附性能的吸附剂（如硅胶、活性氧化铝、分子筛等）吸附空气中水分的一种干燥方法。吸附剂吸附了空气中的水分后将达到饱和状态而失效。为了能够连续工作，就必须使吸附剂中的水分再排除掉，使吸附剂恢复到干燥状态，这称为吸附剂的再生。目前吸附剂的再生方法有两种，即加热再生和无热再生。加热再生式吸附式干燥器的工作原理如图 1-10 所示，实物图如图 1-11 所示。

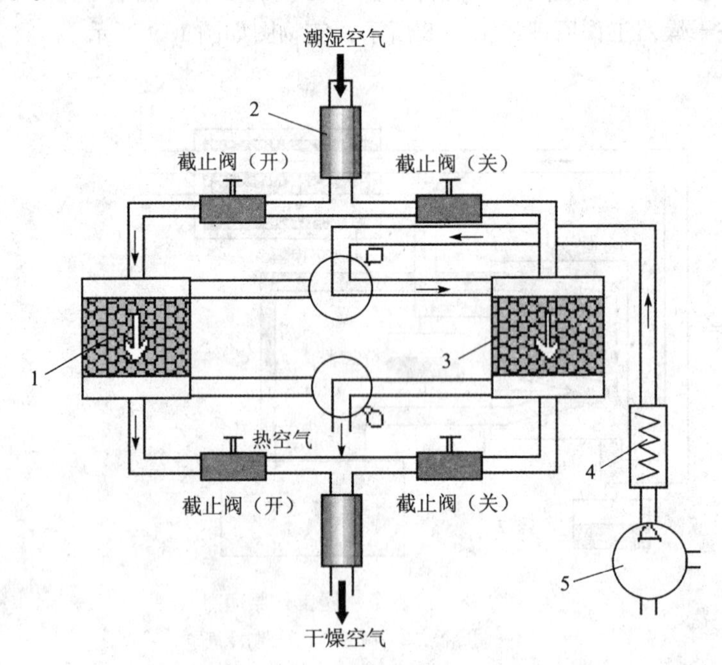

图 1-10　吸附式干燥器工作原理图

1—吸附器 1；2—滤油器；3—吸附器 2；4—加热器；5—鼓风机

图 1-11　吸附式干燥器实物图

吸附式干燥器有两个装有吸附剂的容器：吸附器 1 和吸附器 2，它们的作用都是吸附从上部流入的潮湿空气中的水分。由于吸附剂在吸附了一定量的水分后会达到饱和状态，而失去吸附作用，所以这两个吸附器是定时交换工作的。通过控制干燥器上的四个截止阀的开关，一个吸附器工作的同时，另一个则通过通入热空气对吸附剂进行加热再生，这样就可以保证系统持续得到干燥的压缩空气。

由于油分吸附在吸附剂上后会降低吸附剂的吸附能力，产生“油中毒”现象。所以潮湿空气需首先通过前置过滤器才能进入吸附器。前置过滤器的作用是通过过滤减少压缩空气中的油分。吸附式干燥器压缩空气的输出口应安装精密过滤器，防止吸附剂在压缩空气冲击下产生的粉末进入气动系统。

3. 吸收式干燥器

吸收式干燥法是利用不可再生的化学干燥剂来获得干燥压缩空气的方法。吸收式干燥器的工作原理如图 1-12 所示，实物图如图 1-13 所示。

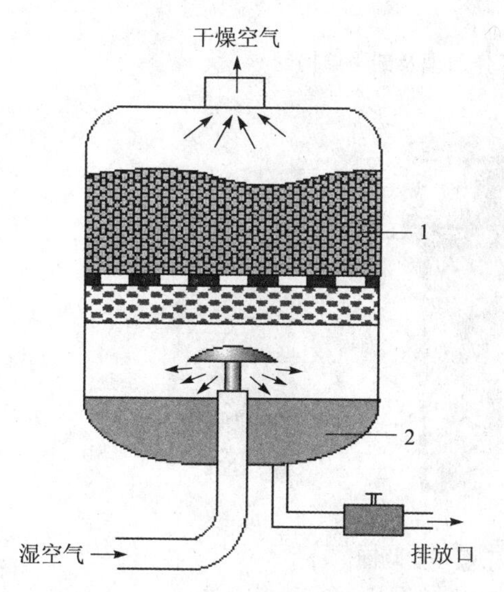

图 1-12　吸收式干燥器工作原理

1—干燥剂；2—杂质

图 1-13　吸收式干燥器实物图

压缩空气通入干燥器后，空气中的水分与干燥器内的干燥剂化合，形成化合物，并从容器底部的排放口流出。经过干燥处理的压缩空气从干燥器输出供系统使用。在现代生产实际中，由于吸收干燥法所用的吸附剂是不可再生的，所以它的效益较低，价格比较昂贵，也较少采用。

4. 高分子隔膜式干燥器

高分子隔膜干燥法是利用特殊的高分子中空隔膜只有水蒸气可以通过，氧气和氮气不能透过的特性来进行空气干燥的。高分子隔膜干燥器的工作原理和结构如图 1-14 所示，实物图如图 1-15 所示。

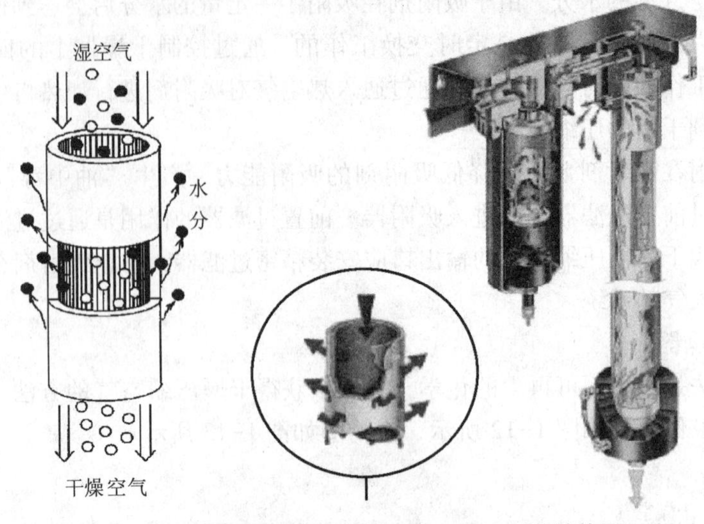

图 1-14　高分子隔膜干燥器工作原理及剖面结构图

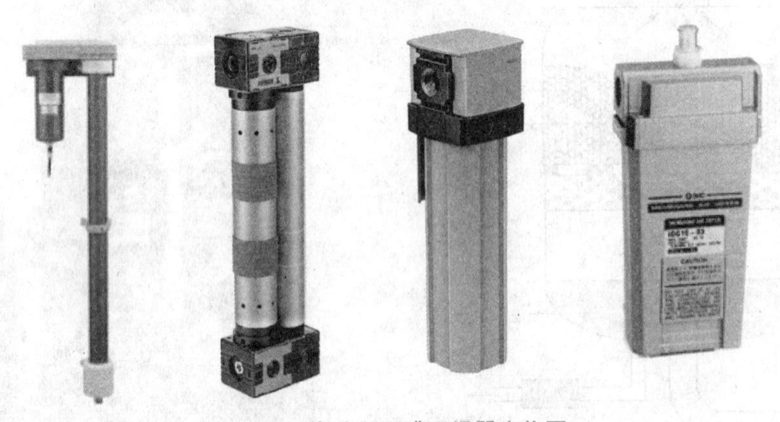

图 1-15　高分子隔膜干燥器实物图

如图 1-14 所示，当潮湿的压缩空气通过这种高分子隔膜空气干燥器时，大量通过隔膜析出的水蒸气由少量同时析出的压缩空气排到干燥器外。这样从干燥器出口输出的就是干燥的压缩空气。高分子隔膜干燥器不需要电源，无须更换干燥用材料，并且可以不需要排水器进行长时间连续工作，工作压力范围也较广。但目前高分子隔膜干燥器输出流量还比较小，必要时可将多个干燥器并联使用。

1.4.4　空气过滤器

空气过滤器主要用于除去压缩空气中的固态杂质、水滴和油污等污染物，是保证气动设备正常运行的重要元件。按过滤器的排水方式，可分为手动排水式和自动排水式。

空气过滤器的过滤原理是根据固体物质和空气分子的大小和质量不同，利用惯性、阻隔和吸附的方法将灰尘和杂质与空气分离。空气过滤器工作原理如图 1-16 所示。

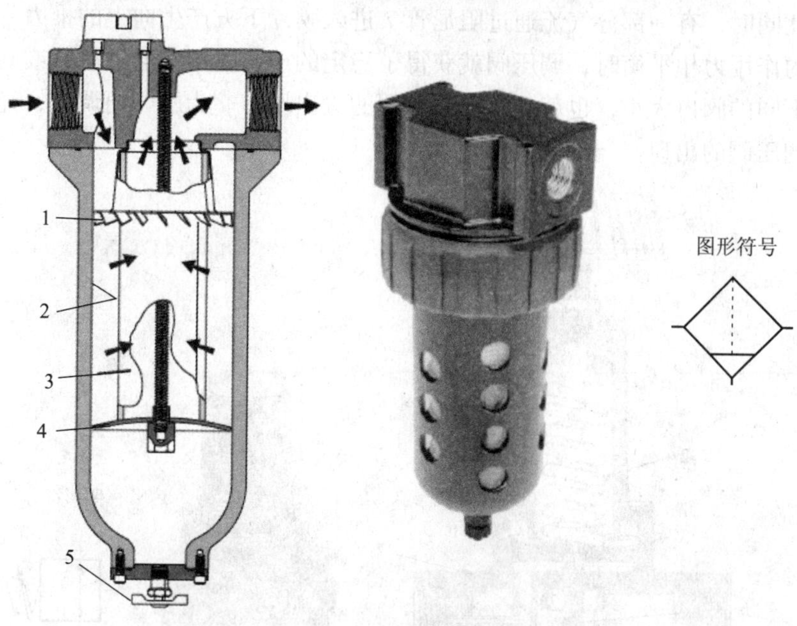

图 1-16 空气过滤器工作原理及实物图

1—叶栅；2—滤杯；3—滤芯；4—挡水板；5—手动排水阀

当压缩空气从左向右通过过滤器时，经过叶栅 1 导向之后，被迫沿着滤杯 2 的圆周向下作旋转运动。旋转产生的离心力使较重的灰尘颗粒、小水滴和油滴由于自身惯性的作用与滤杯内壁碰撞，并从空气中分离出来流至杯底沉积起来。其后压缩空气流过滤芯 3，进一步过滤去更加细微的杂质微粒，最后经输出口输出的压缩空气供气动装置使用。为防止气流旋涡卷起存于杯中的污水，在滤芯下部设有挡水板 4。手动排水阀 5 必须在液位达到挡水板前定期开启以放掉积存的油、水和杂质。有些场合由于人工观察水位和排放不方便，可以将手动排水阀改为自动排水阀，实现自动定期排放。空气过滤器必须垂直安装，压缩空气的进出方向也不可颠倒。空气过滤器的滤芯长期使用后，其通气小孔会逐渐堵塞，使得气流通过能力下降，因此应对滤芯定期清洗或更换。

1.4.5 调压阀（减压阀）

在气动传动系统中，空压站输出的压缩空气压力一般都高于每台气动装置所需的压力，且其压力波动较大。调压阀的作用是将较高的输入压力调整到符合设备使用要求的压力，并保持输出压力稳定。由于调压阀的输出压力必然小于输入压力，所以调压阀也常被称为减压阀。

调压阀的种类很多。按调压方式可分为直动式调压阀和先导式调压阀两种。直动式调压阀是利用手柄直接调节弹簧来改变输出压力的；而先导式调压阀是用预先调好压力的压缩空气来代替调压弹簧进行调压的。

图 1-17 所示为直动式调压阀的工作原理和实物图。当顺时针方向调节手柄 1 时，调压弹簧 2 被压缩，推动膜片 3、阀芯 4 和下弹簧座 6 下移，使阀口 8 开启，减压阀输出口、输入口导通，产生输出。由于阀口 8 具有节流作用，气流流经阀口后压力降低，并从右侧输出

口输出。与此同时，有一部分气流通过阻尼管7进入膜片下方产生向上的推力。当这个推力和调压弹簧的作用力相平衡时，调压阀就获得了稳定的压力输出。通过旋紧或旋松调节手柄就可以得到不同的阀口大小，也就可以得到不同的输出压力。为了方便调节，经常将压力表直接安装在调压阀的出口。

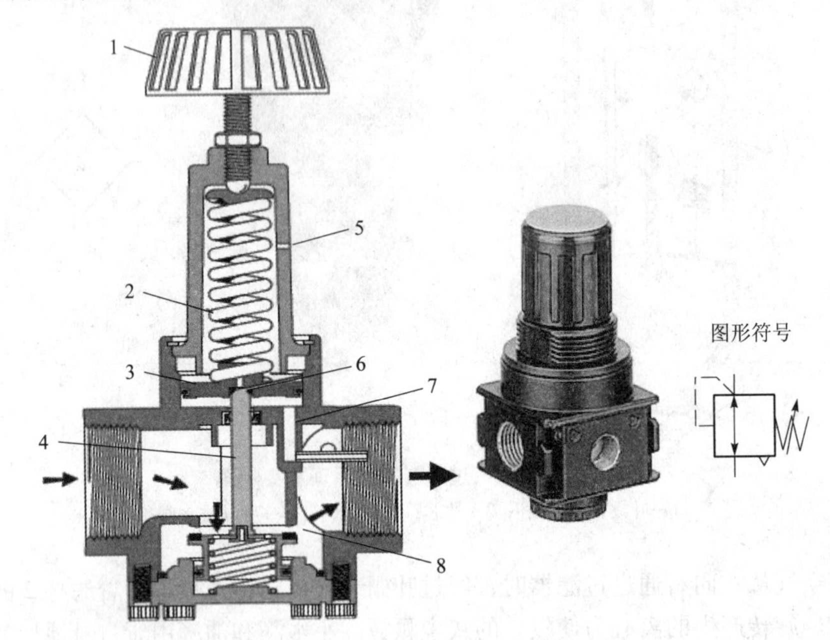

图 1-17　直动式调压阀工作原理及实物图

1—手柄；2—调压弹簧；3—膜片；4—阀芯；5—溢流孔；6—下弹簧座；7—阻尼管；8—阀口

调压阀的稳压原理是这样的：假设在输出压力调定后，当输入压力升高，使输出压力也随之相应升高，膜片上移，阀口开度减小。阀口开度的减小会使气体流过阀口时的节流作用增强，压力损失增大，这样输出压力又会下降至调定值。反之，若输入压力下降，阀口开度则会增大，气流通过阀口时的压力损失减小，使输出压力仍能基本保持在调定值上。

图 1-17 所示的直动式调压阀，由于在工作过程中常常会从溢流孔 5 中排出少量气体，对于环境质量要求高的场合，为防止造成环境污染，应选用无溢流孔的调压阀。

1.4.6　油雾器

以压缩空气为动力源的气动元件不能采用普通的方法进行注油润滑，只能通过将油雾混入气流来对部件进行润滑。油雾器是气动系统中一种专用的注油装置。它以压缩空气为动力，将特定的润滑油喷射成雾状混合于压缩空气中，并随压缩空气进入需要润滑的部位，达到润滑的目的。

油雾器的工作原理及实物图如图 1-18 所示。假设压力为 P_1 的气流从左向右流经文氏管后压力降为 P_2，当输入压力 P_1 和 P_2 的压差 ΔP 大于把油吸到排出口所需压力 ρgh（ρ 为油液密度）时，油被吸到油雾器上部，在排出口形成油雾并随压缩空气输送到需润滑的部位。在工作过程中，油雾器油杯中的润滑油位应始终保持在油杯上、下限刻度线之间。油位过低会导致油管露出液面吸不上油；油位过高会导致气流与油液直接接触，带走过多润滑

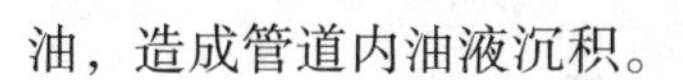

油，造成管道内油液沉积。

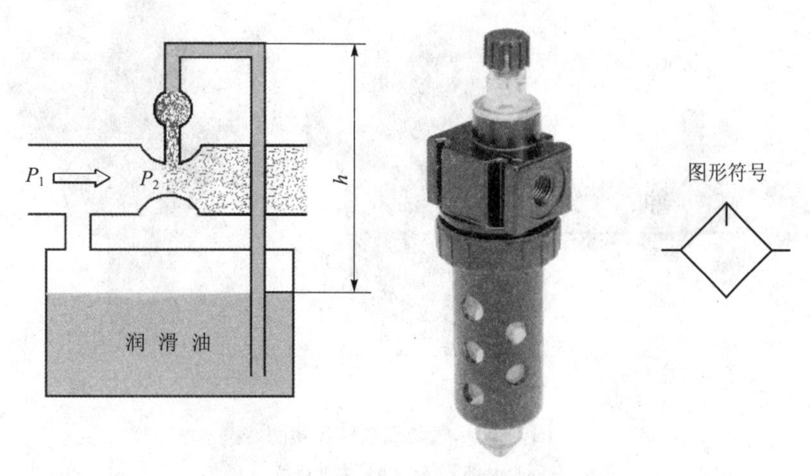

图 1-18　油雾器的工作原理及实物图

但在许多气动应用领域如食品、药品、电子等行业是不允许油雾润滑的，而且油雾还会影响测量仪的测量准确度并对人体健康造成危害，所以目前不给油润滑（无油润滑）技术正在逐渐普及。

1.4.7　气动三联件

油雾器、空气过滤器和调压阀组合在一起构成的气源调节装置，通常被称为气动三联件，是气动系统中常用的气源处理装置。联合使用时，其顺序应为空气过滤器-调压阀-油雾器，不能颠倒。这是因为调压阀内部有阻尼小孔和喷嘴，这些小孔容易被杂质堵塞而造成调压阀失灵，所以进入调压阀的气体先要通过空气过滤器进行过滤。而油雾器中产生的油雾为避免受到阻碍或被过滤，则应安装在调压阀的后面。在采用无油润滑的回路中则不需要油雾器。图 1-19 所示为气动三联件的剖面结构图。图 1-20 所示为气动三联件的实物图。

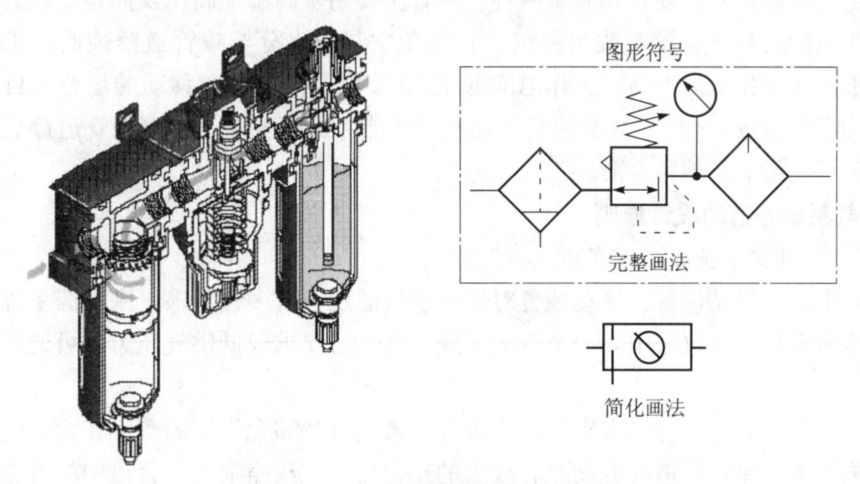

图 1-19　气动三联件的剖面结构图

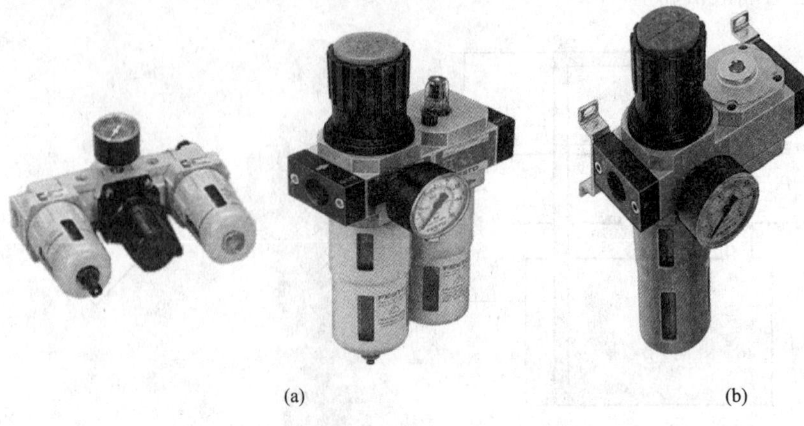

(a)　　　　　　　　　　(b)

图 1-20　气动三联件实物图

（a）有油雾器；（b）无油雾器

1.5　供气管线

1. 气动系统的供气系统管道主要包括以下三方面：

（1）压缩空气站内气源管道：包括压缩机的排气口至后冷却器、油水分离器、储气罐、干燥器等设备的压缩空气管道。

（2）厂区压缩空气管道：包括从压缩空气站至各用气车间的压缩空气输送管道。

（3）用气车间压缩空气管道：包括从车间入口到气动装置和气动设备的压缩空气输送管道。

压缩空气管道主要分硬管和软管两种。硬管主要用于高温、高压及固定安装的场合，应选用不易生锈的管材（紫铜管或镀锌钢管）避免空气中水分导致管道锈蚀而产生污染。气动软管一般用于工作压力不高，工作温度低于 50 ℃以及设备需要移动的场合。目前常用的气动软管为尼龙管或 PV 管，其受热后会使其耐压能力大幅下降，易出现管道爆裂，同时长期受热辐射后会缩短其使用寿命。

2. 供气系统管道的设计原则

1）按供气压力和流量要求考虑

若工厂中的各气动设备、气动装置对压缩空气源压力有多种要求，则气源系统管道必须满足最高压力要求。若仅采用同一个管道系统供气，对要求较低供气压力的可通过减压阀减压来实现。

气源供气系统管道的管径大小取决于供气的最大流量和允许压缩空气在管道内流动的最大压力损失。为避免在管道内流动时有较大的压力损失，压缩空气在管道中的流速一般应小于 25m/s。一般对于较大型的空气压缩站，在厂区范围内从管道的起点到终点，压缩空气的

压力降不能超过气源初始压力的 8%；在车间范围内，不能超过供气压力的 5%。若超过了，可采用增大管道直径的办法来解决。

2）从供气的质量要求考虑

如果气动系统中多数气动装置无气源供气质量要求，可采用一般供气系统。若气动装置对气源供气质量有不同的要求时，且采用同一个气源管道供气，则其中对气源供气质量要求较高的气动装置，可采取就近设置小型干燥过滤装置或空气过滤器来解决。若绝大多数气动装置或所有装置对供气质量都有质量要求时，就应采用清洁供气系统，即在空压站内气源部分设置必要的净化和干燥装置，并用同一管道系统给气动装置供气。

3）从供气的可靠性、经济性考虑

科学合理的管道布局是决定供气系统能否经济可靠运行的决定因素。一般可以将供气网设计为环形馈送形式来提高供气的可靠性和压力的恒定，如图 1-21 所示。

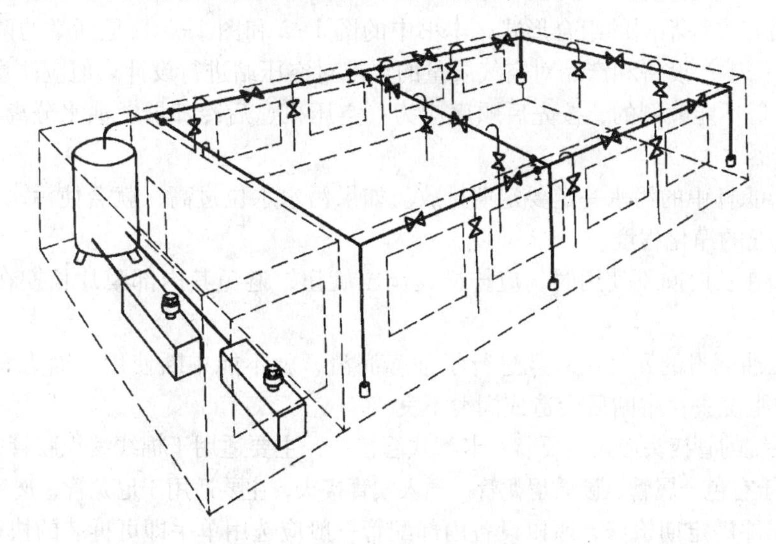

图 1-21　环形管网供气系统示意图

4）从防止污染角度考虑

如图 1-22 所示，长管路不应水平布置，而应有 1%~2% 的斜度以方便管道中冷凝液的

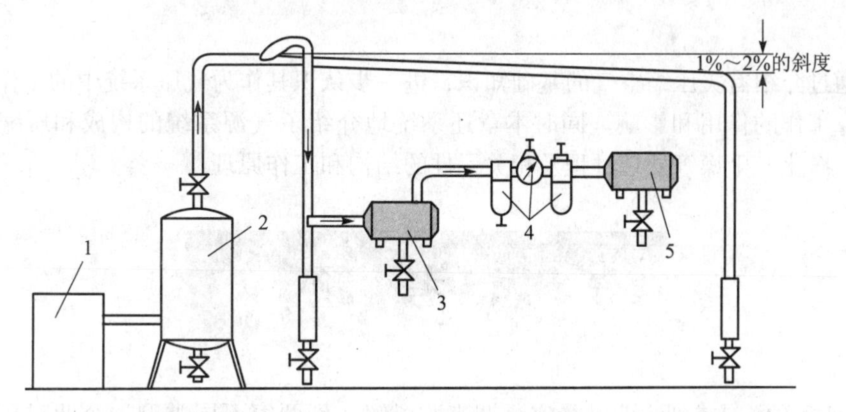

图 1-22　供气系统管道布局示意图

1—空压机；2—储气罐；3—中间储气罐；4—气动三联件；5—设备用储气罐

排出，并在管路终点设置集水罐，以便定期排放沉积的污水。分支管路及气动设备从主供气管路上接出压缩空气时，必须从主供气管路的上方大角度拐弯后再接出，以防止冷凝水流入分支管路和设备。各压缩空气净化装置和管路中排出的污物，也应设置专门的排放装置，进行定期排放。

生产学习经验

1. 在很多压力容器或压力仪表中会采用 psi 作为压强单位，其定义为磅/平方英寸，145 psi=1 Mpa（1 磅=0.454 千克，1 英寸=2.54 厘米）。

2. 空压站有多种不同的组合形式，本书中的图 1-2 和图 1-3 只是列举的两个例子，实际使用中应根据生产设备和产品对空气质量的要求对空压站进行设计。但应注意空压站内各设备排列顺序是不能颠倒的，按先后顺序应为：空压机、后冷却器、油水分离器、储气罐、干燥器、过滤器。

3. 过滤器滤杯中的污水一定要定期排放。如果污水水位过高，就会使污水被气流卷起，反而降低了空气的净化程度。

4. 减压阀在长时间不使用时，应拧松其调压旋钮，避免其内部膜片长期在弹簧力作用下产生变形。

5. 对于无油润滑的元件，一旦进行了油雾润滑，就不能中断使用。因为润滑油会将元件内原有的油脂洗去，中断后会造成润滑不良。

6. 气动系统的管接头形式主要有：卡箍式管接头，主要适用于棉线编织胶管；卡套式管接头，主要适用于有色金属管、硬质尼龙管；插入式管接头，主要适用于尼龙管、塑料管。

7. 气动元件需定期检修，所以设备内部配管一般应选用单手即可拆装的快插接头。

本章小结

本章通过介绍有关压缩空气的基础知识，进一步认识其作为气压系统中的工作介质对系统正常可靠工作的作用和影响。同时本章还系统地介绍了气源系统的构成和压缩空气的制备、过滤、净化、干燥等处理过程及相关元件的结构和工作原理。

思考题

1. 查询相关资料或到企业进行实际调查，了解一到两家不同类型的企业对压缩空气不同的使用要求和压缩空气质量对企业生产的影响。

2. 查询相关资料或根据企业实际调查情况说明不同企业所采用的空气压缩站布局和供气管网类型。

习　题

1. 什么是空气的绝对湿度、相对湿度、含湿量和露点？
2. 什么是绝对压力、表压、相对压力、真空度？这四种压力之间有何关系？
3. 常用的压力单位有哪些？互相间如何换算？
4. 试述活塞式空气压缩机的工作原理。
5. 为什么压缩空气在使用前应进行过滤和干燥处理？
6. 压缩空气中的污染物主要来自于哪些方面？
7. 常用的压缩空气干燥法有哪几种，并简单说明它们的基本原理。
8. 压缩空气站的主要设备有哪些？应如何布置？
9. 空压机在选择时主要考虑哪些因素？
10. 为什么要设置后冷却器？常见结构有哪些？
11. 储气罐在气源系统有什么作用？
12. 图1-23所示为另一种结构的调压阀，请分析其实现调压及稳压的工作原理。

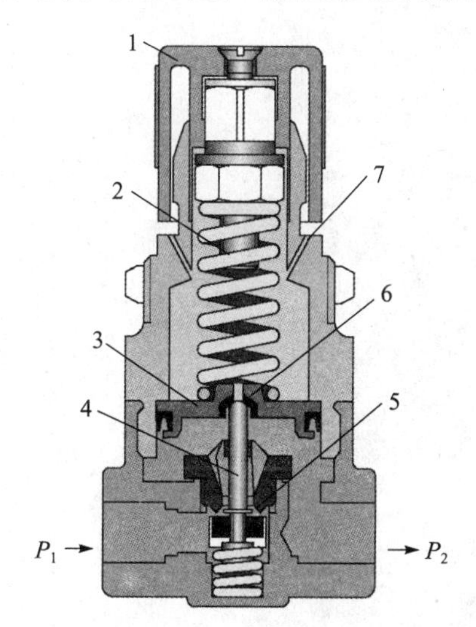

图1-23　题12图

1—手柄；2—调压弹簧；3—膜片；4—阀芯；5—阀口；6—下弹簧座；7—溢流孔

13. 请简要说明空气过滤器的工作原理。
14. 请简述油雾器的工作原理。
15. 气动三联件由哪三个部件组成，分别有什么作用？它的图形符号是怎样的？
16. 供气系统管道主要包括哪几个方面？在设计时主要应考虑哪些因素？

第2章 气动执行元件

【本章知识点】

1. 气缸的分类和结构特点
2. 摆动缺的分类和结构特点
3. 气动马达的分类和结构特点
4. 真空元件构成、工作原理和使用注意

【背景知识】

在气动系统中将压缩空气的压力能转换为机械能，驱动工作机构做直线往复运动、摆动或者旋转的元件称为气动执行元件。按运动方式的不同，气动执行元件可以分为气缸、摆动缸和气马达。气动执行元件由于都是采用压缩空气作为动力源，其输出力（或力矩）都不可能很大，同时由于空气的可压缩性，使其受负载的影响也较大。

2.1 气 缸

气缸是气压传动系统中使用最多的一种执行元件，根据使用条件、场合的不同，其结构、形状也有多种形式。要确切地对气缸进行分类是比较困难的，常见的分类方法有按结构分类、按缸径分类、按缓冲形式分类、按驱动方式分类和按润滑方式分类。其中最常用的是普通气缸，即在缸筒内只有一个活塞和一根活塞杆的气缸，主要有单作用气缸和双作用气缸两种。

2.1.1 单作用气缸

单作用气缸只在活塞一侧可以通入压缩空气使其伸出或缩回，另一侧是通过呼吸孔开放在大气中的，其结构和实物图分别如图 2-1、图 2-2 所示。这种气缸只能在一个方向上做功。活塞的反向动作则靠一个复位弹簧或施加外力来实现。由于压缩空气只能在一个方向上控制气缸活塞的运动，所以称为单作用气缸。

单作用气缸的特点如下：

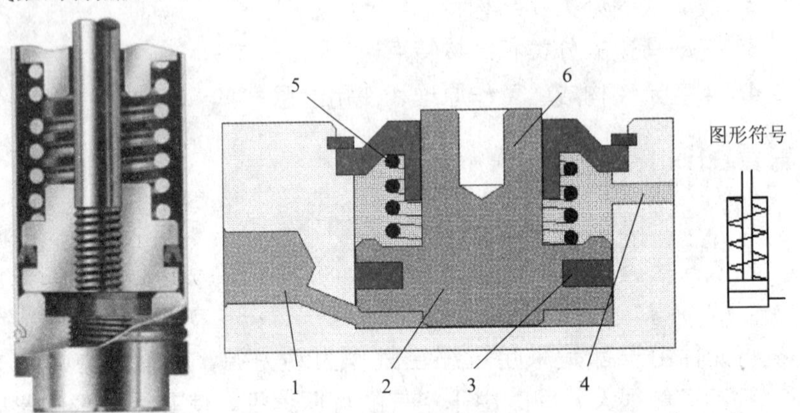

图 2-1　单作用气缸结构示意图

1—进、排气口；2—活塞；3—活塞密封圈；4—呼吸口；5—复位弹簧；6—活塞杆

图 2-2　单作用气缸实物图

（1）由于单边进气，因此结构简单，耗气量小。

（2）缸内安装了弹簧，增加了气缸长度，缩短了气缸的有效行程，且其行程还受弹簧长度限制。

（3）借助弹簧力复位，使压缩空气的能量有一部分用来克服弹簧张力，减小了活塞杆的输出力；而且输出力的大小和活塞杆的运动速度在整个行程中随弹簧的变形而变化。

因此单作用气缸多用于行程较短以及对活塞杆输出力和运动速度要求不高的场合。

2.1.2　双作用气缸

双作用气缸活塞的往返运动是依靠压缩空气从缸内被活塞分隔开的两个腔室（有杆腔、无杆腔）交替进入和排出来实现的，压缩空气可以在两个方向上做功。由于气缸活塞的往返运动全部靠压缩空气来完成，所以称为双作用气缸，其结构和实物图分别如图 2-3 和图 2-4 所示。

由于没有复位弹簧，双作用气缸可以获得更长的有效行程和稳定的输出力。但双作用气缸是利用压缩空气交替作用于活塞上实现伸缩运动的，由于回缩时压缩空气的有效作用面积较小，所以产生的力要小于伸出时产生的推力。

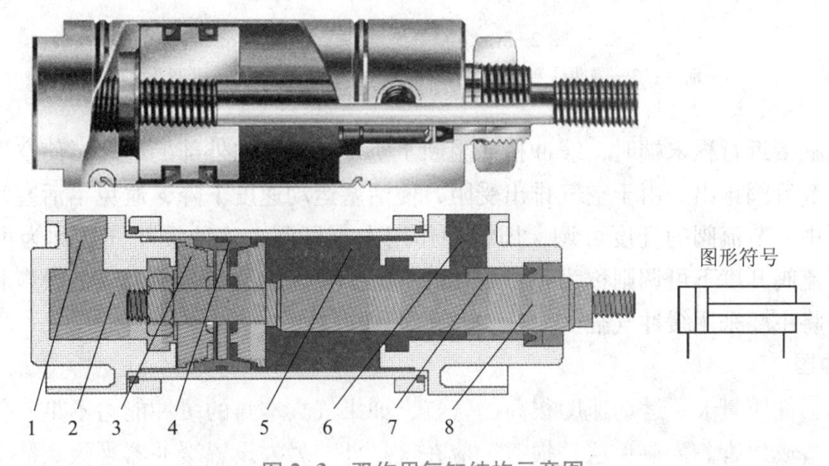

图 2-3　双作用气缸结构示意图

1、6—进、排气口；2—无杆腔；3—活塞；4—密封圈；5—有杆腔；7—导向环；8—活塞杆

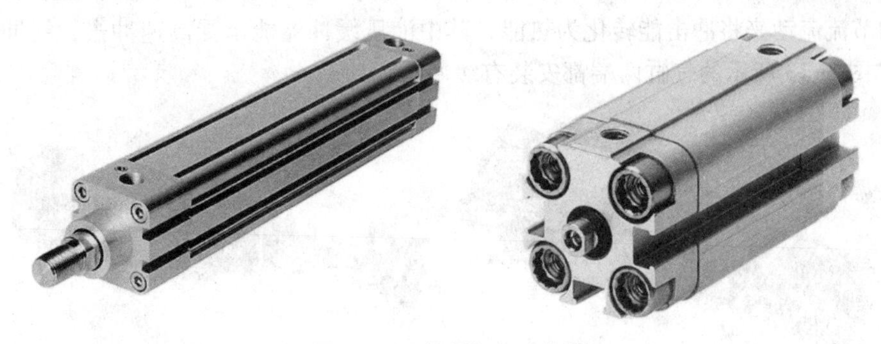

图 2-4　双作用气缸实物图

2.1.3 缓冲装置

在利用气缸进行长行程或重负荷工作时，当气缸活塞接近行程末端仍具有较高的速度，可能造成对端盖的损害性冲击。为了避免这种现象，应在气缸的两端设置缓冲装置。缓冲装置的作用是当气缸行程接近末端时，减缓气缸活塞的运动速度，防止活塞对端盖的高速撞击。

1. 缓冲气缸

在端盖上设置缓冲装置的气缸称为缓冲气缸，否则称为无缓冲气缸。缓冲装置主要由节流阀、缓冲柱塞和缓冲密封圈组成，见图2-5。

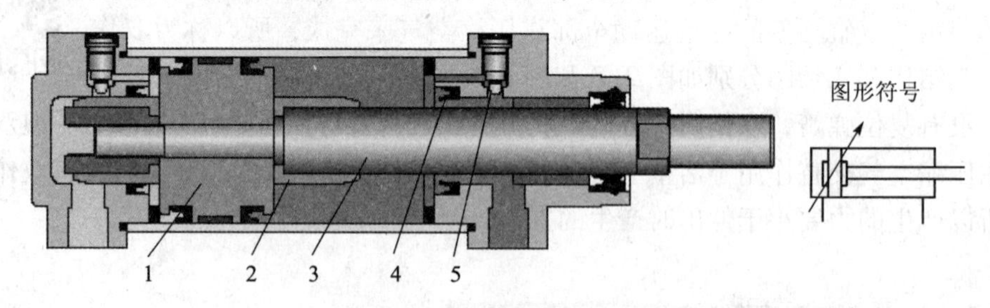

图2-5 缓冲气缸结构示意图

1—活塞；2—缓冲柱塞；3—活塞杆；4—缓冲密封圈；5—可调节流阀

缓冲气缸接近行程末端时，缓冲柱塞阻断了空气直接流向外部的通路，使空气只能通过一个可调的节流阀排出。由于空气排出受阻，使活塞运动速度下降，避免了活塞对端盖的高速撞击。图中，节流阀的开度可调，即缓冲作用大小可调，这种缓冲气缸称为可调缓冲气缸；如果节流阀开度不可调则称为不可调缓冲气缸。在以后的实验中为降低噪声和延长元件使用寿命，将主要采用缓冲气缸。

2. 缓冲器

对于运动件质量大、运动速度很高的气缸，如果气缸本身的缓冲能力不足，仍会对气缸端盖和设备造成损害。为避免这种损害，应在气缸外部另外设置缓冲器来吸收冲击能。

常用的缓冲器有弹簧缓冲器（图2-6）、气压缓冲器和液压缓冲器（图2-7）。弹簧缓冲器是利用弹簧压缩产生的弹力来吸收冲击时的机械能；气压和液压缓冲器都是主要通过气流或液流的节流流动来将冲击能转化为热能，其中液压缓冲器能承受高速冲击，缓冲性能好。图2-9和图2-13所示的气缸两端都安装有缓冲器。

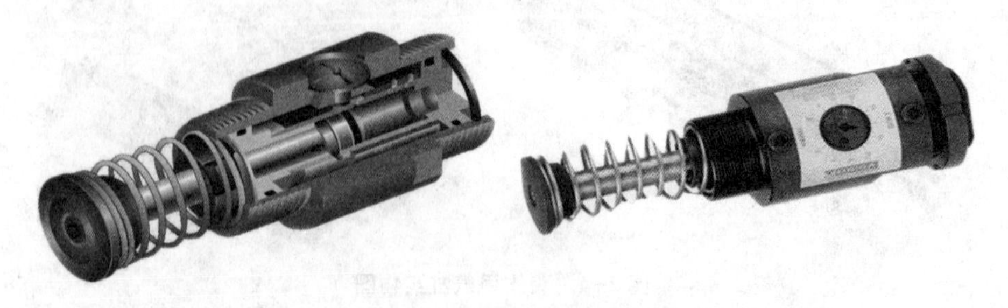

图2-6 弹簧缓冲器剖面结构及实物图

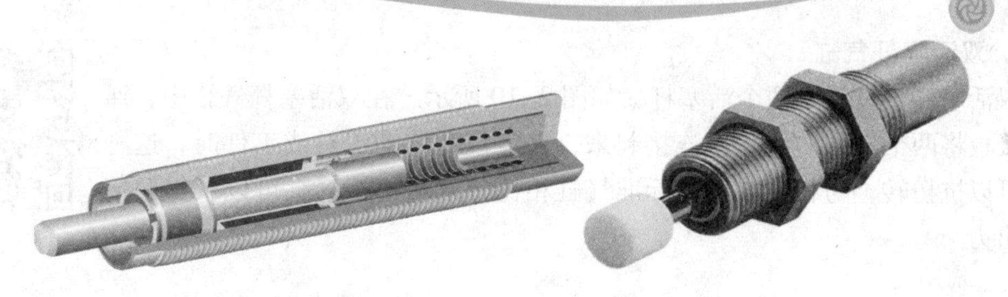

图 2-7 液压缓冲器剖面结构及实物图

2.1.4 其他类型的气缸

气缸的种类非常繁多。除上面所述最常用的单作用、双作用气缸外，还有无杆气缸、导向气缸、双出杆气缸、多位气缸、气囊气缸和气动手指等。

1. 无杆气缸

无杆气缸就是没有活塞杆的气缸，它利用活塞直接或间接带动负载实现往复运动。由于没有活塞杆，气缸可以在较小的空间中实现更长的行程运动。无杆气缸主要有机械耦合、磁性耦合等结构形式。

机械耦合式无杆气缸在压缩空气的作用下，气缸活塞-滑块机械组合装置可以做往复运动。这种无杆气缸通过活塞-滑块机械组合装置传递气缸输出力，缸体上有管状沟槽可以防止其扭转。为了防止泄漏及防尘要求，在开口部采用密封和防尘不锈钢带，并固定在两个端盖上，其剖面结构及实物图如图 2-8 所示。

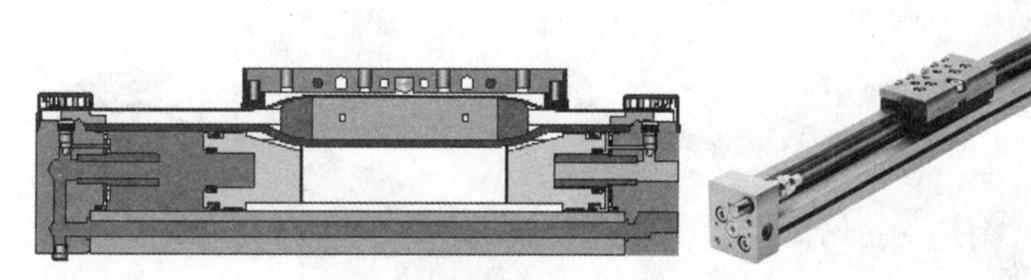

图 2-8 机械耦合式无杆气缸剖面结构及实物图

磁性耦合式无杆气缸在活塞上安装了一组高磁性稀土永久磁环，其输出力的传递靠磁性耦合，由内磁环带动缸筒外边的外磁环与负载一起移动。其特点是无外部空气泄漏，节省轴向空间；但当速度过快或负载太大时，可能造成内外磁环脱离。其剖面结构及实物图如图 2-9 所示。

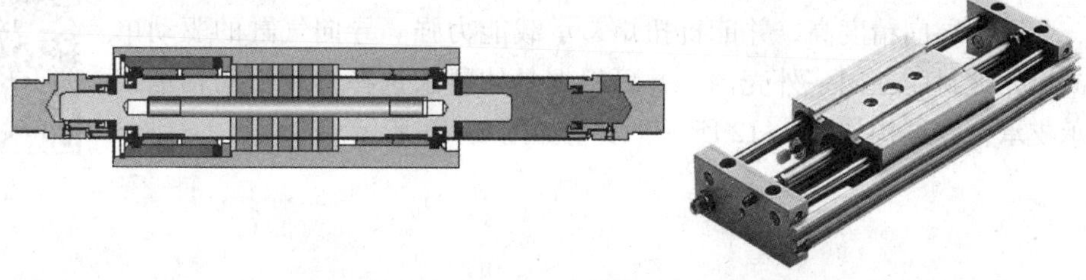

图 2-9 磁性耦合式无杆气缸剖面结构及实物图

2. 双活塞杆气缸

双活塞杆气缸具有两个活塞杆，如图 2-10 所示。在双活塞杆气缸中，通过连接板将两个并列的活塞杆连接起来，在定位和移动工具或工件时，这种结构可以抗扭转。与相同缸径的标准气缸相比，双活塞杆气缸可以获得两倍的输出力。

图 2-10　双活塞杆气缸实物图

3. 双端单活塞杆气缸

这种气缸的活塞两端都有活塞杆，活塞两侧受力面积相等，即气缸的推力和拉力是相等的，如图 2-11（a）所示。双端单活塞杆气缸也称为双出杆气缸。

4. 双端双活塞杆气缸

这种气缸活塞两端都有两个活塞杆，如图 2-11（b）所示。在这种气缸中，通过两个连接板将两个并列的双端活塞杆连接起来，以获得良好的抗扭转性。和双活塞杆气缸一样，与相同缸径的标准气缸相比，这种气缸可以获得两倍的输出力。

(a)　　(b)

图 2-11　双端单活塞杆气缸与双端双活塞杆气缸实物图

（a）双端单活塞杆气缸；（b）双端双活塞杆气缸

5. 导向气缸

导向气缸一般由一个标准双作用气缸和一个导向装置组成。其特点是结构紧凑、坚固，导向精度高，并能抗扭矩，承载能力强。导向气缸的驱动单元和导向单元被封闭在同一外壳内，并可根据具体要求选择安装滑动轴承或滚动轴承支承，其结构如图 2-12 所示，实物如图 2-13 所示。

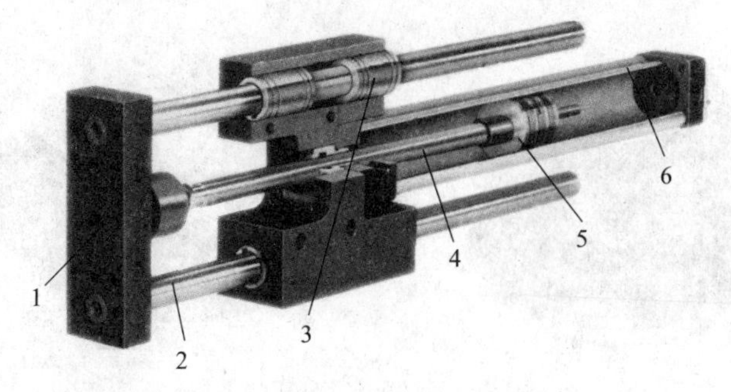

图 2-12　导向气缸结构示意图

1—端板；2—导杆；3—滑动轴承或滚动轴承支承；4—活塞杆；5—活塞；6—缸体

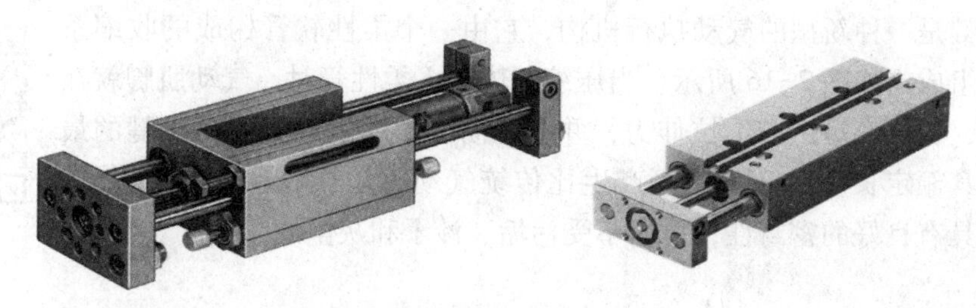

图 2-13　导向气缸实物图

6. 多位气缸

由于压缩空气具有很强的可压缩性，所以气缸本身不能实现精确定位。将缸径相同但行程不同的两个或多个气缸连接起来，组合后的气缸就能具有 3 个或 3 个以上的精确停止位置，这种类型气缸称为多位气缸，其实物图如图 2-14 所示。

图 2-14　多位气缸实物图

7. 气囊气缸

气囊气缸是通过对一节或多节具有良好伸缩性的气囊进行充气加压和排气来实现对负载的驱动的。气囊气缸既可以作为驱动器也可以作为气弹簧来使用。通过给气缸加压或排气，该气缸可作为驱动器来使用；如果保持气囊气缸的充气状态，就成了一个气弹簧。

这种气缸的结构简单，由两块金属板扣住橡胶气囊而成，如图 2-15 所示。气囊气缸为单作用动作方式，无须复位弹簧。

图 2-15　气囊气缸实物图

8. 气动肌腱

气动肌腱是一种新型的气动执行机构，它由一个柔性软管构成的收缩系统和连接器组成，如图 2-16 所示。当压缩气体进入柔性管时，气动肌腱就在径向上扩张，长度变短，产生拉伸力，并在径向有收缩运动。气动肌腱的最大行程可达其额定长度的 25%，可产生比传统气动驱动器驱动力大 10 倍的力。由于其具有良好的密封性，可以不受污垢、沙子和灰尘的影响。

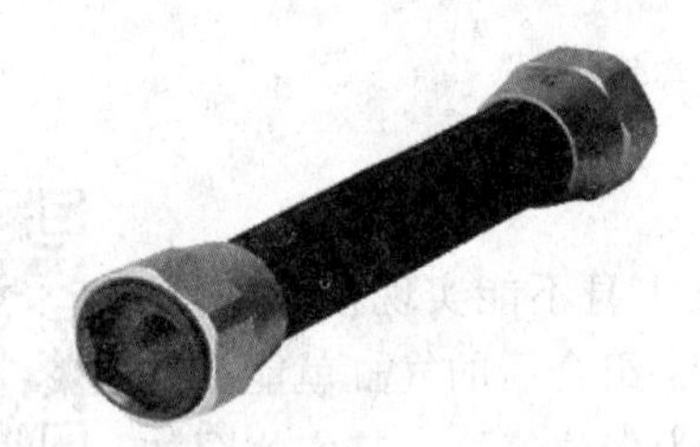

图 2-16　气动肌腱实物图

9. 气动手指

气动手指（气爪）可以实现各种抓取功能，是现代气动机械手中一个重要部件。气动手指的主要类型有平行手指气缸、摆动手指气缸、旋转手指气缸和三点手指气缸等。气动手指能实现双向抓取、动对中，并可安装无接触式位置检测元件，有较高的重复精度。

1）平行气爪

平行气爪通过两个活塞工作。通常让一个活塞受压，另一活塞排气实现手指移动。平行气爪的手指只能轴向对心移动，不能单独移动一个手指，其剖面结构与实物图如图 2-17 所示。

2）摆动气爪

摆动气爪通过一个带环形槽的活塞杆带动手指运动。由于气爪手指耳环始终与环形槽相连，所以手指移动能实现自对中，并保证抓取力矩的恒定，其剖面结构与实物图如图 2-18 所示。

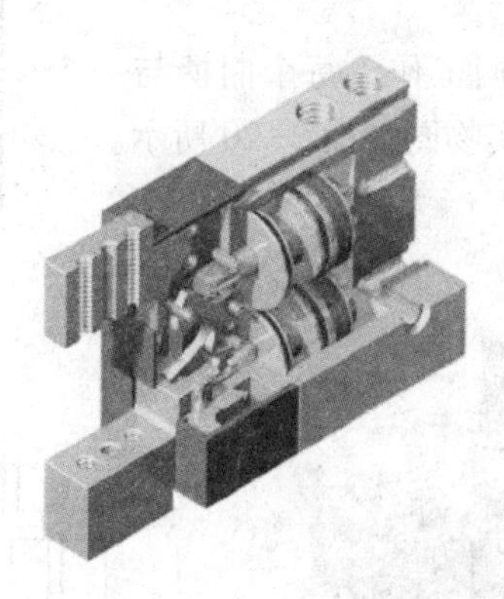
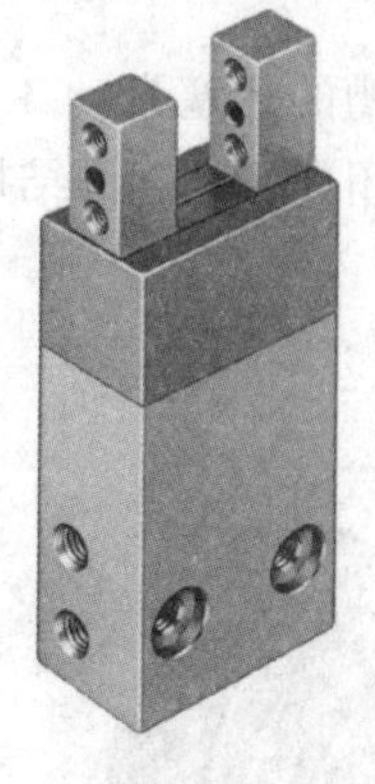
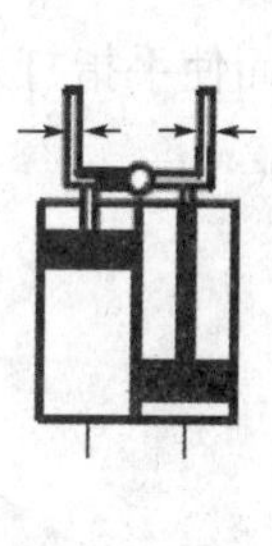

图 2-17 平行手指剖面结构与实物图

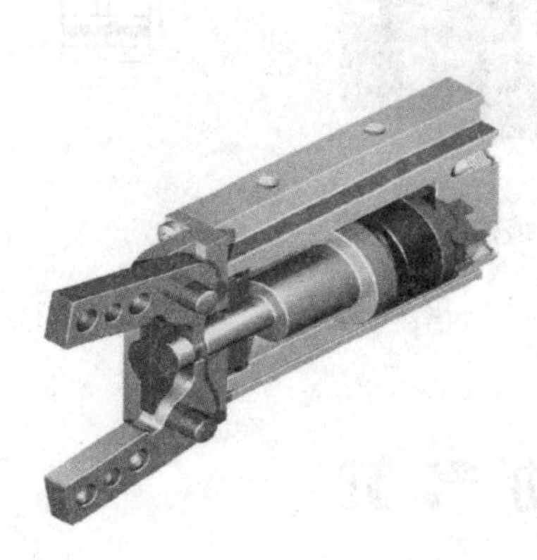

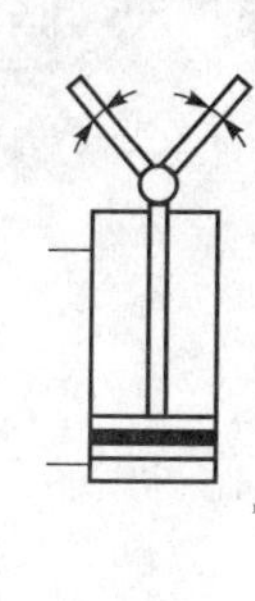

图 2-18 摆动手指剖面结构与实物图

3）旋转气爪

旋转气爪是通过齿轮齿条来进行手指运动的。齿轮齿条可使气爪手指同时移动并自动对中，并确保抓取力的恒定，其剖面结构与实物图如图 2-19 所示。

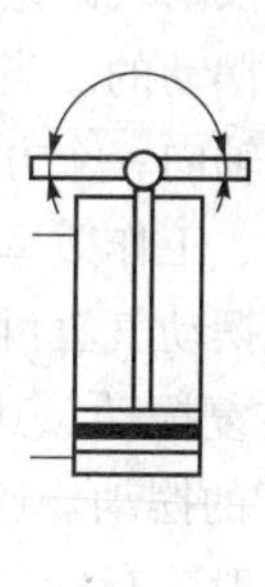

图 2-19 旋转手指剖面结构与实物图

4）三点气爪

三点气爪通过一个带环形槽的活塞带动3个曲柄工作。每个曲柄与一个手指相连，因而使手指打开或闭合，其剖面结构与实物图如图2-20所示。

图2-20　三点手指剖面结构与实物图

2.2　摆动气缸

摆动气缸是利用压缩空气驱动输出轴在小于360°的角度范围内的做往复摆动的气动执行元件，多用于物体的转位、工件的翻转、阀门的开闭等场合。

摆动气缸按结构特点可分为叶片式、齿轮齿条式两大类。

2.2.1　叶片式摆动气缸

叶片式摆动气缸是利用压缩空气作用在装在缸体内的叶片上来带动回转轴实现往复摆动的。当压缩空气作用在叶片的一侧，叶片另一侧排气，叶片就会带动转轴向一个方向转动；改变气流方向就能实现叶片转动的反向。叶片式摆动气缸具有结构紧凑、工作效率高的特点，常用于工件的分类、翻转、夹紧。

叶片式摆动气缸可分为单叶片式和双叶片式两种。单叶片式输出轴转角大，可以实现小于360°的往复摆动，其剖面结构及实物图如图2-21所示；双叶片式输出轴转角小，只能实现小于180°的摆动。通过挡块装置可以对摆动气缸的摆动角度进行调节。为便于角度调节，马达背面一般装有标尺。

图 2-21　单叶片式摆动气缸剖面结构及实物图

1—转轴；2—叶片

2.2.2　齿轮齿条式摆动气缸

齿轮齿条式摆动气缸利用气压推动活塞带动齿条做往复直线运动，齿条带动与之啮合的齿轮做相应的往复摆动，并由齿轮轴输出转矩。这种摆动气缸的回转角度不受限制，可超过 360°（实际使用一般不超过 360°），但不宜太大，否则齿条太长不合适，其工作原理及剖面结构如图 2-22 所示，实物图如图 2-23 所示。齿轮齿条式摆动气缸有单齿条和双齿条两种结构。

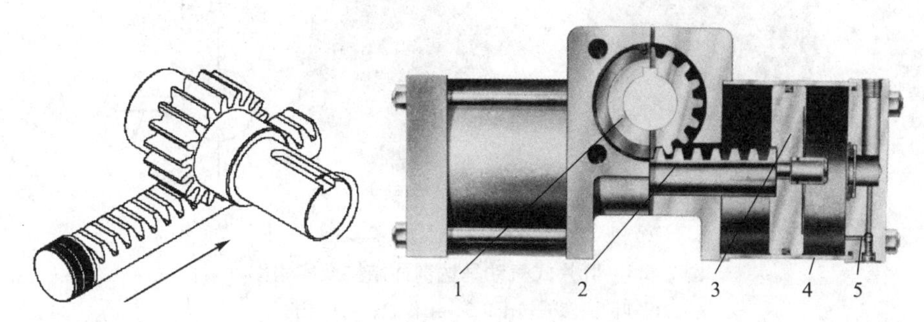

图 2-22　齿轮齿条摆动气缸工作原理及剖面结构

1—齿轮；2—齿条；3—活塞；4—缸体；5—端位缓冲

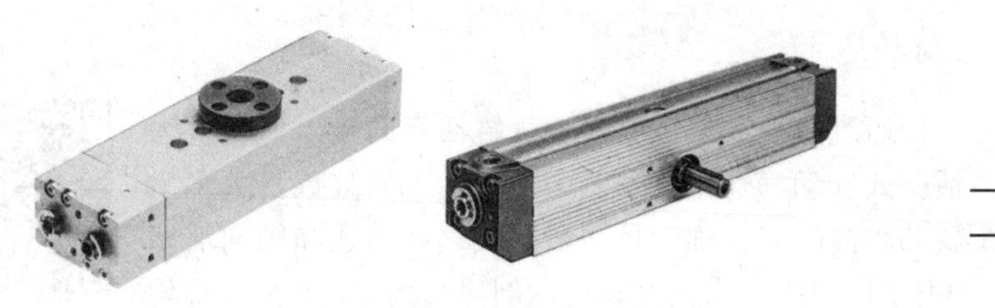

图形符号

图 2-23　齿轮齿条摆动气缸实物图

2.3 气动马达

气动马达是将压缩空气的压力能转换为连续旋转运动的气动执行元件。在气压传动中应用最广泛的是叶片式气动马达和活塞式气动马达。

2.3.1 叶片式气动马达

叶片式气动马达主要由定子、转子和叶片组成。如图2-24所示，压缩空气由输入口进入，作用在工作腔两侧的叶片上。由于转子偏心安装，气压作用在两侧叶片上的转矩不等，使转子旋转。转子转动时，每个工作腔的容积在不断变化。相邻两个工作腔间存在压力差，这个压力差进一步推动转子的转动。做功后的气体从输出口输出。如果调换压缩空气的输入和输出方向，就可让转子反向旋转。

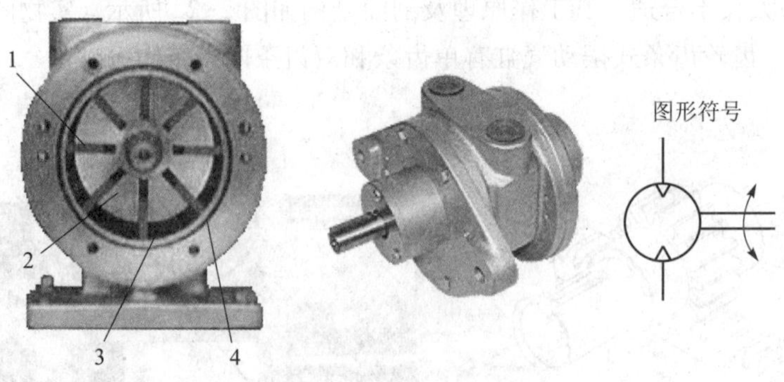

图2-24 叶片式气动马达剖面结构及实物图

1—叶片；2—转子；3—工作腔；4—定子

叶片马达体积小、质量轻，结构简单，但耗气量较大，一般用于中、小容量，高转速的场合。

2.3.2 活塞式气动马达

活塞式气动马达是一种通过曲柄或斜盘将多个气缸活塞的输出力转换为回转运动的气动马达。活塞式气动马达中为达到力的平衡，气缸数目大多为偶数。气缸可以径向配置和轴向配置，称为径向活塞式气动马达和轴向活塞式气动马达。图2-25中所示的径向活塞式气动马达剖面结构中，5个气缸均匀分布在气动马达壳体的圆周上，5个连杆都装在同一个曲轴的曲拐上。压缩空气顺序推动各气缸活塞伸缩，从而带动曲轴连续旋转。

活塞式气动马达有较大的启动力矩和功率，但结构复杂、成本高，且输出力矩和速度必

然存在一定的脉动，主要用于低速大转矩的场合。

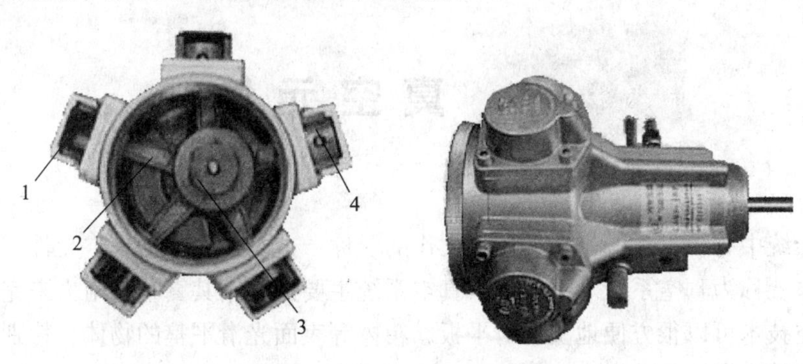

图 2-25 活塞式气动马达剖面结构及实物图

1—气缸；2—连杆；3—曲轴；4—活塞

2. 3. 3 气动马达的特点

气动马达与电动机和液压马达相比，有以下特点：

（1）由于气动马达的工作介质是压缩空气，以及它本身结构上的特点，有良好的防爆、防潮和耐水性，不受振动、高温、电磁、辐射等影响，可在高温、潮湿、高粉尘等恶劣环境下使用。

（2）气动马达具有结构简单，体积小，质量轻，操纵容易，维修方便等特点，其用过的空气也不需处理，不会造成污染。

（3）气动马达有很宽的功率和速度调节范围。气动马达功率小到几百瓦，大到几万瓦，转速可以从 0~25 000 r/min 或更高。通过对流量的控制即可非常方便地达到调节功率和速度的目的。

（4）正反转实现方便。只要改变进气排气方向就能实现正反转换向，而且回转部分惯性小，且空气本身的惯性也小，所以能快速地启动和停止。

（5）具有过载保护性能。在过载时气动马达只会降低速度或停车，当负载减小时即能重新正常运转，不会因过载而烧毁。

（6）气动马达能长期满载工作，由于压缩空气绝热膨胀的冷却作用，能降低滑动摩擦部分的发热，因此气动马达能在高温环境下运行，其温升较小。

（7）气动马达，特别是叶片式气马达转速高，零部件部件磨损快，需及时检修、清洗或更换零部件。

（8）气动马达还具有输出功率小、耗气量大、效率低、噪声大和易产生振动等缺点。

由于气动马达具有以上诸多特点，故它可在潮湿、高温、高粉尘等恶劣的环境下工作。除被用于矿山机械中的凿岩、钻采、装载等设备中外，气动马达也在船舶、冶金、化工、造纸等行业得到广泛应用。

2.4 真空元件

在气动系统中有一类在低于大气压下工作的元件，这类元件称为真空元件，由真空元件构成的气动系统称为真空系统。工业上，真空系统主要是利用其真空吸附力来完成各项工作的。利用真空技术可以很方便地实现对平板、箱体等表面光滑平整的物体，特别是易碎、易变形物体的吸持、搬运等功能。

真空系统一般由真空发生器（真空压力源）、吸盘（执行元件）、控制阀（有手动阀、机控阀、气控阀和电磁阀）及附件（过滤器、消声器等）组成。

2.4.1 真空发生器

真空发生器的工作原理如图 2-26 所示。

当压缩空气通过喷嘴 1 射入接收室 2，形成射流。射流卷吸接收室内的静止空气并和它一起向前流动进入混合室 3 并由扩散室 4 导出。由于卷吸作用，在接收室内会形成一定的负压。接收室下方与吸盘相连，就能在吸盘内产生真空。当达到一定的真空度就能将吸附的物体吸持住。

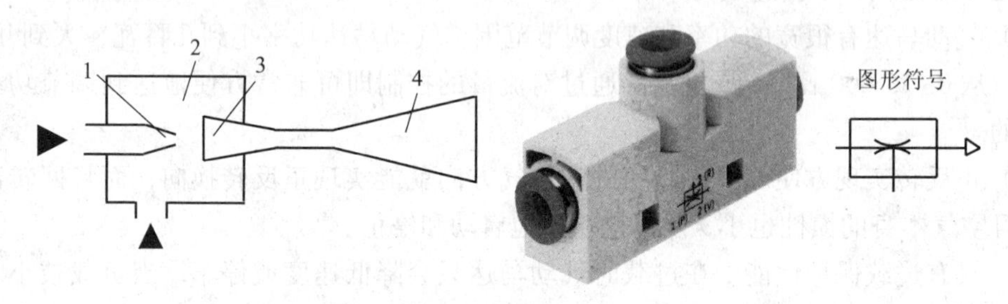

图 2-26 真空发生器工作原理及实物图

1—喷嘴；2—接收室；3—混合室；4—扩散室

2.4.2 真空吸盘

真空吸盘是真空系统中的执行元件，用于吸持表面光滑平整的工件，通常它由橡胶材料和金属骨架压制而成。吸盘有多种不同的形状，常用的有圆形平吸盘和波纹形吸盘，如图 2-27 所示。波纹形吸盘相对圆形平吸盘有更强的适应性，允许工件表面有轻微的不平、弯曲或倾斜，同时在吸持工件进行移动时有较好的缓冲性能。

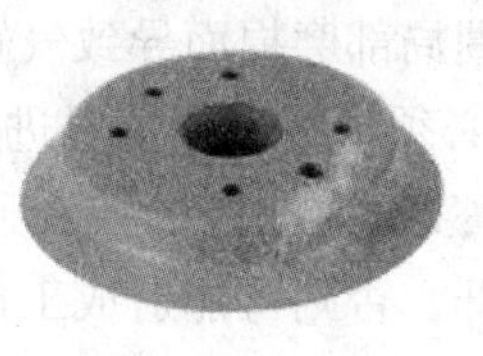

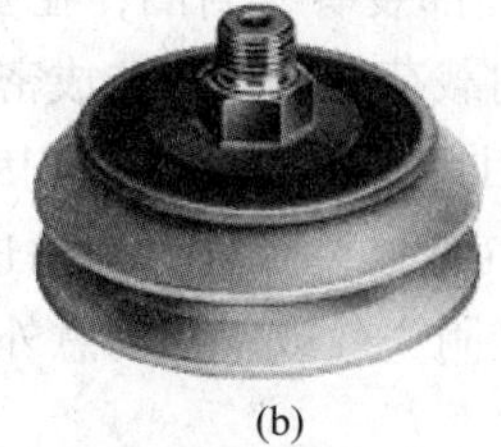

(a)　　(b)

图 2-27　真空吸盘实物图

(a) 圆形平吸盘；(b) 波纹形吸盘

2.4.3　其他真空元件

真空系统中除了真空发生器和真空吸盘这两个主要元件外，还有真空电磁阀、真空压力开关、空气过滤器、油雾分离器、真空安全开关等元件。

(1) 真空电磁阀：控制真空发生器通断。

(2) 空气过滤器、油雾分离器：防止压缩空气中污染物引起真空元件故障。

(3) 真空压力开关：检测真空度是否达到要求，防止工件因吸持不牢而跌落。

(4) 真空安全开关：在由多个真空吸盘构成的真空系统中确保一个吸盘失效后仍维持系统真空度不变。

2.4.4　使用注意

真空系统在使用时主要有以下注意事项：

(1) 供给的气源应经过净化处理，也不能含有油雾。在恶劣环境中工作时，真空压力开关前也应安装过滤器。

(2) 真空发生器与吸盘间的连接管应尽量短，且不承受外力。拧动时要防止因连接管扭曲变形造成漏气。

(3) 为保证停电后保持一定真空度，防止真空失效造成工件松脱，应在吸盘与真空发生器间设置单向阀，真空电磁阀也应采用常通型结构。

(4) 吸盘的吸着面积应小于工件的表面积，以免发生泄漏。

(5) 对于大面积的板材宜采用多个大口径吸盘吸吊，以增加吸吊平稳性。一个真空发生器带多个吸盘时，每个吸盘应单独配有真空压力开关，以保证其中任一吸盘漏气导致真空度不符合要求时，都不会起吊工件。

生产学习经验

1. 由于气缸工作压力一般都小于 8 bar，气缸结构尺寸也不可能很大，所以在要求较高输出力的场合应考虑采用液压传动。

2. 气缸相对运动的配合处都装有密封圈，在安装和使用时活塞杆只能承受拉力或压力载荷，不允许承受偏心或径向载荷，否则会造成密封圈局部磨损而导致气缸失效。

3. 气缸缓冲效果的计算目前尚无精确方法，因此必须根据实际情况进行调节。

4. 对于采用真空吸盘或气爪这类元件对工件进行搬运或抓取的控制回路中，一定要注意不能应因为突然断电造成吸附失效或气爪的意外张开，否则可能造成工件、设备或者人员伤害。

本章小结

本章对各种类型的气动执行元件：气缸、摆动缸、气动马达的结构、工作原理和特点进行了系统的介绍。同时还介绍了真空元件的基本结构和工作原理以及真空系统的构成和使用时的注意事项。

思考题

1. 总结无杆气缸、导向气缸、双出杆气缸、多位气缸、气囊气缸、气动手指的特点。

2. 查询相关资料或到企业进行实际调查，说明一到两种不同类型的气缸在实际生产设备中的应用。

3. 查询相关资料或到企业进行实际调查，说明摆动缸、气动马达或真空元件在实际生产中的应用。

习题

1. 什么是气动执行元件？根据运动方式的不同可以分为哪几类？
2. 单作用气缸和双作用气缸在结构上有何不同？各有什么特点？
3. 缓冲装置对于气缸有什么作用？缓冲气缸是如何实现行程末端的减速缓冲的？
4. 什么是摆动气缸？叶片式摆动气缸和齿轮齿条式摆动气缸的工作原理是什么？
5. 什么是气动马达？叶片式气动马达和活塞式气动马达的工作原理是什么？
6. 气动马达与电动机相比有哪些特点？
7. 什么是真空系统？主要由哪些元件组成，在工业上有哪些应用？
8. 真空发生器的工作原理是什么？
9. 真空系统在使用时主要有哪些注意事项？

第3章 气压传动的基本控制回路

【本章知识点】

1. 掌握气压回路的基本组成
2. 掌握气动控制阀的分类、工作原理
3. 完成常见气压传动控制回路的设计，理解其工作过程

【背景知识】

在气压传动系统中工作部件之所以能按设计要求完成动作，是通过对气动执行元件运动方向、速度以及压力大小的控制和调节来实现的。在现代工业中，气压传动系统为了实现所需的功能有着各不相同的构成形式。但无论多么复杂的系统都是由一些基本的、常用的控制回路组成的，如气缸的直接、间接控制回路，逻辑控制回路，实现气缸顺序动作的行程程序控制回路，调节和控制执行元件运动速度的速度控制回路，调节和控制工作压力的压力控制回路。了解这些回路的功能，熟悉回路中相关元件的作用和结构，对我们更好地分析、使用、维护或设计各种气压传动系统有着根本性的作用。

气动控制回路图的绘制是整个气动控制系统设计的核心部分。气动控制回路图的绘制应符合一定的规范。

1. 气动回路图中的元件应按照《液压与气动图形符号》(GB 786—93) 进行绘制。

2. 气动回路图中应包括全部执行元件、主控阀和其他实现该控制回路的控制元件。

3. 回路图除特殊需要一般不画出具体控制对象及发信装置的实际位置布置情况。

4. 气动回路图应表示整个控制回路处于工作程序最终节拍终了时的静止位置（初始位置）的状态。如气缸最后一个动作是气缸活塞杆的伸出，回路图中就应将该气缸按其活塞杆伸出的状态：[气缸符号]画出。

5. 为方便阅读，气动回路图中元件的图形符号应按能源左下，按顺序各控制元件从下往上、从左到右，执行元件在回路图上部按从左到右的原则布置。

6. 管线在绘制时尽量用直线，避免交叉，连接处用黑点表示。

7. 为了便于气动回路的设计和对气动回路进行分析，可以对气动回路中的各元件进行编号，在编号时不同类型的元件所用的代表字母也应遵循一定的规则：

泵和空压机——P；执行元件——A；电动机——M；传感器——S；

阀——V；其他元件——Z（或用除上面提到的其他字母）

3.1 工件转运装置

在气压传动系统中工作部件之所以能按设计要求完成动作，是通过对气动执行元件运动方向、速度以及压力大小的控制和调节来实现的。在现代工业中，气压传动系统为了实现所需的功能有着各不相同的构成形式，但无论多么复杂的系统都是由一些基本的、常用的控制回路组成的。如气缸的直接、间接控制回路；逻辑控制回路；实现气缸顺序动作的行程程序控制回路；调节和控制执行元件运动速度的速度控制回路；调节和控制工作压力的压力控制回路。如图 3-1 所示，利用一个气缸将某方向

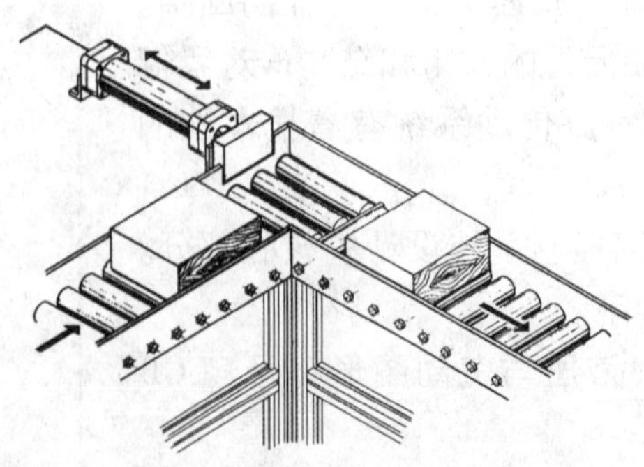

图 3-1　工件转运装置示意图

传送装置送来的木料推送到与其垂直的传送装置上做进一步加工。通过一个按钮使气缸活塞杆伸出，将木块推出；松开按钮，气缸活塞杆缩回。

一个完整的简单气动回路包含了气源，方向控制阀和执行元件。图 3-1 所示气动回路中，执行元件可根据实际需要采用单作用气缸或双作用气缸。如果图 3-1 中所推物件很重，那么执行元件可采用双杆气缸。确定好执行元件类型后，根据气缸的类型选取相应的方向控制阀，控制阀的控制方式也可根据具体要求采用人力、机械或电磁等控制方式。本课题可采用两种方案，详见表 3-1。

表 3-1

方案	执行元件类型	方向控制阀类型	控制方式
方案一	单作用气缸	二位三通阀（3/2 阀）	人力，自复位
	双作用气缸	二位五通阀（5/2 阀）	
方案二	双作用气缸	二位五通阀（5/2 阀）	电磁，自复位

3.1.1　方向控制阀

在气动基本回路中实现气动执行元件运动方向控制的回路是最基本的，只有在执行元件的运动方向符合要求的基础上我们才能进一步对速度和压力进行控制和调节。

用于通断气路或改变气流方向，从而控制气动执行元件起动、停止和换向的元件称为方向控制阀。方向控制阀主要有单向阀和换向阀两种。

1. 单向阀

单向阀是用来控制气流方向，使之只能单向通过的方向控制阀。

在图 3-2 所示的单向阀工作原理图中，可以看到气体只能从左向右流动，反向时单向阀内的通路会被阀芯封闭。在气压传动系统中单向阀一般和其他控制阀并联，使之只在某一特定方向上起控制作用，其实物图如图 3-3 所示。

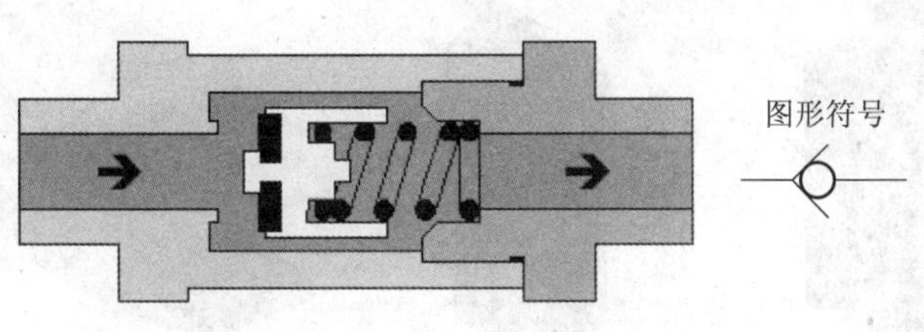

图 3-2　单向阀工作原理图

图 3-3　单向阀实物图

2. 换向阀

用于改变气体通道，使气体流动方向发生变化从而改变气动执行元件的运动方向的元件称为换向阀。换向阀按操控方式主要有人力操纵控制、机械操纵控制、气压操纵控制和电磁操纵控制四类。

1）人力操纵换向阀

依靠人力对阀芯位置进行切换的换向阀称为人力操纵控制换向阀，简称人控阀。人控阀又可分为手动阀和脚踏阀两大类。常用的按钮式换向阀的工作原理如图 3-4 所示。

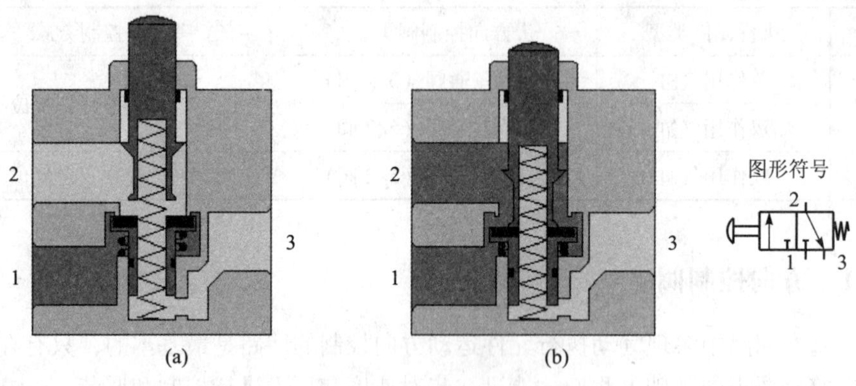

图 3-4 手动换向阀工作原理图
（a）换向前；（b）换向后

人力操纵换向阀与其他控制方式相比，使用频率较低，动作速度较慢。因操纵力不宜太大，所以阀的通径较小，操作也比较灵活。在直接控制回路中人力操纵换向阀用来直接操纵气动执行元件，用作信号阀。人控阀的常用操控机构如图 3-5 所示。

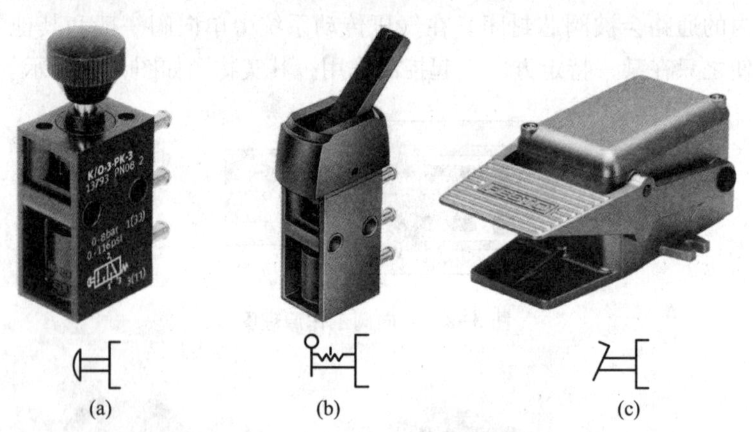

图 3-5 人控阀常用操控机构实物图
（a）按钮式；（b）定位开关式；（c）脚踏式

2）机械操纵换向阀

机械操纵换向阀是利用安装在工作台上凸轮、撞块或其他机械外力来推动阀芯动作实现换向的换向阀。由于它主要用来控制和检测机械运动部件的

行程，所以一般也称为行程阀。行程阀常见的操控方式有顶杆式、滚轮式、单向滚轮式等，其换向原理与手动换向阀类似。

顶杆式是利用机械外力直接推动阀杆的头部使阀芯位置变化实现换向的。滚轮式头部安装滚轮可以减小阀杆所受的侧向力。单向滚轮式行程阀常用来排除回路中的障碍信号，其头部滚轮是可折回的。如图 3-6 所示单向滚轮式行程阀只有在凸块从正方向通过滚轮时才能压下阀杆发生换向；反向通过时，滚轮式行程阀不换向，行程阀实物图如图 3-7 所示。

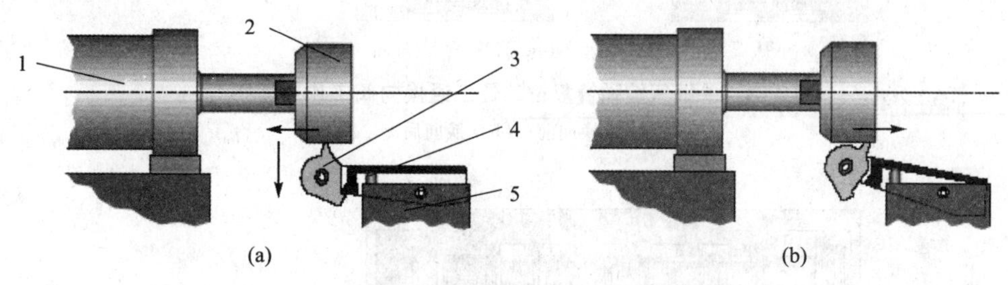

图 3-6　单向滚轮式行程阀工作原理图

（a）正向通过；（b）反向通过

1—气缸；2—凸块；3—滚轮；4—阀杆；5—行程阀阀体

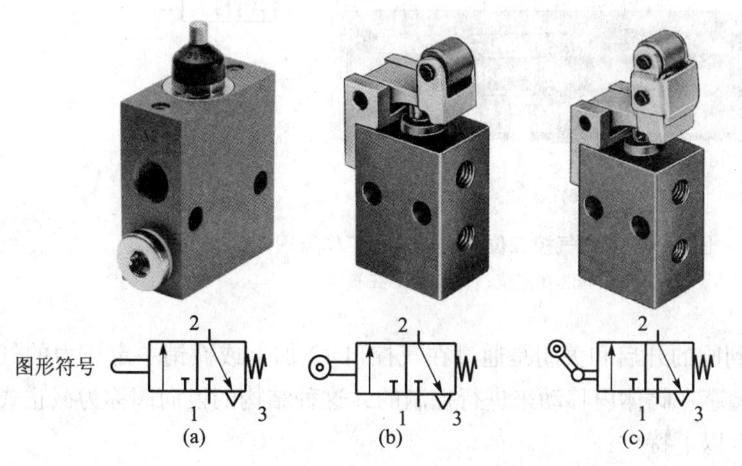

图 3-7　行程阀实物图

（a）顶杆式；（b）滚轮式；（c）单向滚轮式

3）气压操纵换向阀

气压操纵换向阀是利用气压力来实现换向的，简称气控阀。根据控制方式的不同可分为加压控制、卸压控制和差压控制三种。

加压控制是指控制信号的压力上升到阀芯动作压力时，主阀换向，是最常用的气控阀；卸压控制是指所加的气压控制信号减小到某一压力值时阀芯动作，主阀换向；差压控制是利用换向阀两端气压有效作用面积的不等，使阀芯两侧产生压力差来使阀芯动作实现换向的。常用加压控制气控阀的工作原理如图 3-8 和图 3-9 所示。

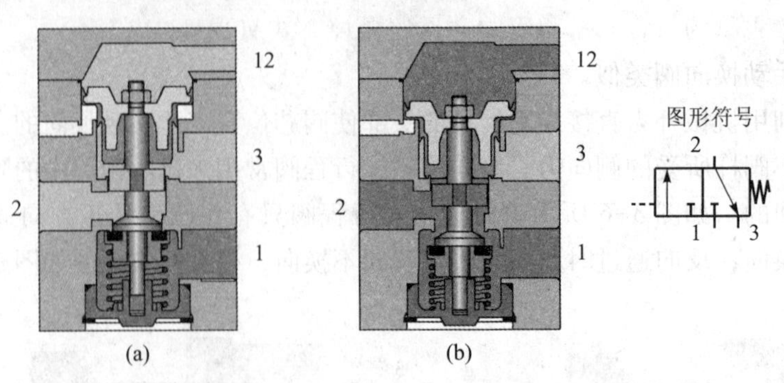

图 3-8 单端气控弹簧复位二位三通换向阀工作原理图

（a）换向前；（b）换向后

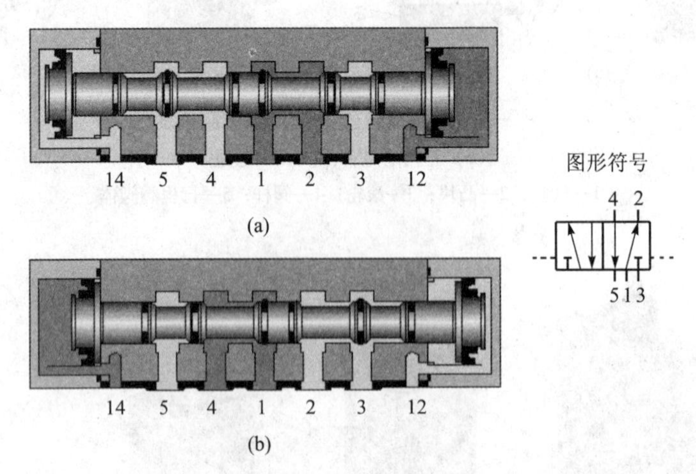

图 3-9 双端气控二位五通换向阀工作原理图

（a）阀芯在左位；（b）阀芯在右位

在图 3-8 中可以看到阀的开启和关闭是通过在气控口 12 加上或撤销一定压力的气体使大于管道直径的圆盘形阀芯在阀体内移动来进行控制的，这种结构的换向阀称为截止式换向阀。截止式换向阀主要有以下特点：

（1）用很小的移动量就可以使阀完全开启，阀流通能力强，因此便于设计成紧凑的大流量阀。

（2）抗粉尘和污染能力强，对空气的过滤精度及润滑要求不高，适用于环境比较恶劣的场合。

（3）当阀口较多时，结构太复杂，所以一般用于三通或二通阀。

（4）因为有阻碍换向的背压存在，阀芯关闭紧密，泄漏量小，但换向阻力也较大。

图 3-9 所示换向阀的换向是通过在气控口 12 或气控口 14 加上一定压力的气体，使圆柱形阀芯在阀套内作轴向运动来实现的，这种结构的换向阀称为滑阀式换向阀。滑阀式换向阀主要有以下特点：

（1）换向行程长，即阀门从完全关闭到完全开启所需的时间长。

（2）切换时，没有背压阻力，所需换向力小，动作灵敏。

（3）结构具有对称性，作用在阀芯上的力保持轴向平衡，阀容易实现记忆功能。即控制信号在换向阀换向完成后即使消失，阀芯仍能保持当前位置不变。

（4）阀芯在阀体内滑动，对杂质敏感，对气源处理要求较高。

（5）通用性强，易设计成多位多通阀。只要稍微改变阀套或阀芯的尺寸、形状就能实现机能的改变。

气控换向阀实物图如图 3-10 所示。

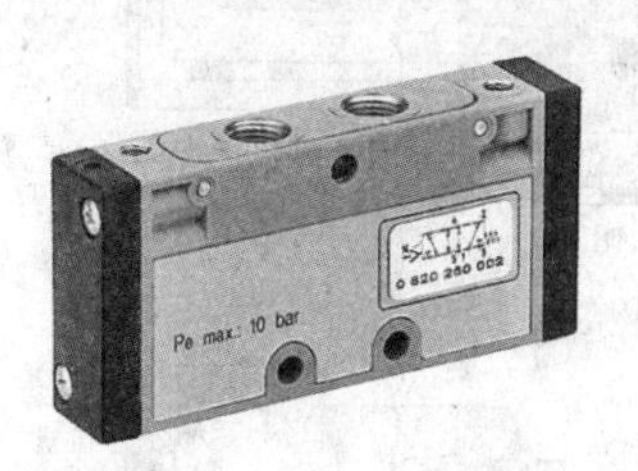

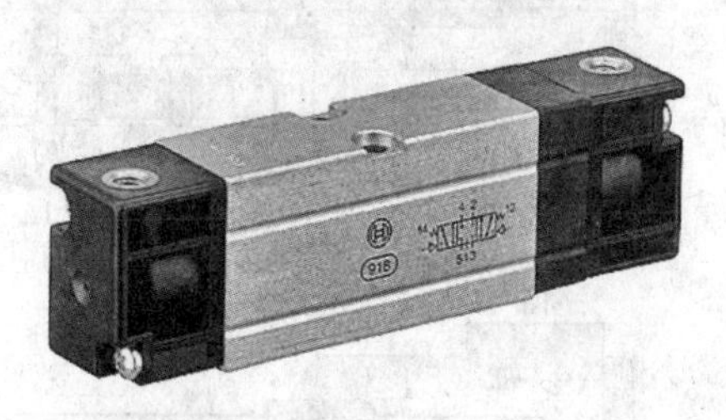

图 3-10　气控换向阀实物图

4）电磁操纵换向阀

电磁操纵换向阀是利用电磁线圈通电时所产生的电磁吸力使阀芯改变位置来实现换向的，简称为电磁阀。电磁阀能够利用电信号对气流方向进行控制，使得气压传动系统可以实现电气控制，是气动控制系统中最重要的元件。

电磁换向阀按操作方式的不同可分为直动式和先导式。图 3-11 所示为这两种操作方式的表示方法。

（1）直动式电磁换向阀。

直动式电磁阀是利用电磁线圈通电时，静铁芯对动铁芯产生的电磁吸力直接推动阀芯移动实现换向的，其工作原理如图 3-12 所示。

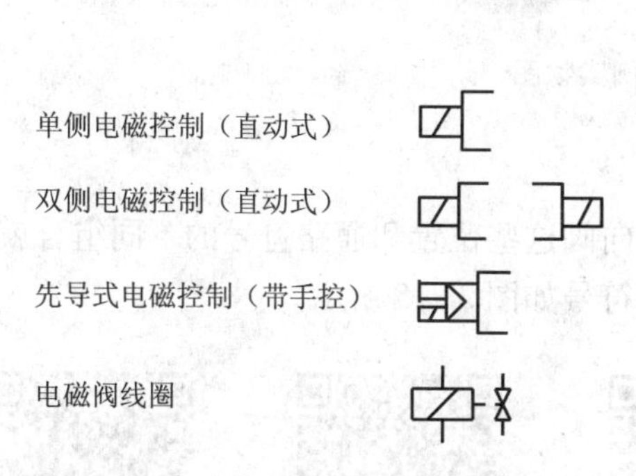

图 3-11　电磁换向阀操控方式的表示方法

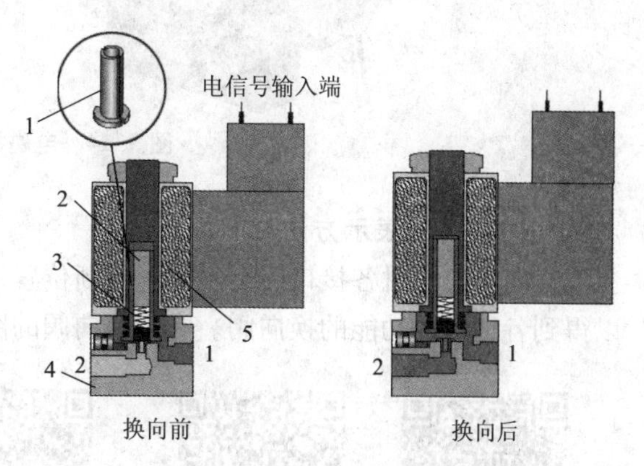

图 3-12　直动式电磁换向阀工作原理图

1—阀芯；2—动铁芯；3—复位弹簧；4—阀体；5—电磁线圈

（2）先导式电磁换向阀。

直动式电磁阀由于阀芯的换向行程受电磁吸合行程的限制，只适用于小型阀。先导式电磁换向阀则是由直动式电磁阀（导阀）和气控换向阀（主阀）二部分构成。其中直动式电磁阀在电磁先导阀线圈得电后，导通产生先导气压。先导气压再来推动大型气控换向阀阀芯动作，实现换向。工作原理图如图 3-13 所示，实物图如图 3-14 所示。

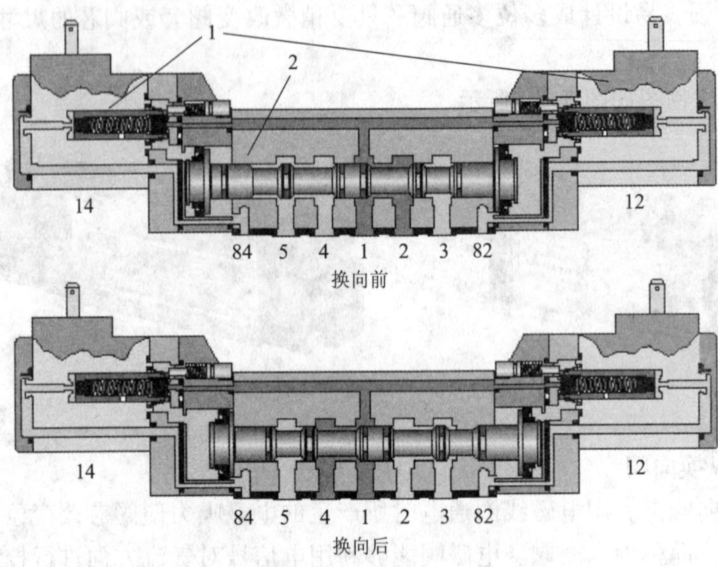

图 3-13　先导式电磁换向阀工作原理图

1—导阀；2—主阀

图 3-14　电磁换向阀实物图

3. 换向阀的表示方法

换向阀换向时各接口间有不同的通断位置，换向阀这些位置和通路符号的不同组合就可以得到各种不同功能的换向阀。常用换向阀的图形符号如图 3-15 所示。

图中所谓的“位”指的是为了改变流体方向，阀芯相对于阀体所具有的不同的工作位置。表现在图形符号中，即图形中有几个方格就有几位；所谓的“通”指的是换向阀与系统相连的通口，有几个通口即为几通。“⊤”和“⊥”表示各接口互不相通。

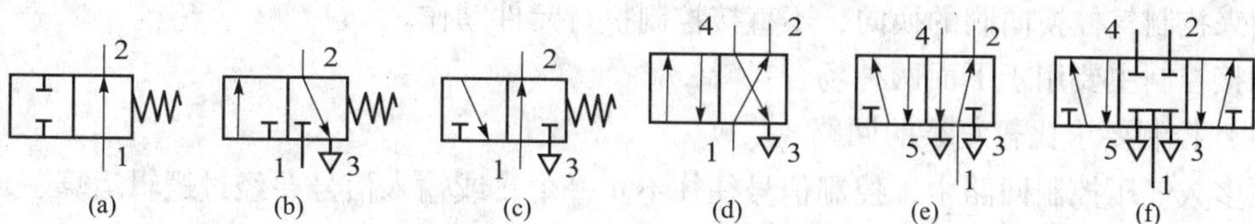

图 3-15　常用换向阀的图形符号

（a）二位二通换向阀；（b）常断型二位三通换向阀；（c）常通型二位三通换向阀；
（d）二位四通换向阀；（e）二位五通换向阀；（f）中位封闭式三位五通换向阀

换向阀的接口为便于接线应进行标号，标号应符合一定的规则。本书中我们采用的是DIN ISO 5599所确定的规则，标号方法如下：

压缩空气输入口：　1

排气口：　3、5

信号输出口：　2、4

使接口1和2导通的控制管路接口：　12

使接口1和4导通的控制管路接口：　14

使阀门关闭的控制管路接口：　10

标号举例如图3-16所示。

4. 换向阀的控制方式

1）直接控制的定义和特点

如图3-17所示，通过人力或机械外力直接控制换向阀换向来实现执行元件动作控制，这种控制方式称为直接控制。直接控制所用元件少，回路简单，主要用于单作用气缸或双作

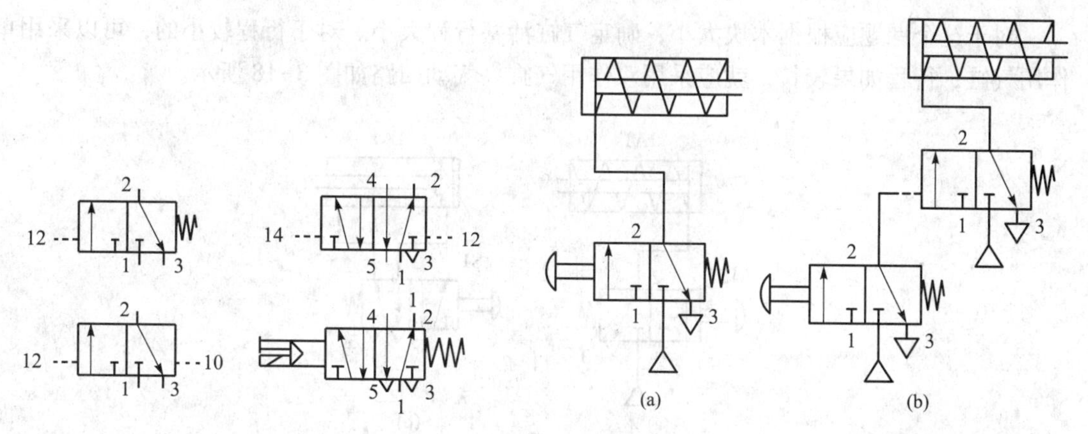

图 3-16　换向阀接口标号示例

图 3-17　气缸的直接控制和间接控制回路图

（a）直接控制；（b）间接控制

用气缸的简单控制，但无法满足换向条件比较复杂的控制要求。而且由于直接控制是由人力和机械外力直接操控换向阀换向的，操作力较小，只适用于所需气流量和控制阀的尺寸相对较小的场合。

2）间接控制的定义和特点

间接控制则指的是执行元件由气控换向阀来控制动作，人力、机械外力等外部输入信号

只是用来控制气控换向阀的换向，不直接控制执行元件动作。

间接控制主要用于下面两种场合：

（1）控制要求比较复杂的回路。

在多数气压控制回路中，控制信号往往不止一个，或输入信号要经过逻辑运算、延时等处理后才去控制执行元件动作。如采用直接控制就无法满足控制要求，这时宜采用间接控制。

（2）高速或大口径执行元件的控制。

执行元件所需气流量的大小决定了所采用的控制阀门通径的大小。对于高速或大口径执行元件，其运动需要较大压缩空气流量，相应的控制阀的通径也较大。这样，使得驱动控制阀阀芯动作需要较大的操作力。这时如果用人力或机械外力来实现换向比较困难，而利用压缩空气的气压力就可以获得很大的操作力，容易实现换向。所以对于这种需要较大操作力的场合也应采用间接控制。

3.1.2　工件转运装置气控回路设计

1. 第一种解决方案（见表3-2）

表3-2

方案	执行元件类型	方向控制阀类型	控制方式
方案一	单作用气缸	二位三通阀（3/2阀）	人力，自复位
	双作用气缸	二位五通阀（5/2阀）	

对于这个课题应根据木块大小，确定气缸活塞行程大小。对于行程较小的，可以采用单作用气缸；行程如果较长，就应采用双作用气缸。气动回路如图3-18所示。

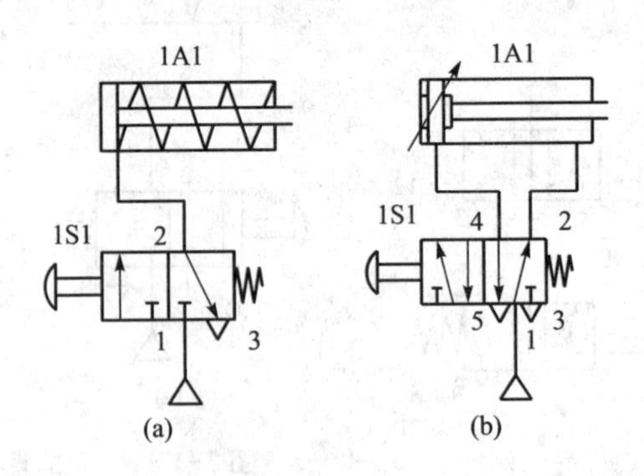

图3-18　方案一　直接控制回路图

（a）采用单作用气缸；（b）采用双作用气缸

1）直接控制回路

2）间接控制回路

本课题也可以采用间接控制的方法实现，如图3-19所示。

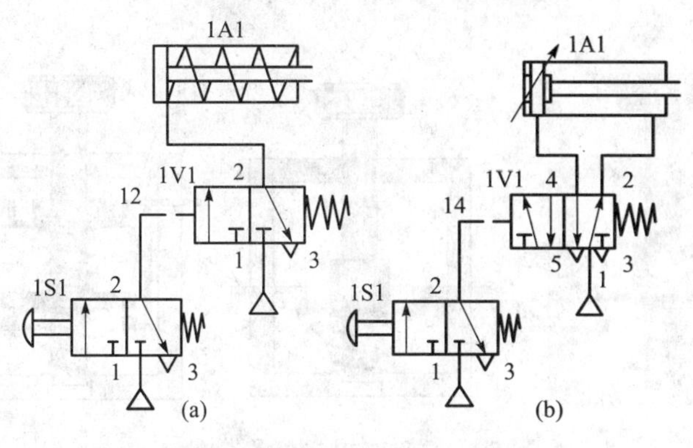

图 3-19　方案一　间接控制回路图

（a）采用单作用气缸；（b）采用双作用气缸

2. 第二种解决方案（见表 3-3）

表 3-3

方案	执行元件类型	方向控制阀类型	控制方式
方案二	双作用气缸	二位五通阀（5/2 阀）	电磁，自复位

利用气动控制元件对气动执行元件进行运动控制的回路称为全气动控制回路。一般适用于需耐水、有高防爆、防火要求、不能有电磁噪声干扰的场合以及元件数较少的小型气动系统。

而在实际气压传动系统中由于回路一般都比较复杂或者系统中除了有气动执行元件外还有电动机、液压缸等其他类型的执行元件，所以大多采用电气控制方式。这样不仅能对不同类型的执行元件进行集中统一控制，也可以较方便的满足比较复杂的控制要求和实现远程控制。此外电信号的传递速度也要远远高于气压信号的传递速度，控制系统可以获得更高的响应速度。

气动系统的电气控制回路的设计思想、方法与其他系统的电气控制回路设计思想、方法是基本相同的，所用电气控制元件也基本相同。

本课题也可采用电气控制方式实现。

1）基本电气控制元件

（1）按钮：按钮是一种最基本的主令电器，它是通过人力来短时接通或断开电路的电气元件。按触点形式不同它可分为动合按钮、动断按钮和复合按钮。动合按钮在无外力作用时，触点断开；外力作用时，触点闭合。动断按钮无外力作用时，触点闭合；外力作用时，触点断开。复合按钮中既有动合触点，又有动断触点。各类按钮的工作原理如图 3-20 所示。

（2）电磁继电器：电磁继电器在电气控制系统中起控制、放大、联锁、保护和调节的作用，是实现控制过程自动化的重要元件，其工作原理如图 3-21 所示。电磁继电器的线圈通电后，所产生的电磁吸力克服释放弹簧的反作用力使铁芯 6 和衔铁 3 吸合。衔铁带动动触头 4，使其和静触头（1）分断，和静触头（2）闭合。线圈断电后，在释放弹簧的作用下，衔铁带动动触头 4 与静触头（2）分断，与静触头（1）再次回复闭合状态。

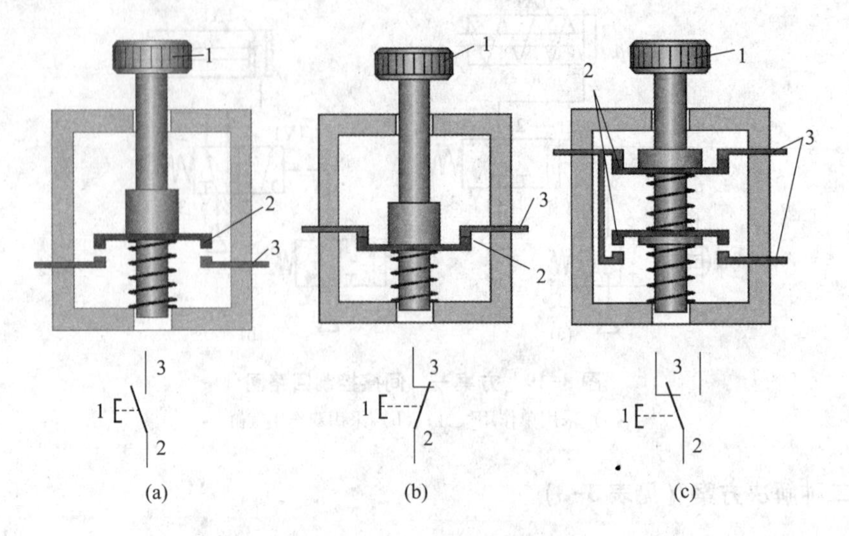

图 3-20　按钮工作原理图

（a）动合按钮；（b）动断按钮；（c）复合按钮

1—按钮帽；2—动触头；3—静触头

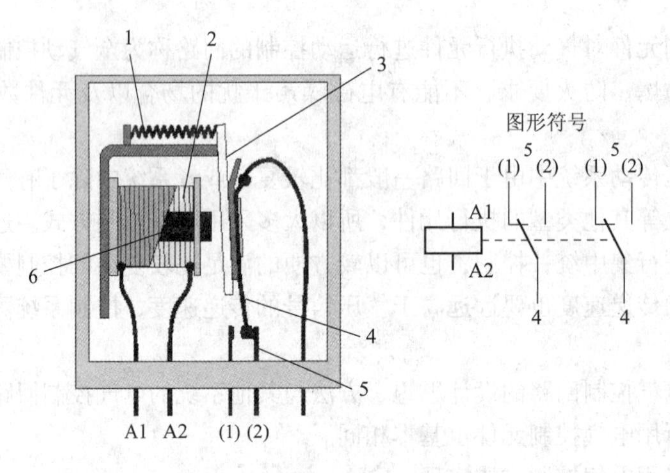

图 3-21　电磁继电器工作原理图

1—释放弹簧；2—线圈；3—衔铁；4—动触头；5—静触头；6—铁芯

2）电磁气动控制回路图

在解决方案二中，如果采用双作用气缸，可以得到如图 3-22 所示的电气控制回路图。方案一中采用按钮 S1 直接控制电磁阀线圈通断电，回路简单；方案二中采用按钮 S1 控制电磁继电器线圈通断电，继电器触点控制电磁阀线圈通断电，回路比较复杂，但由于继电器提供多对触点，使回路具有良好的可扩展性。采用单作用气缸时的电气控制回路图与此基本相同。

3. 操作练习

（1）按照图 3-18、图 3-19 和图 3-22 所示回路进行连接并检查。

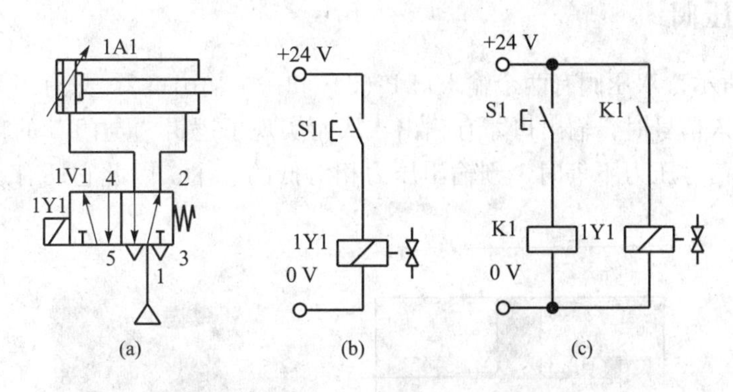

图 3-22　方案二　电气控制回路图

（a）气动回路；（b）电气控制方案一；（c）电气控制方案二

（2）在固定气动回路的各元器件时，要注意安装布局合理、美观。安装时，需要考虑气动元件的操作方便性、安全性和可靠性。

（3）连接无误后，打开气源和电源，观察气缸运行情况。

（4）根据实验现象对直接控制、间接控制和电气控制方式三种实现方式进行比较。

（5）对实验中出现的问题进行分析和解决。

（6）实验完成后，将各元件整理后放回原位。

3.2　板材成型装置

现有一套采用气控的塑料板材成型设备（如图 3-23 所示）。利用一个气缸对塑料板材进行成型加工。气缸活塞杆在两个按钮 SB1、SB2 同时按下后伸出，带动曲柄连杆机构对塑料板材进行压制成型。加工完毕后，通过另一个按钮 SB3 让气缸活塞杆回缩。在本节中气缸活塞只有在两个按钮全部按下时才会伸出，从而保证双手在气缸伸出时不会因操作不当受到伤害。这种双手操作回路是一种很常见的安全保护回路。

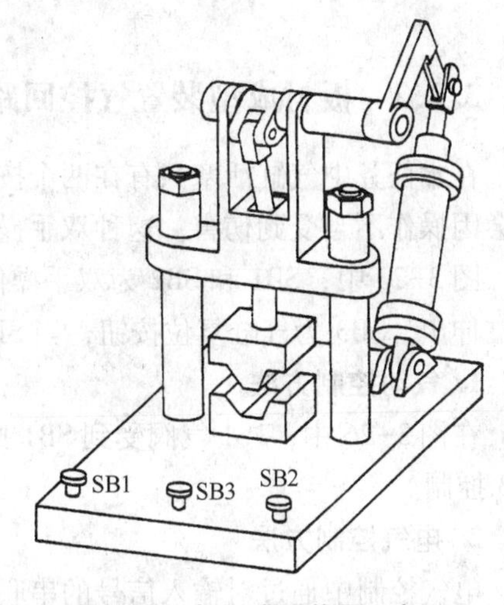

图 3-23　板材成型装置示意图

在本任务中，采用两个按钮同时按下后塑料板材成型设备才能开始工作。按钮同时导通时设备启动的信号，在逻辑上分析，两个按钮需要完成“逻辑与”的功能。那么在气动回路中，有什么元件能实现“逻辑与”的功能呢？

双压阀就是能实现“逻辑与”的功能。

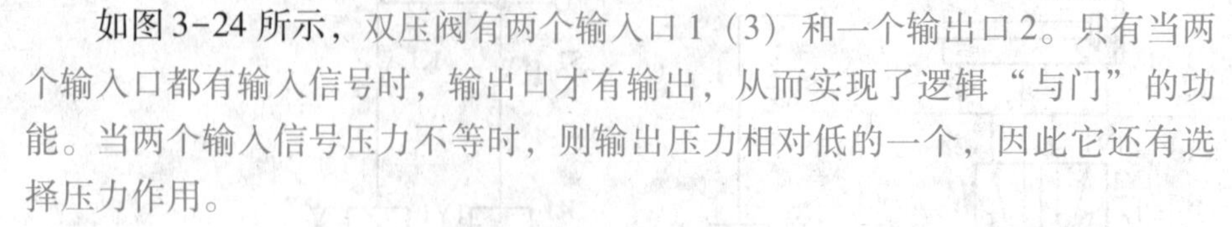

3.2.1 双压阀

如图3-24所示，双压阀有两个输入口1（3）和一个输出口2。只有当两个输入口都有输入信号时，输出口才有输出，从而实现了逻辑“与门”的功能。当两个输入信号压力不等时，则输出压力相对低的一个，因此它还有选择压力作用。

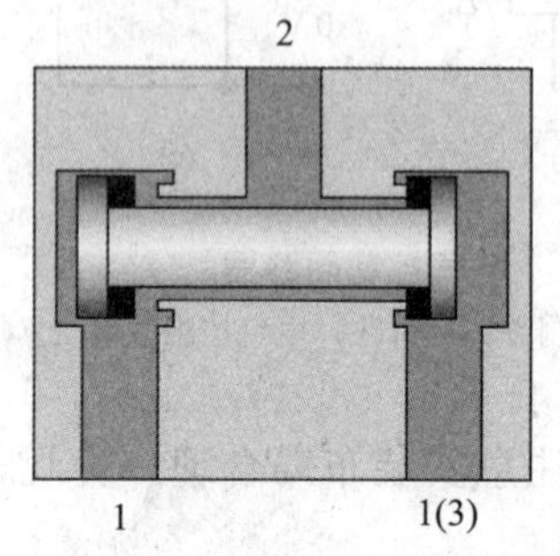

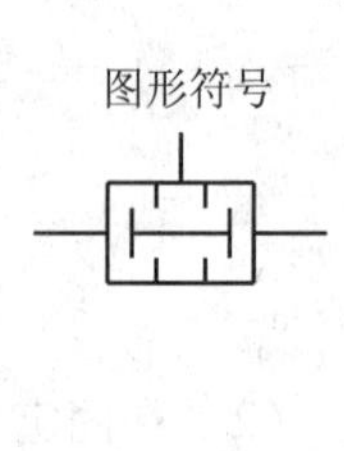

图3-24 双压阀工作原理及实物图

在气动控制回路中的逻辑“与”除了可以用双压阀实现外，还可以通过输入信号的串联实现，如图3-25所示。

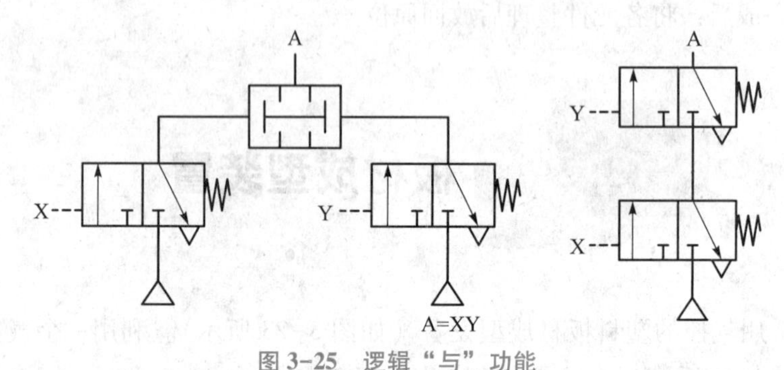

图3-25 逻辑“与”功能

3.2.2 板材成型装置气控回路设计

在本任务中气缸活塞只有在两个按钮全部按下时才会伸出，从而保证双手在气缸伸出时不会因操作不当受到伤害。这种双手操作回路是一种很常见的安全保护回路。

图3-23中，SB1和SB2为双手操作按钮。当两个按钮同时按下后，气缸活塞才能动作，气缸伸出。SB3为气缸复位按钮，当SB3按下后气缸缩回，设备恢复初始状态。

1. 气动控制方法

在图3-26中，1S1气阀受到SB1按钮控制，1S2气阀受到SB2按钮控制，1S3气阀受到SB3控制。

2. 电气控制方法

电气控制中通过对输入信号的串联和并联可以很方便地实现逻辑“与”、“或”功能。

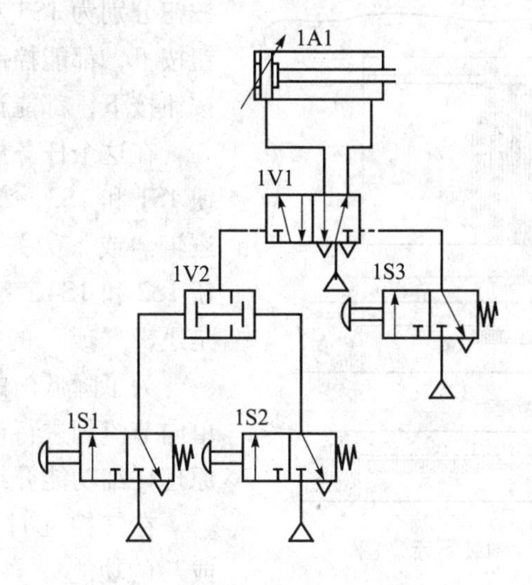

图 3-26　采用双压阀气控回路图

3. 操作练习

（1）按照图 3-26 和图 3-27 所示回路进行连接并检查。

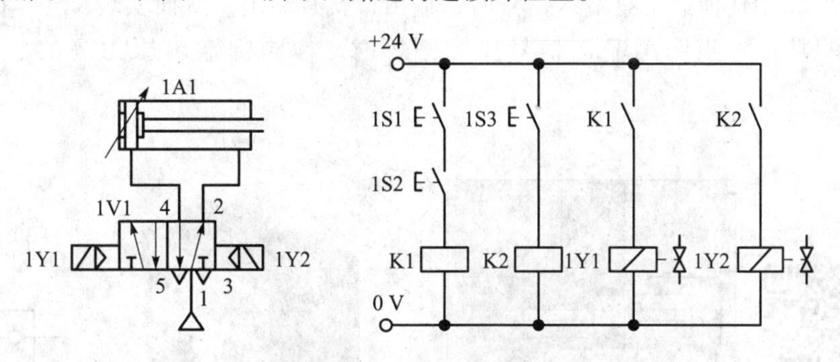

图 3-27　电气控制回路图

（2）连接无误后，打开气源和电源，观察气缸运行情况。

（3）根据实验现象对两种实现方式进行比较。

（4）对实验中出现的问题进行分析和解决。

（5）实验完成后，将各元件整理后放回原位。

3.3　门的开关控制

如图 3-28 所示，利用一个气缸对门进行开关控制。气缸活塞杆伸出，门打开；活塞杆缩回，门关闭。门内侧的开门按钮和关门按钮分别为 1S1 和 1S2；门外侧的开门按钮和关门

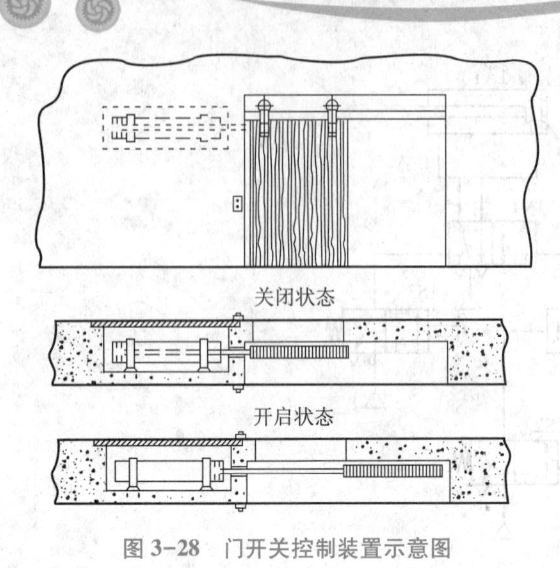

图 3-28　门开关控制装置示意图

按钮分别为 1S3 和 1S4。1S1、1S3 任一按钮按下，都能控制门打开；1S2、1S4 任一按钮按下，都能让门关闭。

在这个任务中，门内外的两个开门按钮 1S1 和 1S3，都能让气缸伸出，它们是逻辑“或”的关系。门内外的两个关门按钮 1S2 和 1S4，都能让气缸缩回，它们也是逻辑“或”的关系。

为了降低门的开关速度，回路应采用单向节流阀进行调速，单向节流阀的工作原理详细功能介绍见速度控制回路。

在气控元件中，梭阀就具有“逻辑或”的功能。

3.3.1　梭阀

如图 3-29 所示，梭阀和双压阀一样有两个输入口 1（3）和一个输出口 2。当两个输入口中任何一个有输入信号时，输出口就有输出，从而实现了逻辑“或门”的功能。当两个输入信号压力不等时，梭阀则输出压力高的一个。

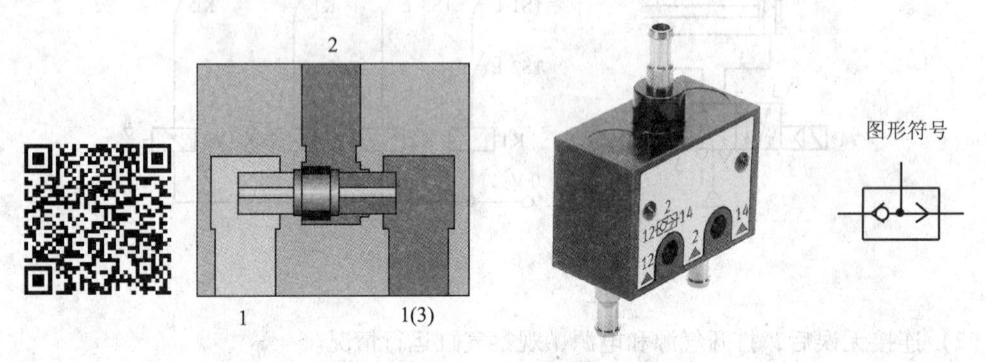

图 3-29　梭阀工作原理及实物图

在气动控制回路中可以采用图 3-30 所示的方法实现逻辑“或”，但不可以简单地通过

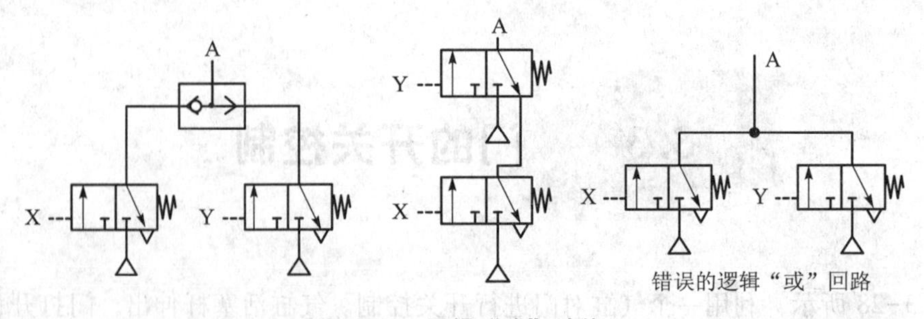

图 3-30　逻辑“或”功能

输入信号的并联实现。因为，如果两个输入元件中只有一个有信号，其输出的压缩空气会从另一个输入元件的排气口漏出。

3.3.2　门的开关控制气控回路设计

1S1 和 1S2 在一侧，假定为门外按钮；1S3 和 1S4 在另一侧，假定为门内按钮。根据气控门控制要求，完成本任务。

1. 纯气控回路设计（见图 3-31）

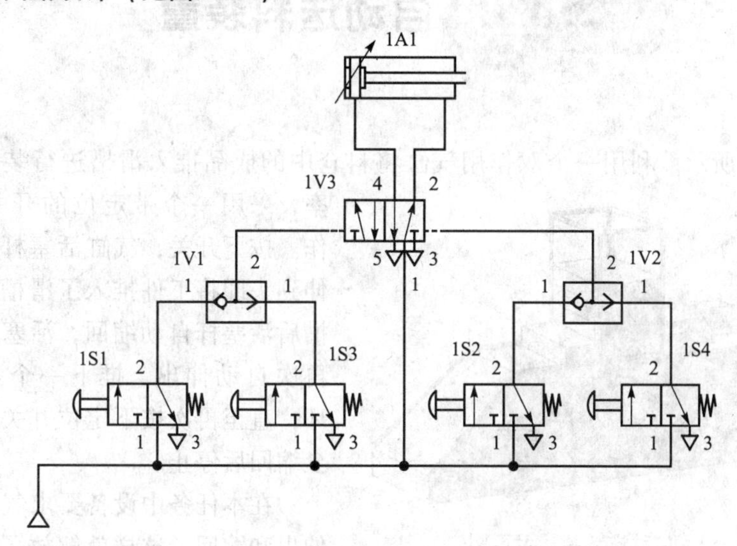

图 3-31　气控门纯气控回路

2. 电气控制回路设计

根据纯气控回路设计的基本思路，自行完成电气控制的设计（图 3-32）。

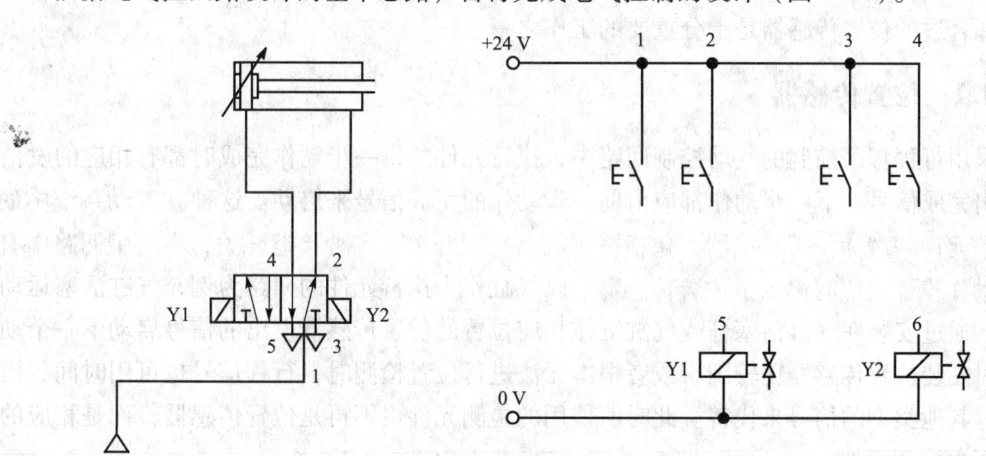

图 3-32　气控门电气控制回路图

3. 操作练习

（1）根据控制要求设计完成气动控制回路图。

（2）按照气动控制回路图和电气控制回路图进行连接并检查。

（3）连接无误后，打开气源和电源，观察气缸运行情况是否符合控制要求。

（4）对实验中出现的问题进行分析和解决。

（5）实验完成后，将各元件整理后放回原位。

3.4 自动送料装置

如图3-33所示，利用一个双作用气缸将料仓中的成品推入滑槽进行装箱。为提高效率，采用一个带定位的开关启动气缸动作。按下开关，气缸活塞杆伸出，活塞杆伸到头即将工件推入了滑槽。工件推入滑槽后活塞杆自动缩回，活塞杆完全缩回后再次自动伸出，推下一个工件，如此循环，直至再次按下定位开关，气缸活塞完全缩回后停止。

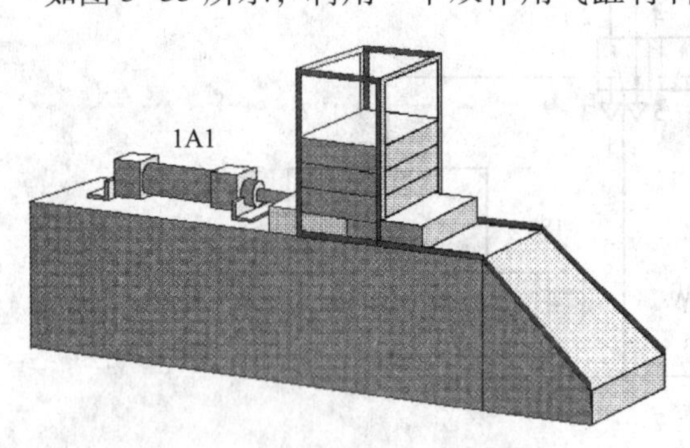

图3-33 自动送料装置示意图

在本任务中设备要求气缸能自动实现伸出和缩回，这样就解放了人力，实现了自动化控制。在自动控制过程中，我们往往采用位置传感器作为启动或过程控制信号来实现控制回路的循环动作。

在自动控制回路中，我们必须选择合适的位置传感器才能可靠的实现自动循环控制。为此，选择合适的位置传感器是十分重要的工作之一。

3.4.1 位置传感器

在采用行程程序控制的气动控制回路中，执行元件的每一步动作完成时都有相应的发信元件发出完成信号。下一步动作都应由前一步动作的完成信号来启动。这种在气动系统中的行程发信元件一般为位置传感器，包括行程阀、行程开关、各种接近开关，在一个回路中有多少个动作步骤就应有多少个位置传感器。以气缸作为执行元件的回路为例，气缸活塞运动到位后，通过安装在气缸活塞杆或气缸缸体相应位置的位置传感器发出的信号启动下一个动作。有时安装位置传感器比较困难或者根本无法进行位置检测时，行程信号也可用时间、压力信号等其他类型的信号来代替。此时所使用的检测元件也不再是位置传感器，而是相应的时间、压力检测元件。

在气动控制回路中最常用的位置传感器就是行程阀；采用电气控制时，最常用的位置传感器有行程开关、电容式传感器、电感式传感器、光电式传感器、光纤式传感器和磁感应式传感器。除行程开关外的各类传感器由于都采用非接触式的感应原理，所以也称为接近开关。

1. 行程开关

行程开关是最常用的接触式位置检测元件，它的工作原理和行程阀非常接近。行程阀是利用机械外力使其内部气流换向，行程开关是利用机械外力改变其内部电触点通断情况。行程开关的实物图如图 3-34 所示。

图 3-34　行程开关实物图

2. 电容式传感器

电容式传感器的感应面由两个同轴金属电极构成，很像“打开的”电容器电极。这两个电极构成一个电容，串接在 RC 振荡回路内，其工作原理如图 3-35 所示。电源接通时，RC 振荡器不振荡，当一物体朝着电容器的电极靠近时，电容器的容量增加，振荡器开始振荡。通过后级电路的处理，将不振和振荡两种信号转换成开关信号，从而起到了检测有无物体存在的目的。这种传感器能检测金属物体，也能检测非金属物体，对金属物体可以获得最大的动作距离。而对非金属物体，动作距离的决定因素之一是材料的介电常数。材料的介电常数越大，可获得的动作距离越大。材料的面积对动作距离也有一定影响。

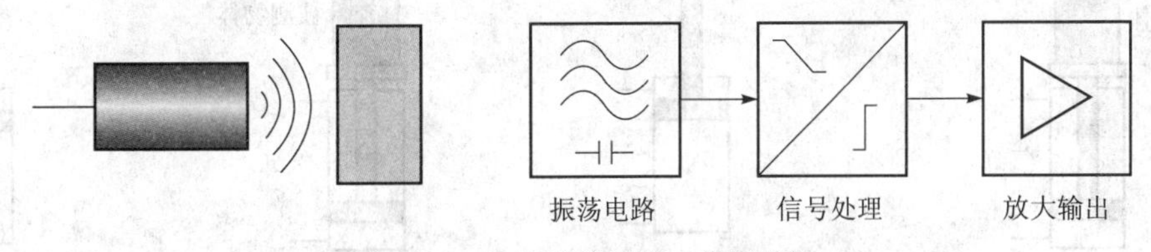

图 3-35　电容式传感器工作原理图

3. 电感式传感器

电感式传感器的工作原理如图 3-36 所示。电感式传感器内部的振荡器在传感器工作表面产生一个交变磁场。当金属物体接近这一磁场并达到感应距离时，在金属物体内产生涡流，从而导致振荡衰减，以至停振。振荡器振荡及停振的变化被后级放大电路处理并转换成开关信号，触发驱动控制器件，从而达到非接触式的检测目的。电感式传感器只能检测金属物体。

4. 光电式传感器

光电式传感器是通过把光强度的变化转换成电信号的变化来实现检测的。光电传感器在一般情况下由发射器、接收器和检测电路三部分构成。发射器对准物体发射光束，发射的光束一般来源于发光二极管和激光二极管等半导体光源。光束不间断地发射，或者改变脉冲宽

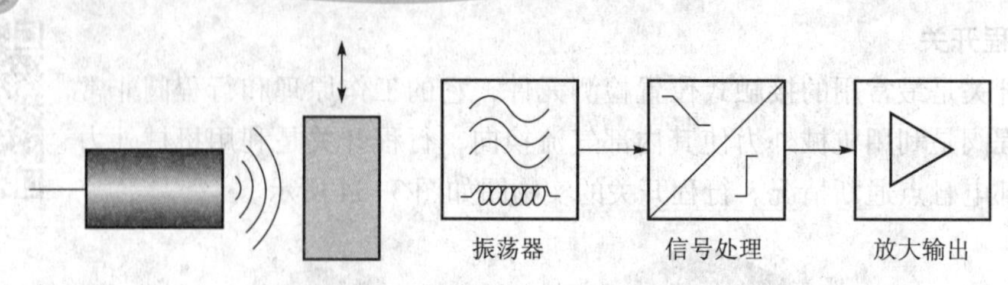

图 3-36　电感式传感器工作原理图

度。接收器由光电二极管或光电三极管组成，用于接收发射器发出的光线。检测电路用于滤出有效信号和应用该信号。常用的光电式传感器又可分为漫射式、反射式、对射式等几种。

1）漫射式光电传感器

漫射式光电传感器集发射器与接收器于一体，在前方无物体时，发射器发出的光不会被接收器所接收到。当前方有物体时，接收器就能接收到物体反射回来的部分光线，通过检测电路产生开关量的电信号输出。其工作原理图如图 3-37 所示。

2）反射式光电传感器

反射式光电传感器也是集发射器与接收器于一体，但与漫射式光电传感器不同的是其前方装有一块反射板。当反射板与发射器之间没有物体遮挡时，接收器可以接收到光线。当被测物体遮挡住反射板时，接收器无法接收到发射器发出的光线，传感器产生输出信号。其工作原理图如图 3-38 所示。

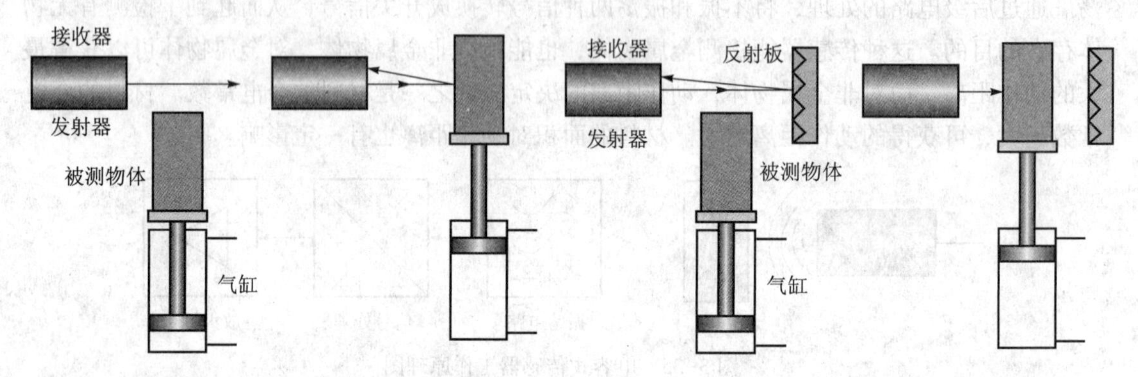

图 3-37　漫射式光电传感器工作原理图　　图 3-38　反射式光电传感器工作原理图

3）对射式光电传感器

对射式光电传感器的发射器和接收器是分离的。在发射器与接收器之间如果没有物体遮挡，发射器发出的光线能被接收器接收到。当有物体遮挡时，接收器接收不到发射器发出的光线，传感器产生输出信号。其工作原理图如图 3-39 所示。

5. 光纤式传感器

光纤式传感器把发射器发出的光用光导纤维引导到检测点，再把检测到的光信号用光纤引导到接收器。按动作方式的不同，光纤式传感器也可分成对射式、反射式、漫射式等多种类型。光纤式传感器可以实现被检测物体不在相近区域的检测。各类传感器的实物图如图 3-40 所示。

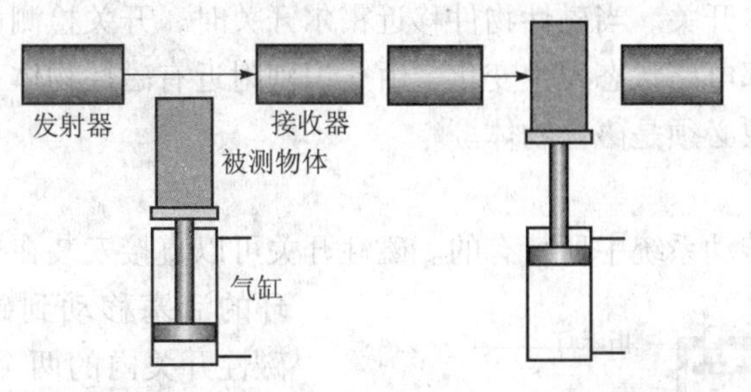

图 3-39　对射式光电传感器工作原理图

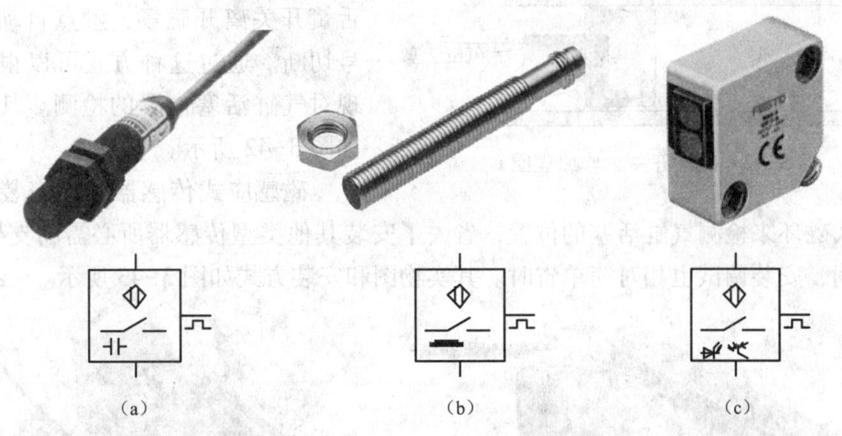

图 3-40　电容、电感、光电传感器实物图

（a）电容式传感器；（b）电感式传感器；（c）光电式传感器

6. 磁感应式传感器

磁感应式传感器是利用磁性物体的磁场作用来实现对物体感应的，它主要有霍尔式传感器和磁性开关两种。其实物图如图 3-41 所示。

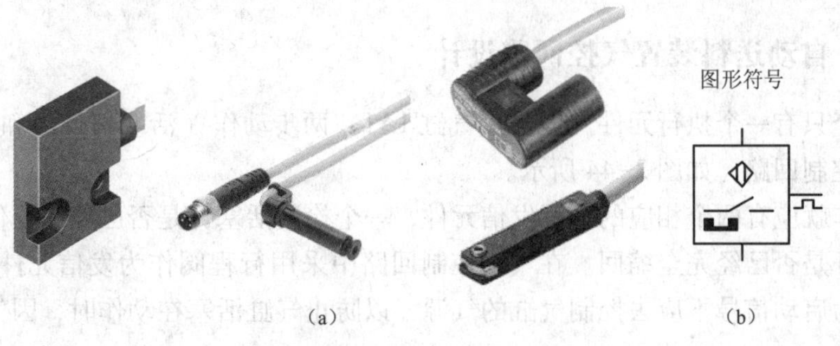

图 3-41　磁感应式传感器实物图

（a）霍尔式传感器；（b）磁性开关

1）霍尔式传感器

当一块通有电流的金属或半导体薄片垂直地放在磁场中时，薄片的两端就会产生电位差，这种现象就称为霍尔效应。霍尔元件是一种磁敏元件，用霍尔元件做成的传感器称为霍

尔传感器，也称为霍尔开关。当磁性物件移近霍尔开关时，开关检测面上的霍尔元件因产生霍尔效应而使开关内部电路状态发生变化，由此识别附近有磁性物体存在，并输出信号。这种接近开关的检测对象必须是磁性物体。

2）磁性开关

磁性开关是流体传动系统中所特有的。磁性开关可以直接安装在气缸缸体上，当带有磁环的活塞移动到磁性开关所在位置时，磁性开关内的两个金属簧片在磁环磁场的作用下吸合，发出信号。当活塞移开，舌簧开关离开磁场，触点自动断开，信号切断。通过这种方式可以很方便地实现对气缸活塞位置的检测。其工作原理如图 3-42 所示。

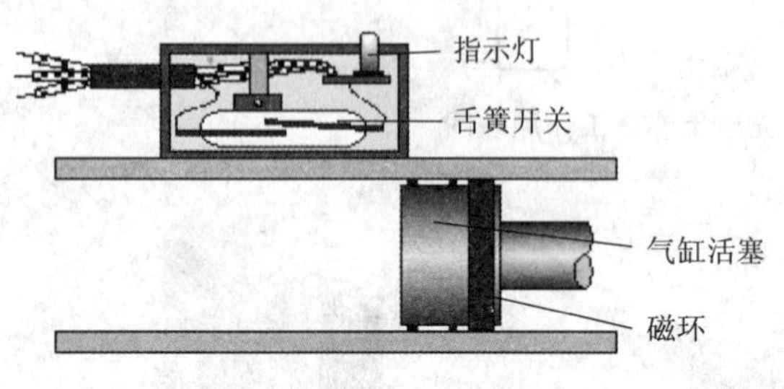

图 3-42　磁性开关工作原理图

磁感应式传感器利用安装在气缸活塞上的永久磁环来检测气缸活塞的位置，省去了安装其他类型传感器所必需的支架连接件，节省了空间，安装调试也相对简单省时。其实物图和安装方式如图 3-43 所示。

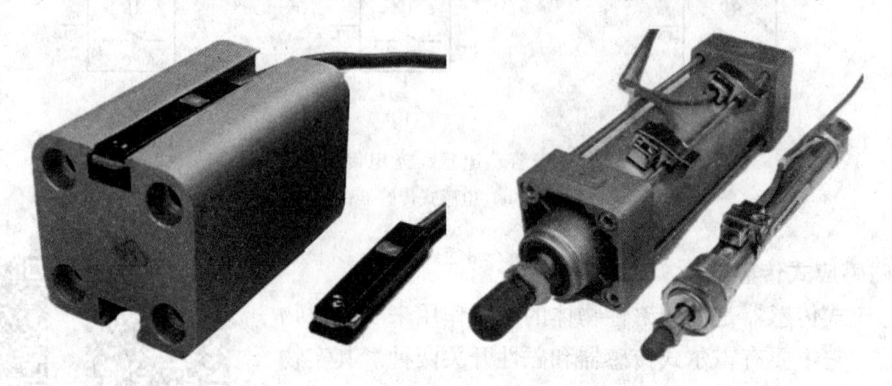

图 3-43　磁感应式传感器的实物图和安装

3.4.2　自动送料装置气控回路设计

这是一个只有一个执行元件（双作用气缸 1A1）两步动作（活塞杆伸出和活塞杆缩回）的行程程序控制回路，如图 3-44 所示。

两步动作就应有两个相应的行程发信元件，一个检测活塞杆是否已经完全伸出，一个检测气缸活塞杆是否已经完全缩回。在气动控制回路中采用行程阀作为发信元件。根据要求，定位开关作为启动信号不应去控制气缸的气源，以防止气缸活塞在动作时，因气源被切断而无法回到原位。

1. 纯气控回路

在图 3-44 中行程阀 1S1 和 1S2 除了应画出与其他元件的连接方式外，为说明它们的行程检测作用，还应标明其实际安装位置。图中 1S1 的画法表明在启动之前它已经处于被压下的状态。

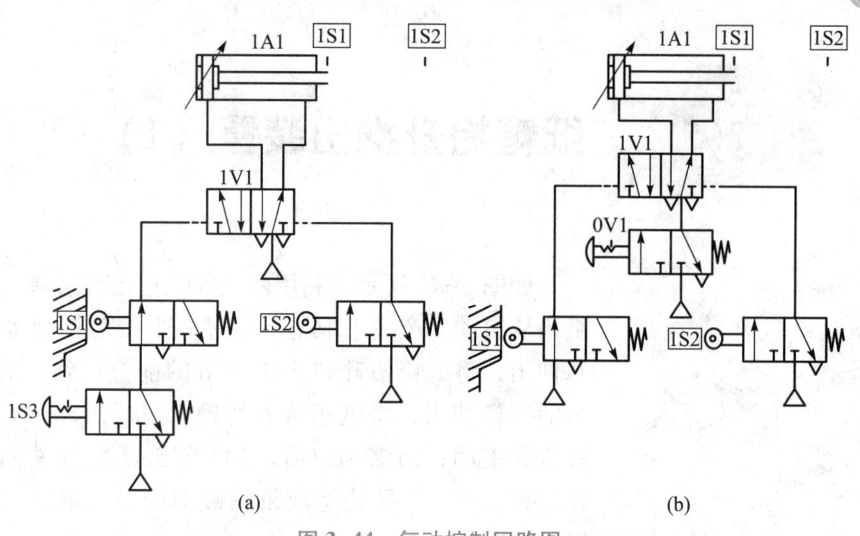

图 3-44 气动控制回路图

（a）正确的控制回路；（b）错误的控制回路

2. 电气控制回路

在采用电气方式进行控制时，行程发信元件可以采用行程开关或各类接近开关。和气动控制回路图中的行程阀一样，在图中也应标出其安装位置。应当注意的是：采用行程开关、电容式传感器、电感式传感器、光电式传感器时，这些传感器都是检测活塞杆前部凸块的位置，所以传感器安装位置如图 3-45 所示应在活塞杆的前方；采用磁感应式传感器时，传感器检测的是活塞上磁环的位置，所以其安装位置应如图 3-46 所示在气缸缸体上。

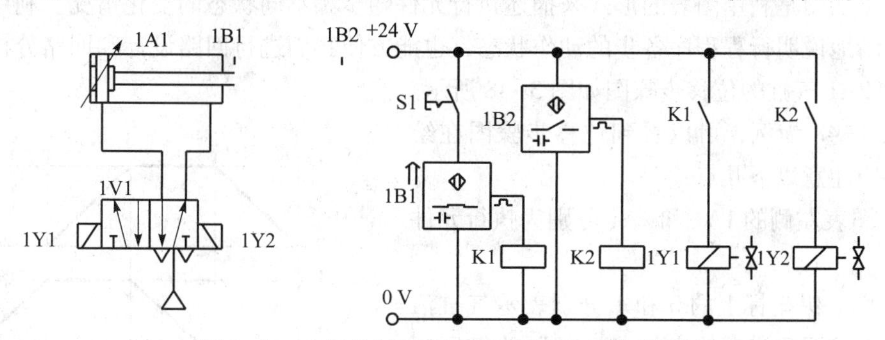

图 3-45 电气控制回路图（采用电容式传感器）

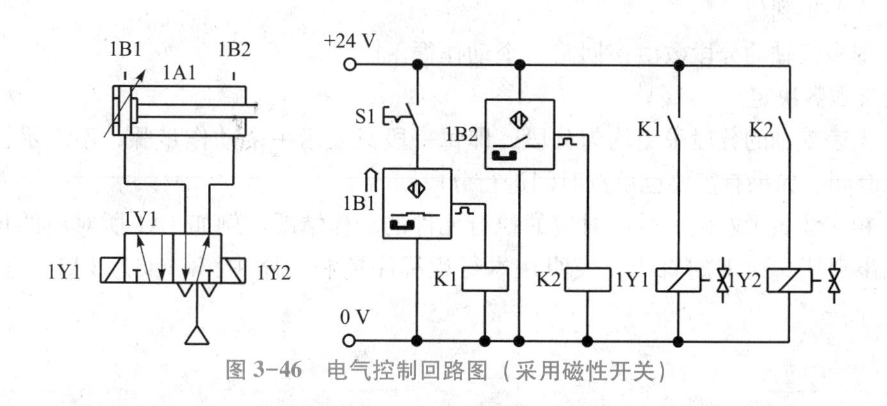

图 3-46 电气控制回路图（采用磁性开关）

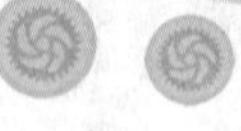

3.5 纸箱抬升推出装置（1）

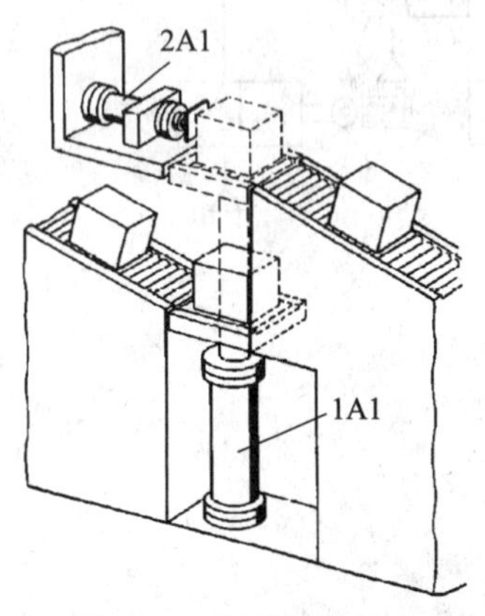

图 3-47 纸箱抬升推出装置示意图

如图 3-47 所示，利用两个气缸把已经装箱打包完成的纸箱从自动生产线上取下。通过一个按钮控制 1A1 气缸活塞伸出，将纸箱抬升到 2A1 气缸的前方；到位后，2A1 气缸活塞杆伸出，将纸箱推入滑槽；完成后，1A1 气缸活塞杆首先缩回；回缩到位后，2A1 气缸活塞杆缩回，一个工作过程完成。为防止造成纸箱破损应对气缸活塞运动速度进行调节。

在上图中，气缸 1A1 和气缸 2A1 是相互配合完成任务要求。为了能顺利实现任务，我们需要对两个气缸的动作进行分析。正确分析后才能正确地完成气动回路的连接。

在气动回路功能分析中，常采用位移步骤图来表示当前气缸的动作过程。

3.5.1 位移步骤图

位移步骤图是利用图表的形式来描述执行元件随步骤不同状态的变化情况。利用位移步骤图能清晰地说明行程程序各步的动作状态，也能方便我们进行回路设计和回路分析。本课题 1A1 和 2A1 气缸的位移步骤图如图 3-48 所示。

以图 3-48 为例，可以看到位移步骤图在绘制时主要应注意以下几点：

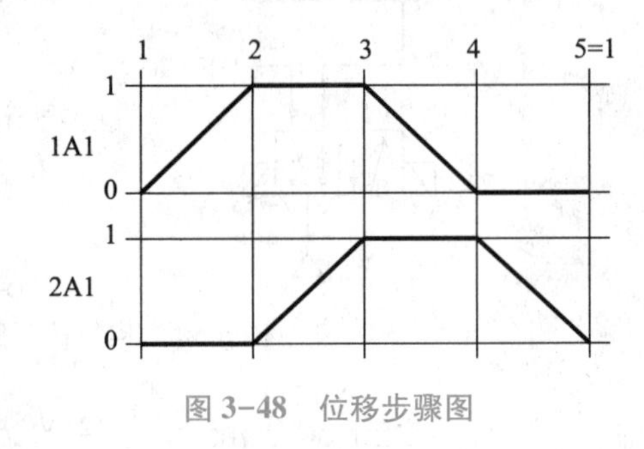

图 3-48 位移步骤图

（1）图表左侧的 1A1 和 2A1 分别为执行元件的标号。

（2）图表纵坐标上的 0 和 1 分别表示气缸活塞处于完全缩回和完全伸出状态。“0”为缩回到位，“1”为伸出到位。

（3）图表横轴的分段数由该回路一个动作循环所含的步骤数决定。

（4）图表横轴的分段采用均匀分段，即每一段只表示一个动作步骤，不表示执行该步骤所用的时间。如果有需要也可按时间进行分段。

（5）粗实线表示左侧标号所对应的执行元件的动作情况。例如 1A1 所对应的粗实线在第一段内出现从 0 到 1 的斜线，表明在本行程程序控制回路中第一步为 1A1 气缸活塞的伸出。

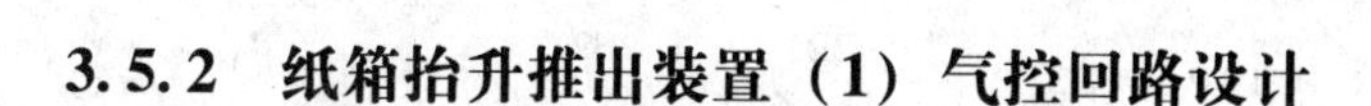

3.5.2　纸箱抬升推出装置（1）气控回路设计

在这个行程程序控制回路中有两个执行元件：气缸 1A1、气缸 2A1，4 个动作步骤：1A1 伸出、2A1 伸出、1A1 缩回、2A1 缩回。因此在回路中应设置 4 个位置检测元件，分别检测气缸 1A1 活塞伸出到位、缩回到位；气缸 2A1 活塞伸出到位、缩回到位。这 4 个位置检测元件发出的信号作为前一步动作完成的标志，用来启动下一步动作。比如，在图 3-49 中 2S1 发出信号时，说明气缸 1A1 活塞已经伸出到位，即行程程序动作中的第一步已经完成，应开始执行第二步动作，让气缸 2A1 活塞伸出。所以 2S1 信号应用来控制换向阀 2V1 换向，使气缸 2A1 活塞伸出。用于控制气缸 1A1、2A1 活塞缩回速度的单向节流阀 1V2、2V2 也可以不用。

在本任务中，我们采用两种方式来实现任务要求。

1. 纯气控回路

如图 3-49 所示，1V1、1V3、2V2 和 2V3 是节流阀，它们能控制气缸的伸缩的速度。具体的工作原理将在后续课程中学习。

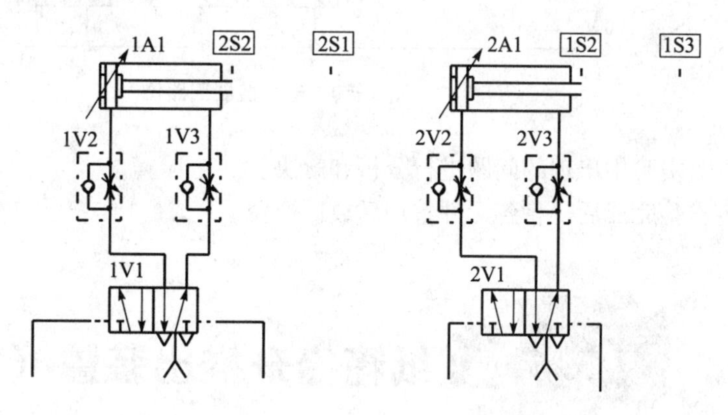

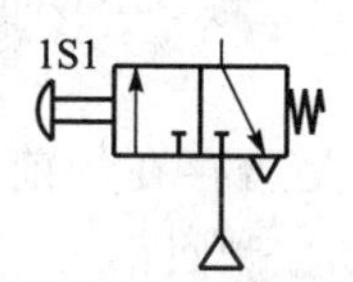

图 3-49　纯气动控制回路图

2. 电气控制回路

电气控制回路的设计方法与气动控制回路的设计方法基本相同，其行程发信元件可以采用行程开关或各种接近开关，如图 3-50 所示。

3. 操作练习

（1）根据控制要求设计完成气动控制回路图和电气控制回路图。

（2）按照气动控制回路图和电气控制回路图进行连接并检查。

（3）连接无误后，打开气源和电源，观察气缸运行情况是否符合控制要求。

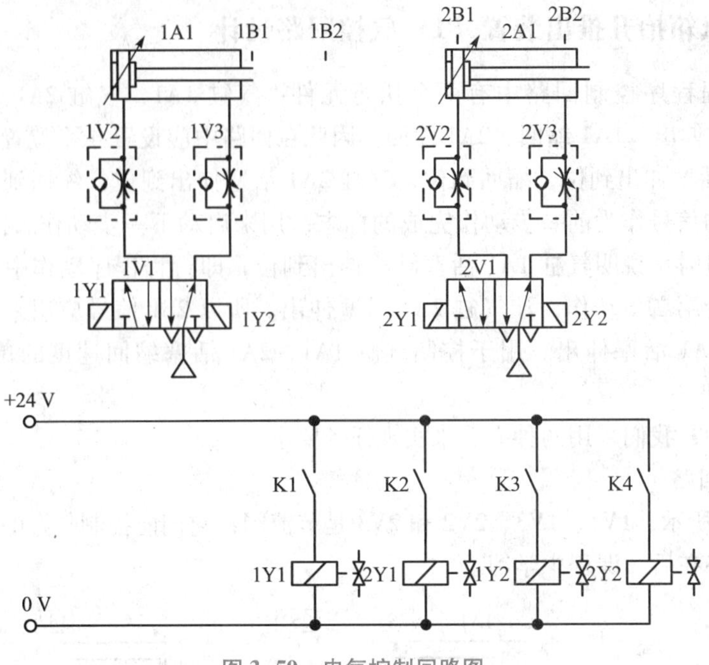

图 3-50　电气控制回路图

（4）对实验中出现的问题进行分析和解决。

（5）实验完成后，将各元件整理后放回原位。

3.6　纸箱抬升推出装置（2）

如果我们将纸箱抬升推出装置（1）动作顺序改为气缸 1A1 伸出→气缸 2A1 伸出→气缸 2A1 缩回→气缸 1A1 缩回，可以得到如图 3-51 所示的位移步骤图。

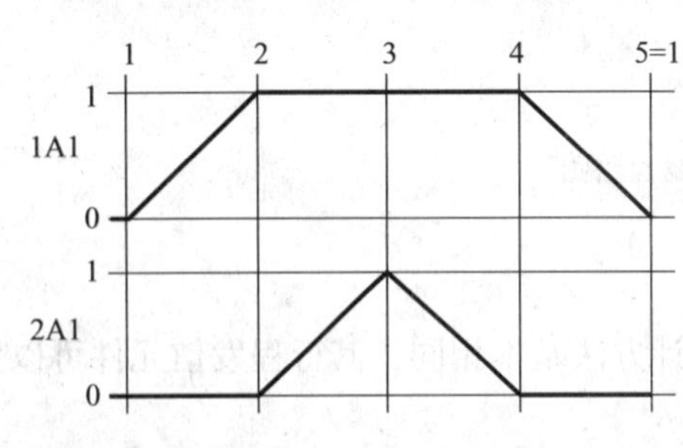

图 3-51　障碍信号分析用位移步骤图

在不考虑障碍信号是否存在的前提下可以得到图 3-52 所示的气动控制回路。

在纸箱抬升推出装置（1）中，我们不考虑气动回路的可靠性。但是在实际应用中，我们往往需要考虑到各种情况来保证气动回路的可靠性。为此，我们需要对纸箱抬升推出装置（1）中的回路进行改进。

在该回路图中我们可以发现行程阀 1S3 初始位置是被压下的，所以在接通气源后就有输出。在按下 1S1 按钮控制气缸 1A1 活塞杆伸出时，1S3 会造成双气控换向阀 1V1 无法换向，致使气缸 1A1 活塞不能伸出。假设气缸 1A1 活塞杆能伸出，运动到位后压下行程阀 2S1，让气缸 2A1 活塞杆伸出。气缸 2A1 活塞杆完全

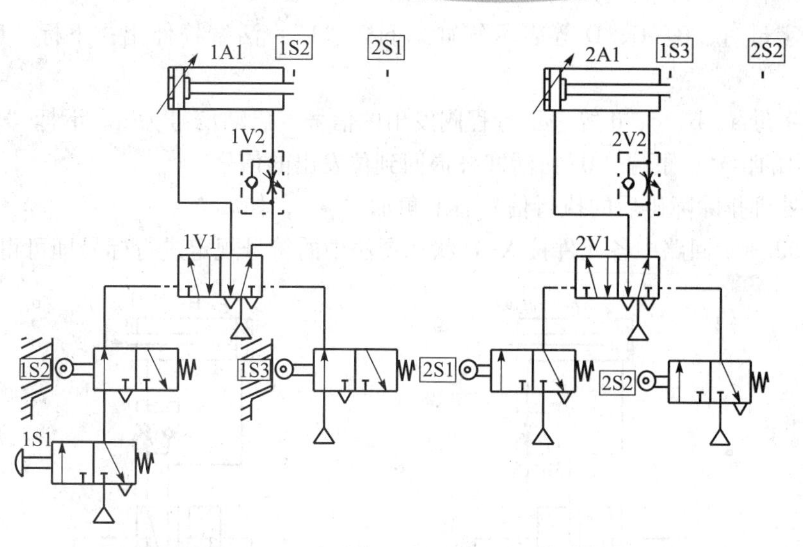

图 3-52　障碍信号分析用回路图（1）

伸出时，行程阀 2S2 发出信号控制气缸 2A1 活塞返回。但此时由于气缸 1A1 活塞仍处于伸出状态，所以行程阀 2S1 仍被压下，使得行程阀 2S2 发出的控制信号无法使换向阀 2V1 换向，致使气缸 2A1 活塞杆无法返回。因此，在这个回路中行程阀 1S3 和 2S1 所发出的信号都是错误（障碍）信号。

3.6.1　障碍信号的消除

1. 障碍信号的分类

在大多数具有多个执行元件的行程程序控制回路中，各个控制信号间往往存在一定形式的互相干扰。这些造成干扰的信号称为障碍信号，它们会使执行元件动作无法正常完成。因此在回路设计时，首先应分析是否存在这种障碍信号，如有的话就要设法排除。

在行程程序控制回路中障碍信号主要有Ⅰ型障碍信号和Ⅱ型障碍信号两种。

（1）Ⅰ型障碍信号：一个行程程序控制回路在一个工作过程中，每个气缸只作一次往复运动称为单往复行程程序控制回路。在单往复程序中，若在某个主控阀的两个控制口上同时存在两个相互矛盾的控制信号，则称该障碍信号为Ⅰ型障碍信号。

（2）Ⅱ型障碍信号：在一个工作过程中至少有一个气缸往复运动两次或两次以上，称为多往复行程程序控制回路。在这种回路中，如果存在一个控制信号多次出现控制不同动作，或分别控制同一个气缸两个相反动作，这个信号就是Ⅱ型障碍信号。

在任务分析中，行程阀 1S3 和 2S1 所发出的信号就是障碍信号。

2. 障碍信号分析

行程程序控制回路设计的关键就是要找出障碍信号并设法排除它们。障碍信号最常用的判别方法为 X-D 状态图法。这里我们仍针对例题来介绍这种方法。

1）X-D 状态图法中的符号规定

在使用 X-D 状态图法进行障碍信号的分析判断时，为了方便，对回路中所用元件的标号有以下规定：

① 大写字母 A、B、C、D 等表示气缸。下标“1”：活塞杆伸出；下标“0”：活塞杆缩回。

② 小写字母 a、b、c、d 等表示行程阀发出的信号，启动信号为 q。下标“1”：活塞杆伸出到位发出的信号；下标“0”：活塞杆退回到位发出的信号。

③ 经过处理排除障碍后的执行信号右上角加“＊”，如 $a_1{}^*$。

将图 3-52 所示回路中各元件按 X-D 状态图法中的符号规定进行标号即可得到图 3-53。

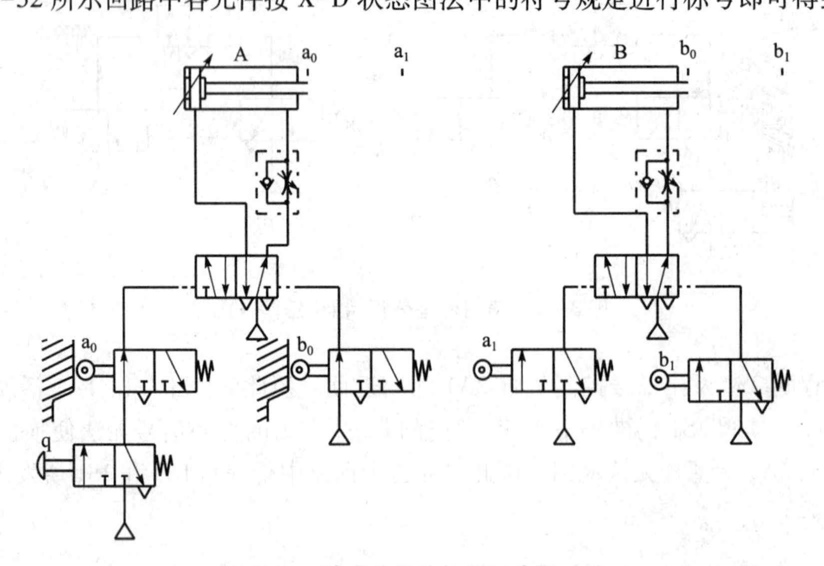

图 3-53　障碍信号分析用回路图（2）

2）程序框图

行程程序可用程序框图来表示气缸的动作顺序。例题的程序框图如下：

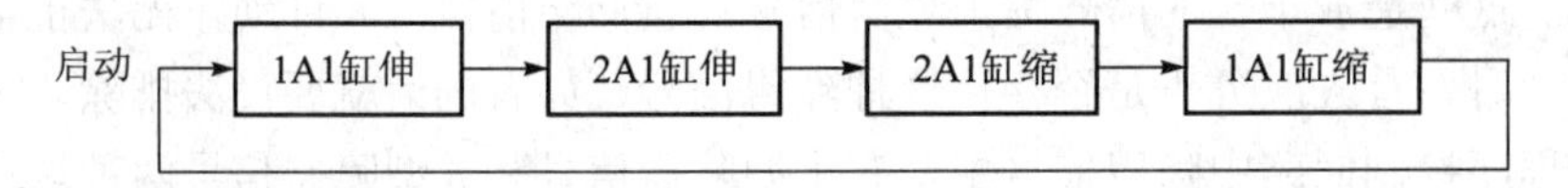

用字母方式可简化为：

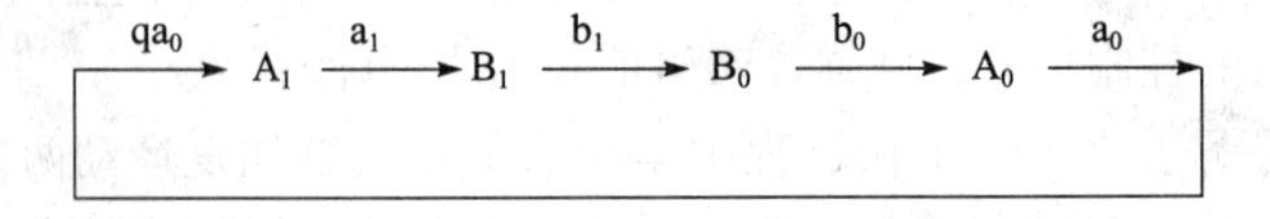

箭头线上所标为下一步动作的启动信号。

3）X-D 动作状态图的画法

X-D 动作状态图（简称 X-D 图）是指用线图的形式把各个控制信号的状态和气动执行元件的动作状态表示出来，这样就能从图中分析找出障碍信号并找到消除障碍的方法。

例题中 $A_1B_1B_0A_0$ 工作程序的 X-D 图，如图 3-54 所示。

（1）表格的画法。

① 图表第一行从左往右的 1、2、3、4 分别为工作程序的序号，下一行的 A_1、B_1、B_0、A_0 则是该序号相对应的动作。每一列左侧的列线均表示该步动作的开始位置。

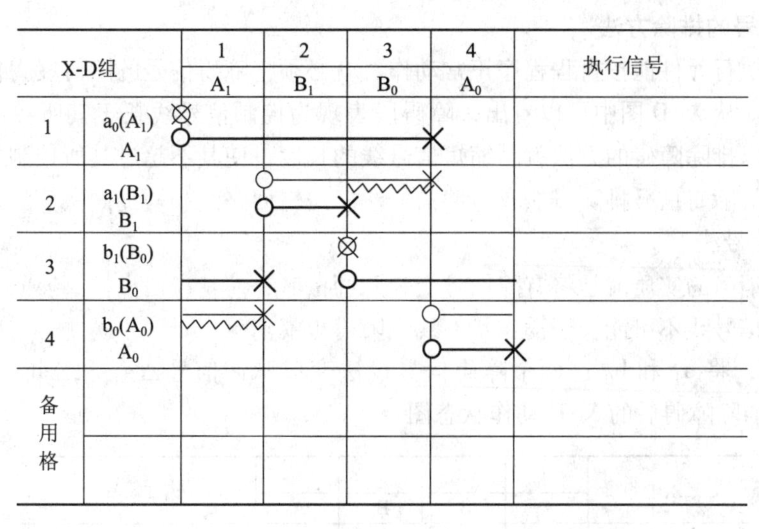

图 3-54 $A_1B_1B_0A_0$ 工作程序的 X-D 图

② 最右边一列的“执行信号”用于填写消除障碍后控制各步动作的执行信号，用带“ * ”的原始信号表示。

③ 左边第一列中的 1、2、3、4 也是工作程序的序号，其右边一列中包含两项内容：A_1、B_1、B_0、A_0 是序号相对应的动作—D；a_0（A_1）表示控制动作 A_1 的行程阀 a_0 信号—X，a_1（B_1）、b_1（B_0）、b_0（A_0）以此类推。它们及其对应的 X（信号）、D（动作）线构成一个 X-D 组。

④ 备用格是为排除障碍引入辅助信号用的。

（2）动作状态线（D 线）的画法。

动作状态线用粗实线表示。动作状态线的起点是该步动作的开始处，用“○”表示。动作状态线的终点用“×”表示，它应在该步动作状态变化开始处。例如 A_1 的动作状态线的终点必然在 A_0 动作开始的列线上，B_1 的动作状态线的终点必然在 B_0 动作开始的列线上。

（3）信号线（X 线）的画法。

信号线用细实线表示。信号线的起点与同一组中的动作状态线的起点的位置是一致的，也用“○”表示。信号线的终点是和上一组中产生该信号的动作状态线终点相同，用“×”表示。当出现“○”和“×”重合，则表示该信号为脉冲信号。该脉冲信号的宽度为行程阀发出信号、气控换向阀换向、气缸启动及信号传递时间的总和。

3. 障碍信号的判别

在 X-D 图中，若信号线比其所控制的动作的动作状态线短或等长，则该信号就不是障碍信号。若有信号线比其所控制动作的动作状态线长，则说明该信号为障碍信号。多出的部分称为障碍段，在其下方打上“\/\/\/\/\/”表示。如果这种情况存在，则说明在执行元件动作状态要发生改变时，而其控制信号仍未消失，即不允许其改变，因而造成动作无法实现。从图 3-54 中看到 a_1 和 b_0 这两个信号线长度超过了其所控制动作的动作状态线的长度，所以是障碍信号。

4. 障碍信号的排除方法

为了使各执行元件能按行程程序正常动作，就必须把障碍信号的障碍段去掉，使其成为无障碍的信号。从 X-D 图中可以看出，障碍段表现为控制信号线长于其所控制的动作状态线的部分。所以排除障碍的方法就是缩短信号线的长度，使其不超过其所控制的动作状态线的长度。常用的障碍信号排除方法有脉冲信号法、逻辑回路法和辅助阀法等。

1）脉冲信号法

脉冲信号消障的实质就是将有障信号变为脉冲信号，使其在使主控阀换向完成后立即消失，这样就使信号线不可能长于动作状态线，障碍也就消除了。

在例题中，将 a_1 和 b_0 这两个障碍信号设法变成脉冲信号 $\triangle a_1$ 和 $\triangle b_0$，即可得到如图 3-55 所示消除障碍后的 X-D 动作状态图。

X-D组		1 A_1	2 B_1	3 B_0	4 A_0	执行信号
1	$a_0(A_1)$ A_1					$a_0^*(A_1)=qa_0$
2	$a_1(B_1)$ B_1					$a_1^*(B_1)=\Delta a_1$
3	$b_1(B_0)$ B_0					$b_1^*(B_0)=b_1$
4	$b_0(A_0)$ A_0					$b_0^*(A_0)=\Delta b_0$
备用格	Δa_1					
	Δb_0					

图 3-55　采用脉冲信号消障的 X-D 图

要得到脉冲信号$\triangle a_1$ 和$\triangle b_0$ 可以用机械活络挡块或单向通过式行程阀，也可采用脉冲阀回路。如图 3-56 所示。

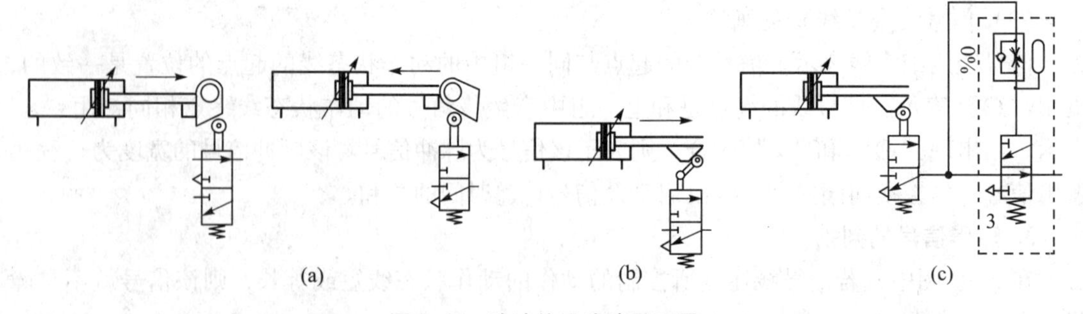

图 3-56　脉冲信号消障原理图

（a）采用活络挡块；（b）采用单向滚轮式行程阀；（c）采用脉冲阀回路

采用活络挡块或单向滚轮行程阀消障是利用活络挡块或单向滚轮行程阀使行程阀发出的信号变成脉冲信号。当气缸活塞杆向一个方向运动时，行程阀发出脉冲信号；当活塞杆反向

运动时，行程阀不发出信号。采用这两种方法时，不能将行程安装在活塞杆行程的末端，而必须保留一段行程以便使挡块或凸轮通过行程阀。由于采用这两种方法排除障碍信号时都会使行程程序控制中的前一步动作尚未完成即发出后一步的启动信号，所以其回路结构虽然简单，但控制精度低。

采用脉冲阀回路排障是利用脉冲阀来使障碍信号变成脉冲信号的。在图 3-56 中行程阀的有障信号一发出，在其出口连接的常通型延时阀立即有信号输出，控制后一步动作开始。同时行程阀信号也启动了延时阀的延时。当到达脉冲阀设定的延时时间后，脉冲阀的输出即被切断，从而使其输出信号变成脉冲信号。脉冲阀发出的脉冲信号的长短可通过对延时阀节流孔大小的调节进行调节，并在系统运行中进行检查是否符合需要。

2）逻辑回路法

逻辑回路法即利用逻辑门的性质，将长信号变成短信号，从而排除障碍信号的方法。利用逻辑回路排除障碍信号的常用方法有逻辑“与”消障和逻辑“非”消障。

（1）逻辑“与”消障。

逻辑“与”消障是利用 X-D 图中现有的其他信号与障碍信号进行逻辑“与”，以达到消除障碍的目的。如图 3-57 所示，在 X-D 图中选择一个已有的原始信号作为制约信号 x，与障碍信号 m 进行逻辑“与”而得到无障碍信号 m＊，即 m＊=mx。在选用制约信号 x 时，其起点应在障碍信号 m 开始之前或同时开始，其终点应在 m 的障碍段之前。

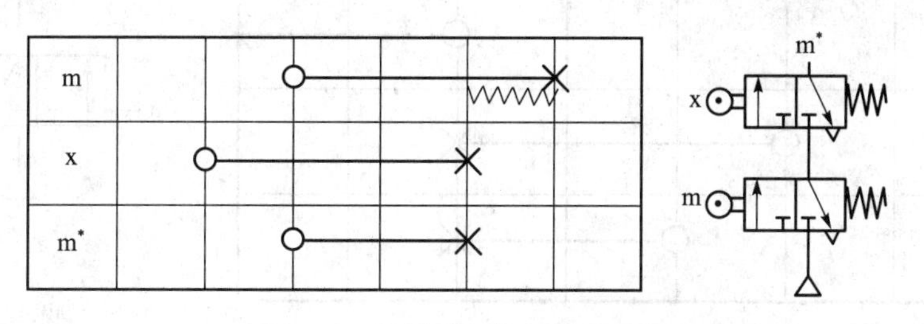

图 3-57　逻辑“与”消障原理图

（2）逻辑“非”消障。

如图 3-58 所示，逻辑“非”消障是选择一个已有的原始信号经过逻辑“非”运算后再与障碍信号 m 相与，得到无障碍信号 m＊。在选用原始信号时，其起点应在 m 的起点之后，m 的障碍段之前；终点应在 m 的障碍段之后。

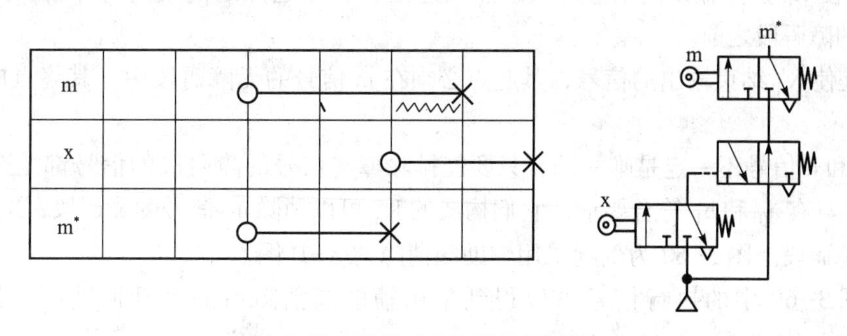

图 3-58　逻辑“非”消障原理图

3）辅助阀消障法

若在现有回路中找不到可用来与障碍信号构成逻辑回路的原始信号时，则可采用增加辅助阀的方法来排除障碍。辅助阀一般为双气控二位三通换向阀或二位五通换向阀。利用辅助阀的输出信号作为制约信号，通过和障碍信号的逻辑"与"来排除障碍段，即：

$$m^* = mK_d^t$$

式中：m^*——排除障碍后的执行信号；

m——障碍信号；

K_d^t——辅助阀输出信号，

其中，t——使辅助阀导通产生输出的气控信号（置位信号），

d——使辅助阀输出切断的气控信号（复位信号）。

图3-59所示为利用辅助阀排除障碍的逻辑原理图和回路原理图。

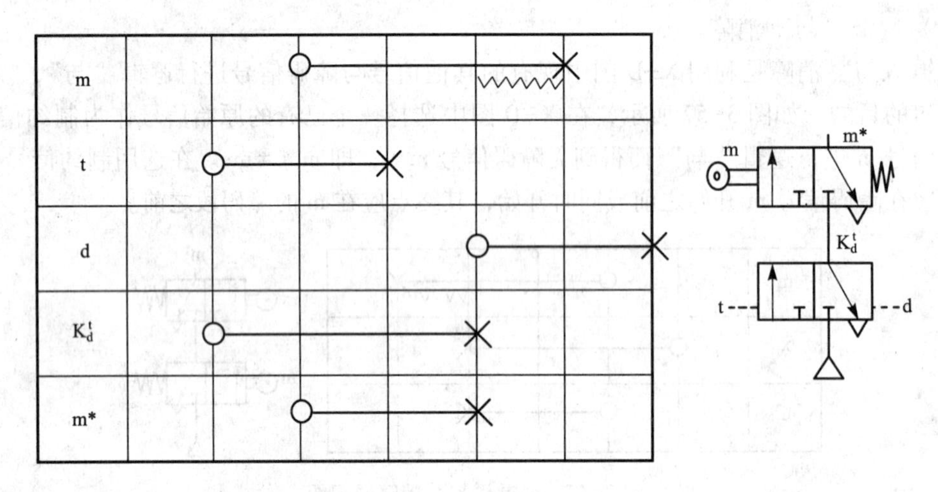

图3-59　辅助阀消障原理图

从图中可以看出选择t、d信号有以下原则：

① t信号使K_d^t产生输出；d信号使K_d^t结束输出。两者不能同时存在，只能一先一后存在。从X-D图上可以看到，t和d也不能有重合部分。

② t是使K_d^t产生输出的信号，其起点应选在m信号起点之前或同时开始，其终点必须在m信号的障碍段之前。

③ d是使K_d^t结束输出的信号，其起点必须在m信号的无障碍段中，其终点应在t起点之前。

t信号和d信号不一定是唯一的，只要能排除障碍信号的障碍段的信号都能选取。在这个例题中，只有a_0和b_1符合要求，它们构成的$K_{b_1}^{a_0}$可以消除a_1信号的障碍段；$K_{a_0}^{b_1}$可以消除b_0信号的障碍段。图3-60为例题采用辅助阀消障的X-D图。

根据图3-60中的执行信号可以得到采用辅助阀消障后的气动回路图，如图3-61所示。

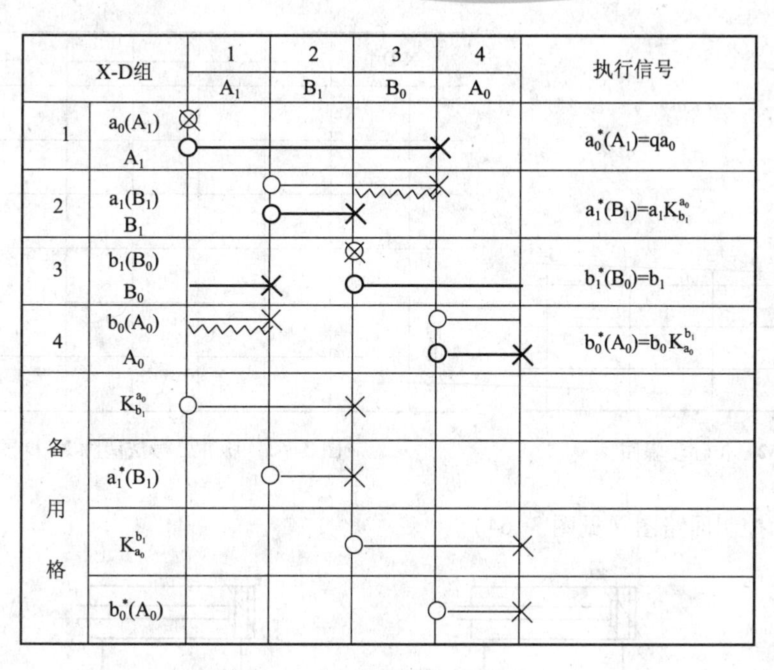

X-D组		1 A_1	2 B_1	3 B_0	4 A_0	执行信号
1	$a_0(A_1)$ A_1					$a_0^*(A_1)=qa_0$
2	$a_1(B_1)$ B_1					$a_1^*(B_1)=a_1K_{b_1}^{a_0}$
3	$b_1(B_0)$ B_0					$b_1^*(B_0)=b_1$
4	$b_0(A_0)$ A_0					$b_0^*(A_0)=b_0K_{a_0}^{b_1}$
备用格	$K_{b_1}^{a_0}$					
	$a_1^*(B_1)$					
	$K_{a_0}^{b_1}$					
	$b_0^*(A_0)$					

图 3-60　采用辅助阀消障的 X-D 图

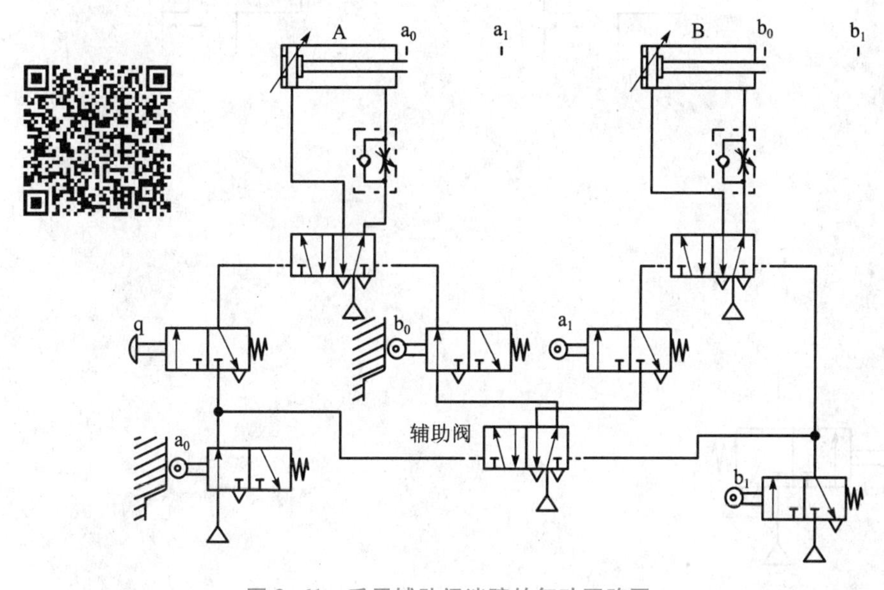

图 3-61　采用辅助阀消障的气动回路图

3.6.2　纸箱抬升推出装置（2）气控回路设计

1. 根据任务要求完成位移步骤图（见图 3-62）

2. 采用脉冲信号法消障

（1）X-D 图（见图 3-63）。

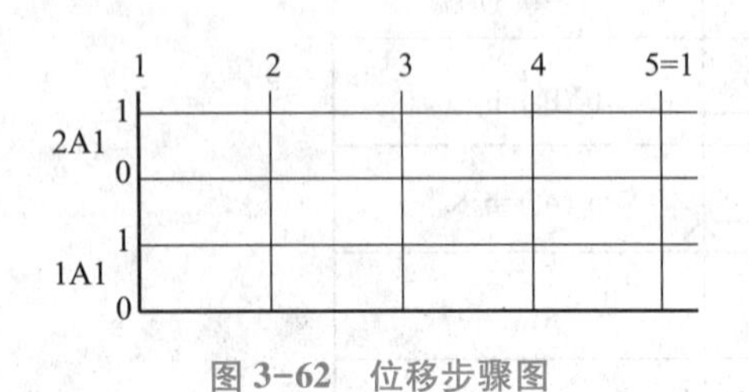

图 3-62　位移步骤图

X-D组						执行信号
备用格						

图 3-63　脉冲信号法消障 X-D 图

（2）气动控制回路图（见图 3-64）。

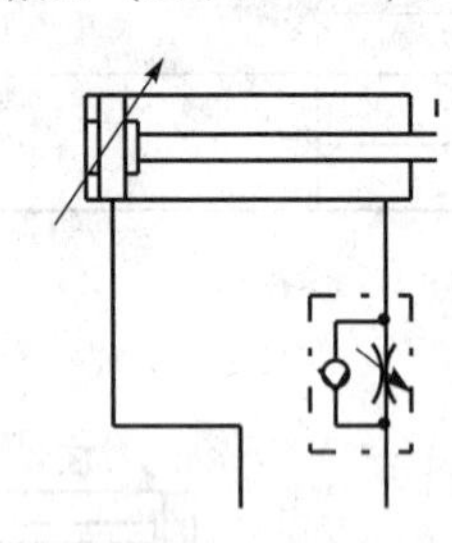

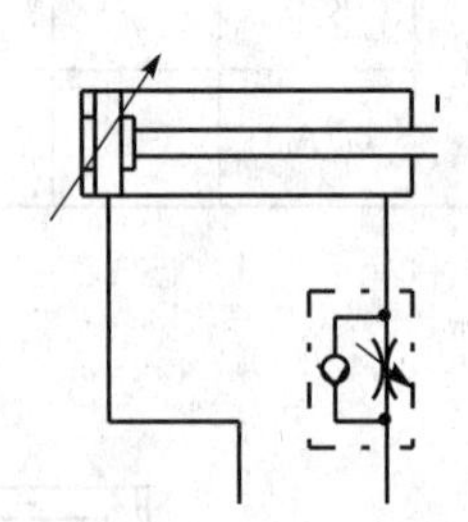

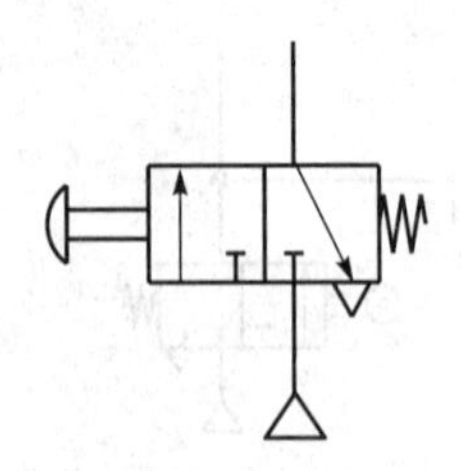

图 3-64　脉冲信号消障气动控制回路图

3. 采用辅助阀消障

（1）X-D 图（见图 3-65）。

（2）气动控制回路图（见图 3-66）。

4. 操作练习

（1）根据控制要求设计完成位移步骤图。

（2）采用脉冲信号法完成 X-D 图并设计气动控制回路。

<table>
<tr><td colspan="2">X-D组</td><td>1</td><td>2</td><td>3</td><td>4</td><td>执行信号</td></tr>
<tr><td>1</td><td></td><td></td><td></td><td></td><td></td><td></td></tr>
<tr><td>2</td><td></td><td></td><td></td><td></td><td></td><td></td></tr>
<tr><td>3</td><td></td><td></td><td></td><td></td><td></td><td></td></tr>
<tr><td>4</td><td></td><td></td><td></td><td></td><td></td><td></td></tr>
<tr><td rowspan="4">备
用
格</td><td></td><td></td><td></td><td></td><td></td><td></td></tr>
<tr><td></td><td></td><td></td><td></td><td></td><td></td></tr>
<tr><td></td><td></td><td></td><td></td><td></td><td></td></tr>
<tr><td></td><td></td><td></td><td></td><td></td><td></td></tr>
</table>

图3-65　辅助阀消障X-D图

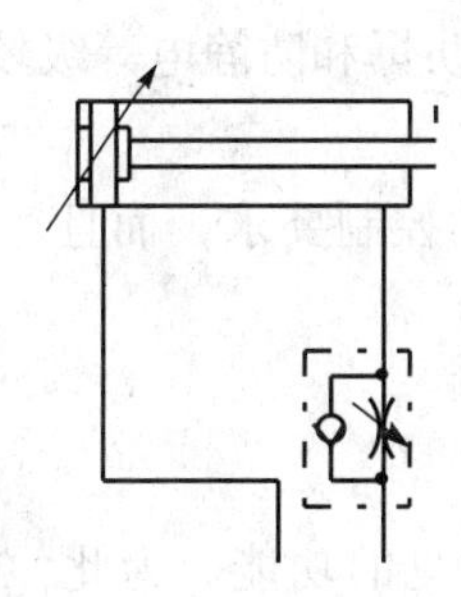
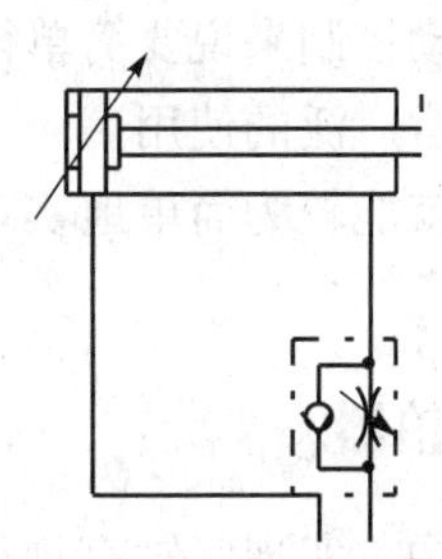
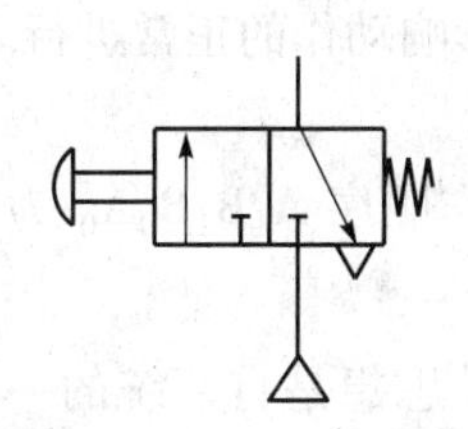

图3-66　辅助阀消障气动控制回路图

（3）按照气动控制回路图进行连接并检查。

（4）连接无误后，打开气源，观察气缸运行情况是否符合控制要求。

（5）对实验中出现的问题进行分析和解决。

（6）采用辅助阀法完成X-D图并设计气动控制回路。

（7）按照气动控制回路图进行连接并检查。

（8）连接无误后，打开气源，观察气缸运行情况是否符合控制要求。

（9）对实验中出现的问题进行分析和解决。

（10）实验完成后，将各元件整理后放回原位。

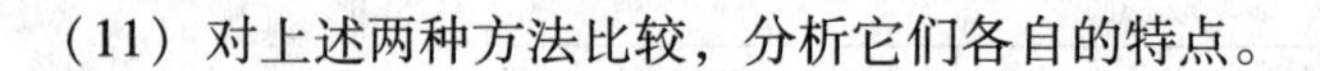

（11）对上述两种方法比较，分析它们各自的特点。

3.7 节拍器应用

现有两个气缸 A 和 B，需要实现气缸 $A_1B_1B_0A_0$ 的动作顺序。

我们联系以前所学知识可以知道，利用位置传感器就能顺利地实现上述功能要求。由多个气缸构成的行程程序控制回路在设计时都需要分析有无障碍信号，并对障碍信号进行消障处理。这样不仅方法比较烦琐，在动作步骤较多时还很容易发生错误。所以对于多气缸的行程程序控制一般都会采用电气控制或 PLC（可编程控制器）控制。电气控制和 PLC 控制回路设计相对全气动控制来说要简单得多。但在某些防爆和防静电等级较高的场合，全气动控制回路仍得到非常广泛的使用。

采用节拍器就能较为简单地实现气缸 A 和 B 的控制要求，而且符合某些防爆和防静电等级较高的场合。

3.7.1 节拍器

在气动回路中，实现气缸有规律的伸缩是很常见的功能。为此，在气动与案件中设计了一种名为“节拍器”的器件来实现较为简单的功能要求。节拍器是一种采用电气控制和 PLC 控制中常用的顺序控制设计思想的特殊气动控制元件，如图 3-67 所示。它可以让执行元件按照生产工艺预先设定的顺序自动有序地动作，不会出现障碍信号影响动作的正常进行。

图 3-67　节拍器实物图

1. 工作原理

下面仍以上一节的动作顺序 $A_1B_1B_0A_0$ 为例来介绍节拍器的工作原理。

顺序控制最基本的设计思想是将系统的一个工作周期划分为若干个前后顺序相连的阶段，每个阶段都称为步。对于动作顺序 $A_1B_1B_0A_0$ 来说我们则可以将其分成 A_1（气缸 A 伸出）、B_1（气缸 B 伸出）、B_0（气缸 B 缩回）和 A_0（气缸 A 缩回）4 步。

正在运行的步我们称为活动步，其余的称为不活动步。每一步只有其前一步是活动步时，该步才可能成为活动步；某一步成为活动步时，其前一步必然变为不活动步。步是根据输入信号的状态变化来划分的，同一步内输出信号状态是不变的，相邻两步输出信号总的状态必须是不同的。

控制系统由当前步进入下一步的信号称为转换条件。在这个例子中，如果我们按如图 3-53 所示直接利用前一步动作完成时行程阀发出的信号直接去控制执行元件下一步的动作，就会因行程阀 a_1、b_0 信号过长而造成动作无法正常进行。节拍器则是利用前一步动作完成时行

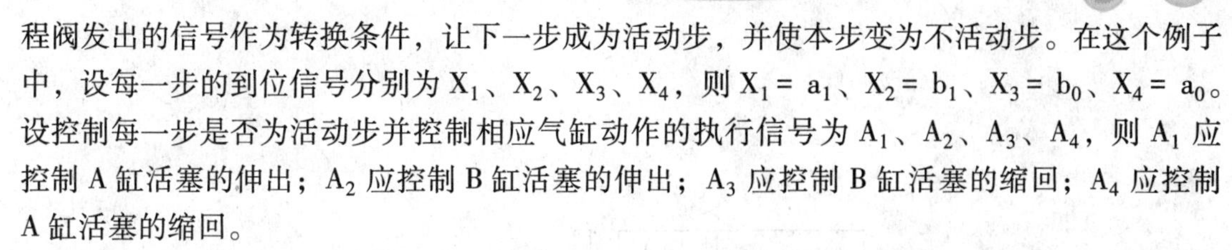

程阀发出的信号作为转换条件，让下一步成为活动步，并使本步变为不活动步。在这个例子中，设每一步的到位信号分别为 X_1、X_2、X_3、X_4，则 $X_1 = a_1$、$X_2 = b_1$、$X_3 = b_0$、$X_4 = a_0$。设控制每一步是否为活动步并控制相应气缸动作的执行信号为 A_1、A_2、A_3、A_4，则 A_1 应控制 A 缸活塞的伸出；A_2 应控制 B 缸活塞的伸出；A_3 应控制 B 缸活塞的缩回；A_4 应控制 A 缸活塞的缩回。

控制第二步执行的 A_2 有输出信号的条件为第一步为活动步（A_1 有输出）并且第一步已经完成（X_1 有输出）；控制第三步执行的 A_3 有输出的条件为第二步为活动步（A_2 有输出）并且第二步已经完成（X_2 有输出）；控制第四步执行的 A_4 有输出的条件为第三步为活动步（A_3 有输出）并且第三步已经完成（X_3 有输出）；控制第一步成为活动步的 A_1 有输出信号的条件则是前一动作周期的最后一步为活动步并且该步已经完成。

由于后一步一旦成为活动步，立即使前一步成为不活动步，即控制每一步执行元件动作的 A_1、A_2、A_3、A_4 信号都只有在本步为活动步时才有，所以不可能因信号过长，造成动作无法正常进行。对于本例来说，节拍器的 A_1 信号用来控制 A 缸伸出，A_1 信号只在 A 缸伸出过程中才有。第二步动作（B 缸伸出）一开始，A_1 信号就立即消失。其他的 A_2、A_3、A_4 信号也是如此。所以利用节拍器来进行行程程序控制回路设计时不需要去分析有无障碍信号并进行障碍信号的排除，简化了设计过程，使用十分方便。

2. 节拍器的结构

节拍器采用模块式结构，可以根据顺序控制中步数的多少进行灵活组合。在上面的例子中由于有四步所以节拍器由如图 3-68 所示的 4 个模块构成。

图中 Z_n 信号用于在 A_1 信号产生后复位（切断）前一步的控制信号。Z_{n+1} 端口则是用于接收外部让 A_4 复位的信号。在这个课题中 Z_n 和 Z_{n+1} 直接相连，让第一步的控制信号 A_1 产生后复位前一周期最后一步（第四步）的控制信号 A_4。Y_{n+1} 是在第 4 步完成后（A_4、X_4 均有信号）时出现，用于控制产生下一步。Y_n 端口是用于接收外部让 A_1 产生的信号。对于本课题来说，第 4 步的下一步就是新的一个周期的第一步，所以 Y_{n+1} 应通过启动按钮和 Y_n 相连，来启动第一步。

在图 3-68 所示节拍器结构中，P 口用于节拍器的供气，L 口用于节拍器的初始化，即在第一次使用前，应对 L 口通气一次。其目的是让节拍器 4 个模块中只有 A_4 有输出，这样按下启动按钮后，A_1 信号才能产生。同时这样还可以避免在启动时由于各模块中的双气控换向阀阀芯所处位置不确定，造成行程程序中各步动作出现混乱。

3. 实例回路

图 3-69 所示为采用节拍器实现 $A_1B_1B_0A_0$ 动作的回路图。

3.7.2　两气缸控制回路

1. 完成气动控制回路图（见图 3-70）

根据控制要求，请自行连接控制阀与节拍器间的连线，以实现气缸 $A_1A_0B_1B_0$ 的动作顺序。

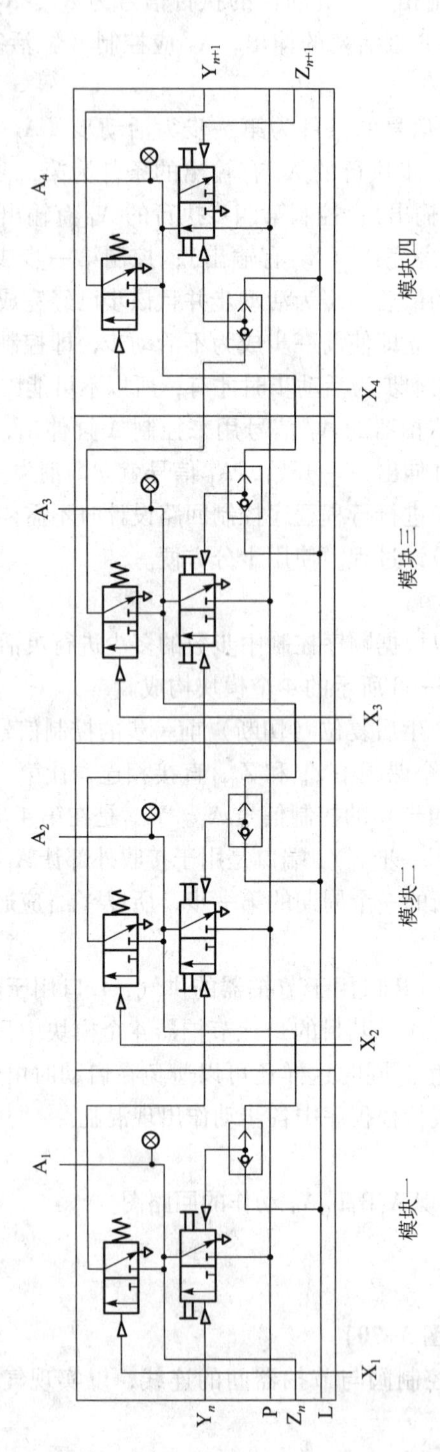

图 3-68　节拍器内部结构图

A_n：节拍器的输出控制信号；X_n：节拍器的输入信号；P：气源；L：初始化信号；

Z_n、Z_{n+1}—复信号；Y_n、Y_{n+1}—触发信号

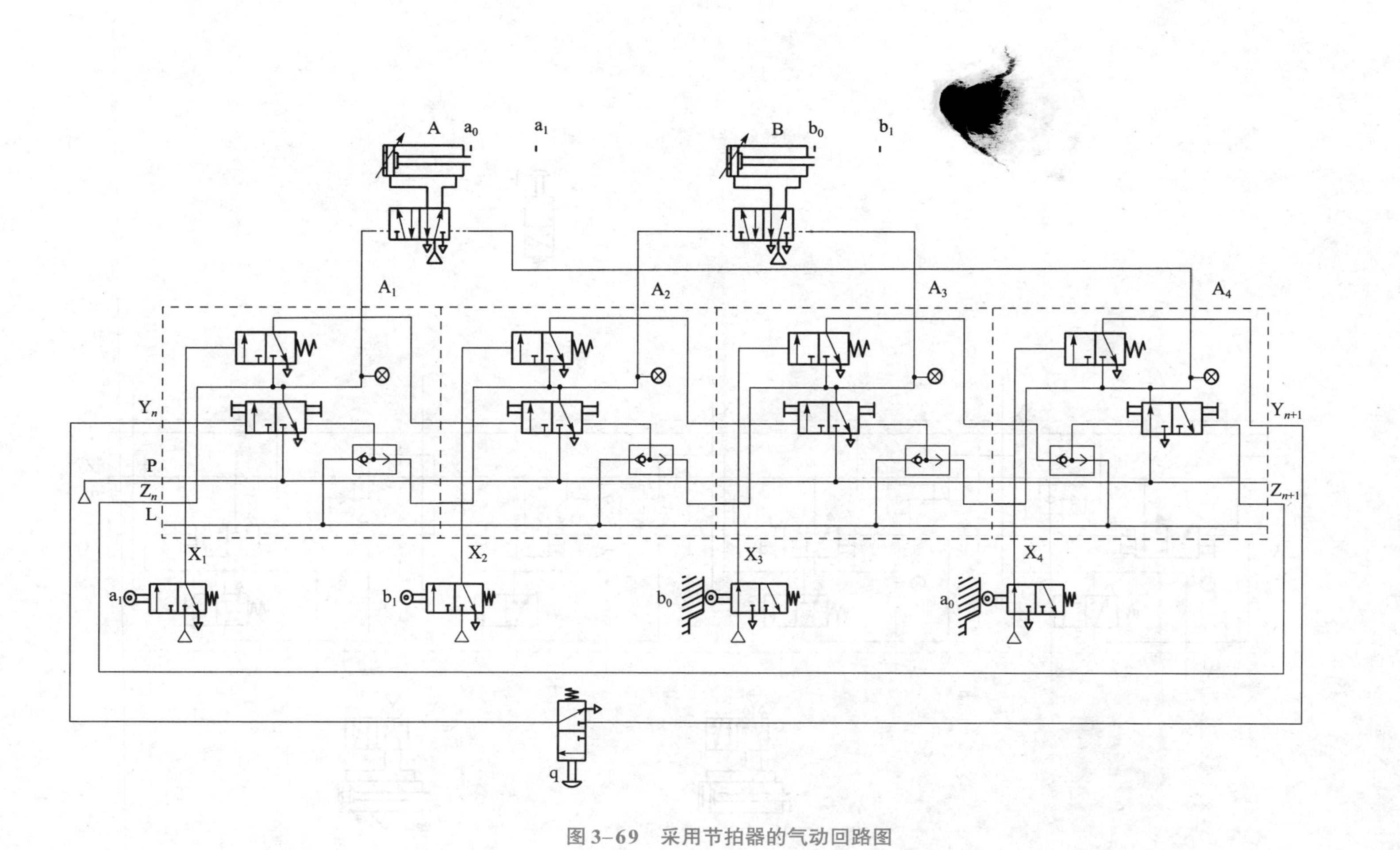

图 3-69　采用节拍器的气动回路图

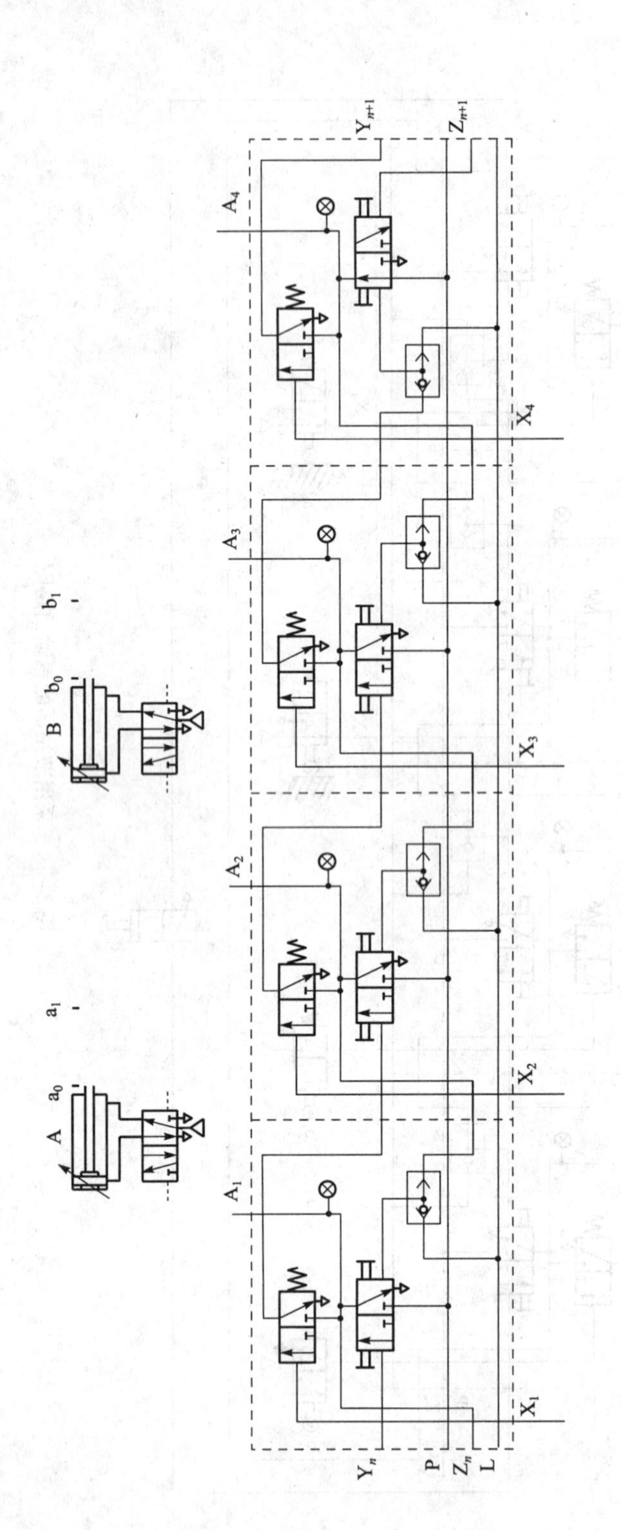

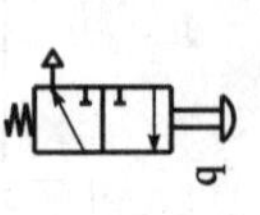

图 3-70　气动控制回路图

2. 操作练习

（1）根据课题说明完成气动控制回路图。

（2）按照气动控制回路图进行连接并检查。

（3）连接无误后，打开气源，观察气缸运行情况是否符合控制要求。

（4）对实验中出现的问题进行分析和解决。

（5）实验完成后，将各元件整理后放回原位。

3.8 工件抬升装置

如图3-71所示，利用一个气缸将从下方传送装置送来的工件抬升到上方的传送装置用于进一步加工。气缸活塞伸出要求利用一个按钮来控制；活塞的缩回则要求在其伸出到位后自动实现。

为避免活塞运动速度过高产生的冲击对工件和设备造成机械损害，要求气缸活塞运动速度应可以调节。

在这个课题中，气缸活塞伸出时，不存在压力检测等特殊要求，所以可以采用排气节流进行调速。气缸活塞回缩时，安装支架的质量和本身自重方向与活塞运动方向相同，即为负值负载，所以应采用排气节流进行调速。

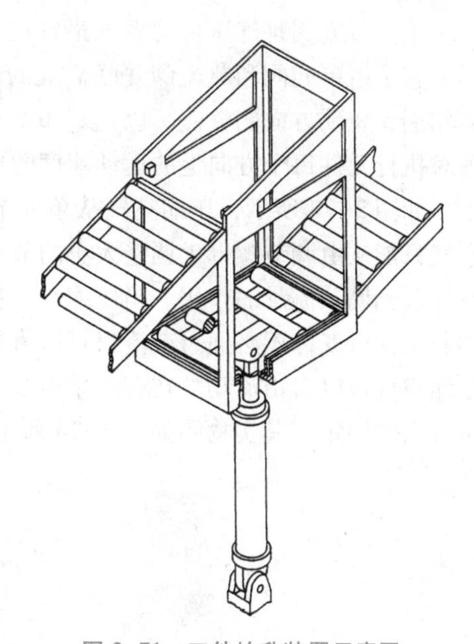

图3-71　工件抬升装置示意图

3.8.1　气控回路速度控制的方法

气压传动系统中气缸的速度控制是指对气缸活塞从开始运动到到达其行程终点的平均速度的控制。

1. 速度控制实现方法

在很多气动设备或气动装置中执行元件的运动速度都应是可调节的。气缸工作时，影响其活塞运动速度的因素有工作压力、缸径和气缸所连气路的最小截面积。通过选择小通径的控制阀或安装节流阀可以降低气缸活塞的运动速度。通过增加管路的流通截面或使用大通径的控制阀以及采用快速排气阀等方法都可以在一定程度上提高气缸的活塞的运动速度。

其中使用节流阀和快速排气阀都是通过调节进入气缸或气缸排出的空气流量来实现速度控制的。这也是气动回路中最常用的速度调节方式。

2. 节流阀

从流体力学的角度看，流量控制就是在管路中制造局部阻力，通过改变局部阻力的大小来控制流量的大小。凡用来控制和调节气体流量的阀，均称

为流量控制阀，节流阀就属于流量控制阀。它安装在气动回路中，通过调节阀的开度来调节空气的流量。其工作原理及实物图如图 3-72 所示。

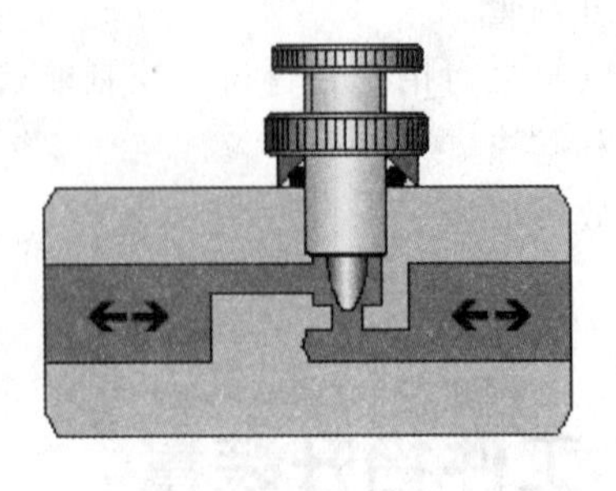

图 3-72　节流阀工作原理及实物图

3. 单向节流阀

单向节流阀是气压传动系统最常用的速度控制元件，也常称为速度控制阀。它是由单向阀和节流阀并联而成的，节流阀只在一个方向上起流量控制的作用，相反方向的气流可以通过单向阀自由流通。利用单向节流阀可以实现对执行元件每个方向上的运动速度的单独调节。

如图 3-73 所示，压缩空气从单向节流阀的左腔进入时，单向密封圈 3 被压在阀体上，空气只能从由调节螺母 1 调整大小的节流口 2 通过，再由右腔输出。此时单向节流阀对压缩空气起到调节流量的作用。当压缩空气从右腔进入时，单向密封圈在空气压力的作用下向上翘起，使得气体不必通过节流口可以直接流至左腔并输出。此时单向节流阀没有节流作用，压缩空气可以自由流动。在有些单向节流阀的调节螺母下方还装有一个锁紧螺母，用于流量调节后的锁定。其实物图如图 3-74 所示。

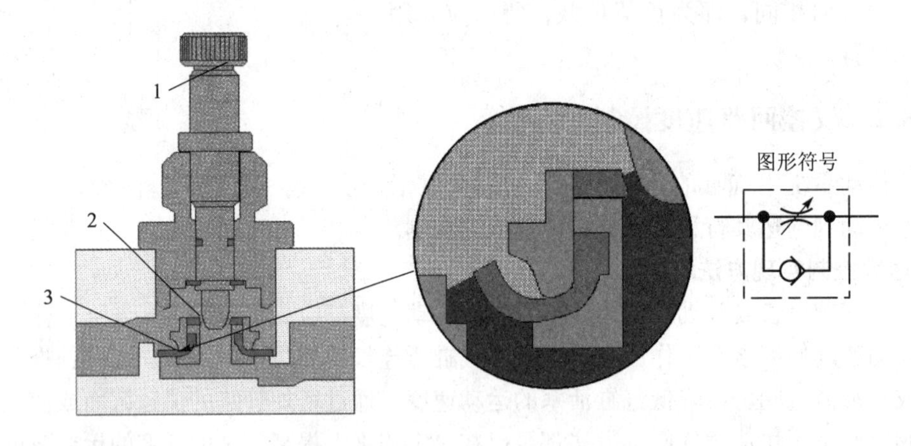

图 3-73　单向节流阀工作原理图

1—调节螺母；2—节流口；3—单向密封圈

4. 进气节流和排气节流

根据单向节流阀在气动回路中连接方式的不同，我们可以将速度控制方式分为进气节流速度控制方式和排气节流速度控制方式。

图 3-74　单向节流阀实物图

1）定义

如图 3-75 所示，进气节流指的是压缩空气经节流阀调节后进入气缸，推动活塞缓慢运动；气缸排出的气体不经过节流阀，通过单向阀自由排出。排气节流指的是压缩空气经单向阀直接进入气缸，推动活塞运动；而气缸排出的气体则必须通过节流阀受到节流后才能排出，从而使气缸活塞运动速度得到控制。

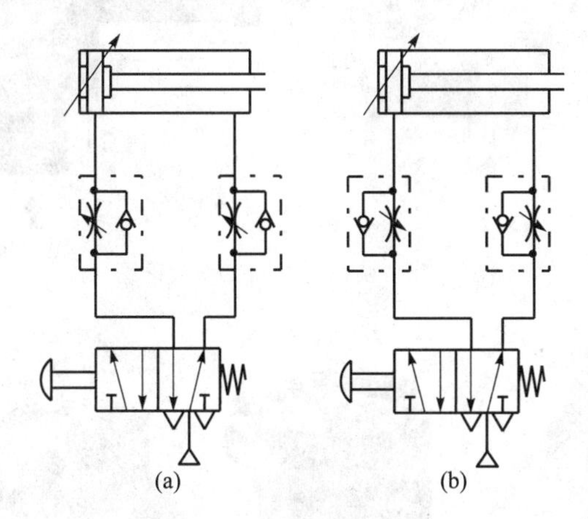

图 3-75　进气节流和排气节流气动回路图

（a）进气节流；（b）排气节流

2）性能比较

采用进气节流：

① 启动时气流逐渐进入气缸，启动平稳；但如带载启动，可能因推力不够，造成无法启动。

② 采用进气节流进行速度控制，活塞上微小的负载波动都会导致气缸活塞速度的明显变化，使得气运动速度稳定性较差。

③ 当负载的方向与活塞运动方向相同时（负值负载）可能会出现活塞不受节流阀控制的前冲现象。

④ 当活塞杆碰到阻挡或到达极限位置而停止后，其工作腔由于受到节流压力是逐渐上升到系统最高压力，利用这个过程可以很方便地实现压力顺序控制。

采用排气节流：

① 启动时气流不经节流直接进入气缸，会产生一定的冲击，启动平稳性不如进气节流。

② 采用排气节流进行速度控制，气缸排气腔由于排气受阻形成背压。排气腔形成的这种背压，减少了负载波动对速度的影响，提高了运动的稳定性，使排气节流成为最常用的调速方式。

③ 在出现负值负载时，排气节流由于有背压的存在，可以阻止活塞的前冲。

④ 气缸活塞运动停止后，气缸进气腔由于没有节流，压力迅速上升；排气腔压力在节流作用下逐渐下降到零。利用这一过程来实现压力控制比较困难且可靠性差，一般不采用。

5. 快速排气阀

快速排气阀简称快排阀，它通过降低气缸排气腔的阻力，将空气迅速排出达到提高气缸活塞运动速度目的。其工作原理如图 3-76 所示，实物图如图 3-77 所示。

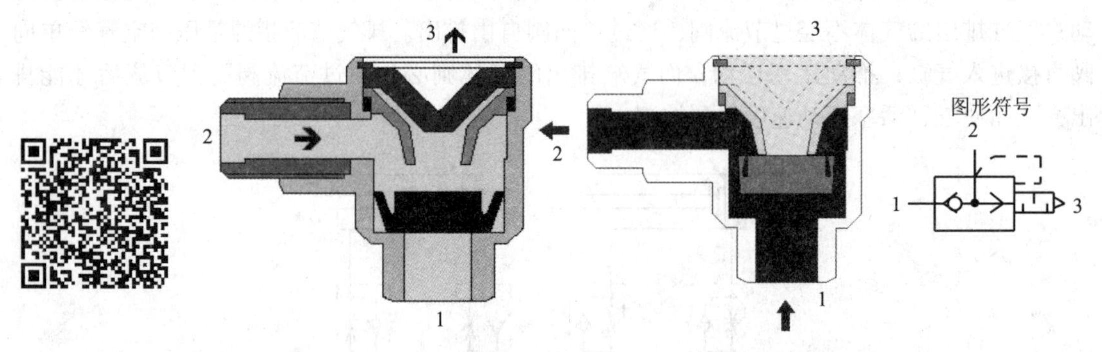

图 3-76　快速排气阀工作原理图

图 3-77　快速排气阀实物图

气缸的排气一般是经过连接管路，通过主控换向阀的排气口向外排出。管路的长度、通流面积和阀门的通径都会对排气产生影响，从而影响气缸活塞的运动速度。快速排气阀的作用在于当气缸内腔体向外排气时，气体可以通过它的大口径排气口迅速向外排出。这样就可以大大缩短气缸排气行程，减少排气阻力，从而提高活塞运动速度。而当气缸进气时，快速排气阀的密封活塞将排气口封闭，不影响压缩空气进入气缸。实验证明，安装快速排气阀后，气缸活塞的运动速度可以提高 4~5 倍。

使用快速排气阀实际上是对经过换向阀正常排气的通路上设置一个旁路，方便气缸排气腔迅速排气。因此，为保证其良好的排气效果，在安装时应将它尽量靠近执行元件的排气

侧。在图3-78所示的两个回路中，图（a）气缸活塞返回时，气缸左腔的空气要通过单向节流阀才能从快速排气阀的排气口排出；在图（b）中，气缸左腔的空气则是直接通过快速排气阀的排气口排出，因此更加合理。

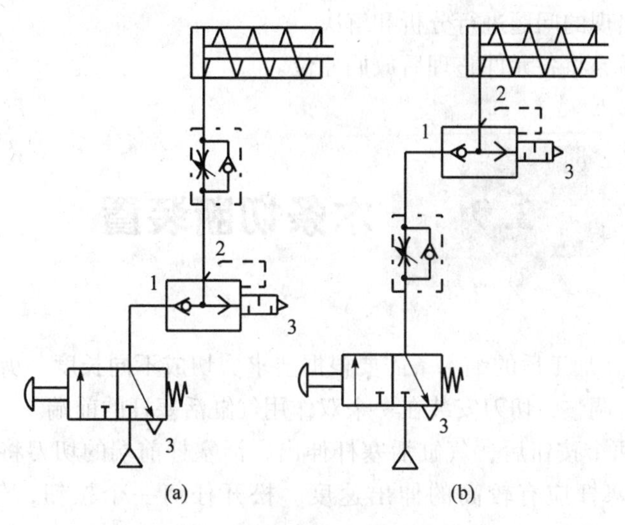

图3-78　快速排气阀的安装方式

3.8.2　工件抬升装置气控回路设计

1. 纯气动回路

在图3-79中，采用排气调速方法补完图中缺少的部分。

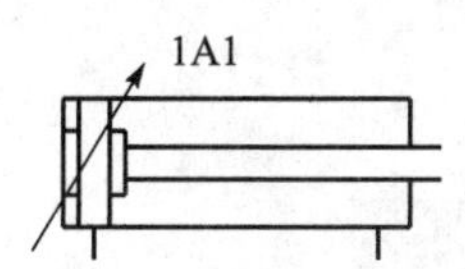

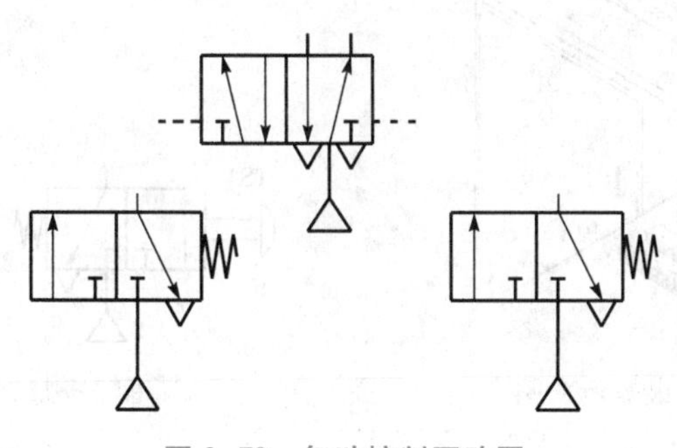

图3-79　气动控制回路图

2. 操作练习

（1）根据课题说明完成气动控制回路图。

(2) 按照气动控制回路图进行连接并检查。

(3) 连接无误后，打开气源，观察气缸运行情况是否符合控制要求。

(4) 掌握单向节流阀的两种不同安装方式以及调节方法。

(5) 对实验中出现的问题进行分析和解决。

(6) 实验完成后，将各元件整理后放回原位。

3.9 木条切断装置

如图 3-80 所示，加工后的细木条需要根据要求剪切成不同长度。剪切的长度通过工作台上的一把标尺进行调整，切刀安装在一个双作用气缸活塞杆的前端。

通过双手按下两个按钮后，气缸活塞杆伸出，活塞杆前端的切刀将木条切断。为保证木条切口质量，活塞杆应有较高的伸出速度。松开任何一个按钮，气缸活塞杆就自动缩回。

在这个任务中，为保证安全切断过程也采用了双手启动。双手启动是很常用的安全保护方式，它可以保证人员在操作时双手脱离危险区域。双手启动可以通过两个按钮的串联或用双压阀来实现“逻辑与”的功能。气缸活塞杆的快速伸出应通过采用快速排气阀实现。其气动控制回路图如图 3-81 所示。

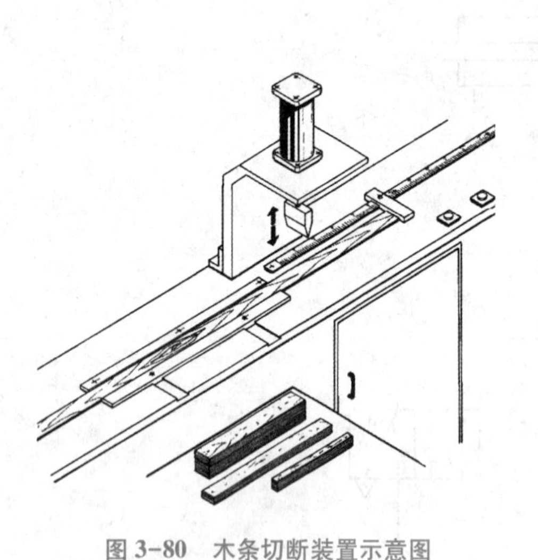

图 3-80　木条切断装置示意图

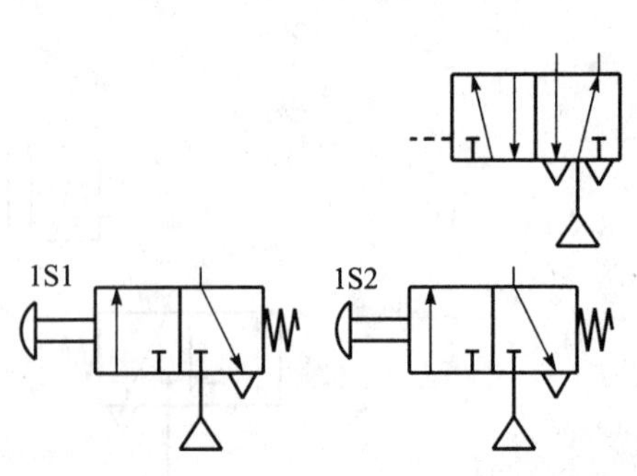

图 3-81　气动控制回路图

3.9.1　木条切断装置气控回路设计

在工件抬升装置气控回路中，我们已经学会了气动控制速度的调节方式。在本任务中，

我们可以采用工件抬升装置气控回路知识来完成设计要求。

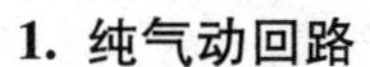

1. 纯气动回路

2. 电气控制回路（见图 3-82）

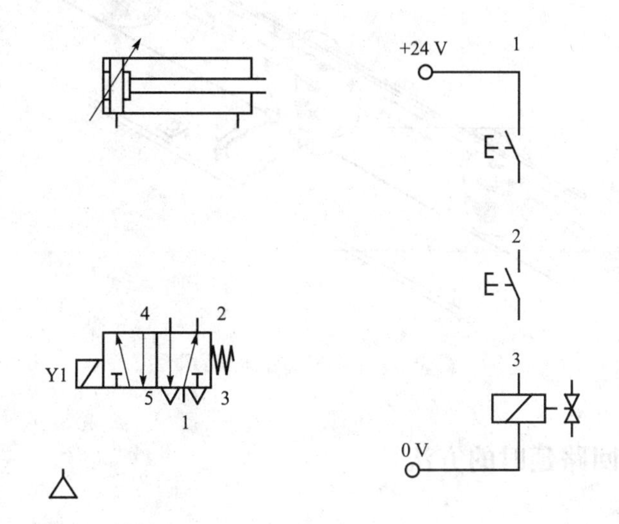

图 3-82　电气控制回路图

3. 操作练习

（1）根据课题说明完成气动控制回路图。

（2）按照气动控制回路图进行连接并检查。

（3）连接无误后，打开气源，观察气缸运行情况是否符合控制要求。

（4）对实验中出现的问题进行分析和解决。

（5）实验完成后，将各元件整理后放回原位。

3.10　标签粘贴设备

如图 3-83 所示的标签粘贴设备利用两个双作用气缸同步动作将标签与金属桶身粘贴牢固。在保证气缸活塞完全缩回的情况下，通过一个手动按钮控制这两个气缸活塞的伸出。活塞伸出到位后应停顿 10 s 以保证标签粘贴牢固，10 s 时间到后，气缸活塞自动回缩。

在本任务中要求气缸伸出到位后延时 10 s 再自动缩回，这里就存在一个延时的功能。在传统的电气元件中，常见的能起到延时作用的元件就是时间继电器。在气动控制回路中，也有延时作用的元件，即气动延时阀。我们可以利用时间继电器控制电磁阀来实现任务提出的要求，也可使用气动延时阀来完成此功能。

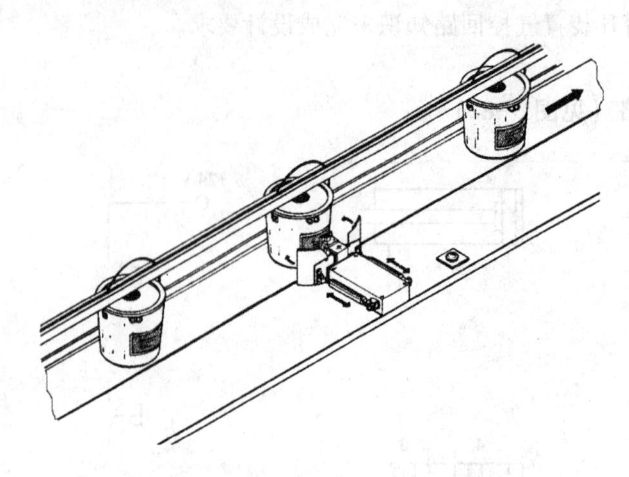

图 3-83　标签粘贴设备示意图

3.10.1　气控回路延时的方法

1. 时间继电器

当线圈接收到外部信号，经过设定时间后才使触点动作的继电器称为时间继电器，时间继电器符号，如图 3-84 所示。按延时的方式不同，时间继电器可分为通电延时时间继电器和断电延时时间继电器。

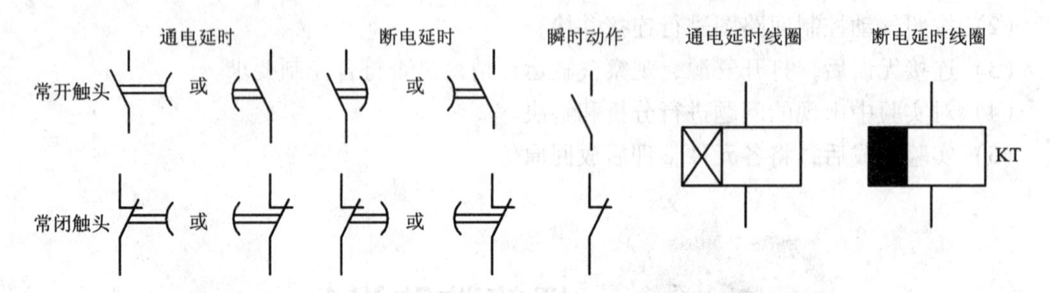

图 3-84　时间继电器符号

通电延时时间继电器线圈得电后，触点延时动作；线圈断电后，触点瞬时复位。断电延时时间继电器线圈得电后，触点瞬时动作；线圈断电后，触点延时复位。

目前，市场上有很多各种类型、不同工作原理的时间继电器。在选择时间继电器时要考虑时间继电器延时时间、使用环境等因素。图 3-85 为常见时间继电器的外形。

2. 延时阀

延时阀是气动系统中的一种时间控制元件，它是通过节流阀调节气室充气时压力上升速率来实现延时的。延时阀有常通型和常断型两种，图 3-86 所示为常断型延时阀的工作原理图，其实物图如图 3-87 所示。

图 3-86 中的延时阀由单向节流阀 1、气室 2 和一个单侧气控二位三通换向阀 3 组合而成。控制信号从 12 口经节流阀进入气室。由于节流阀的节流作

图 3-85 时间继电器外形

（a）电控时间继电器；（b）气囊式时间继电器

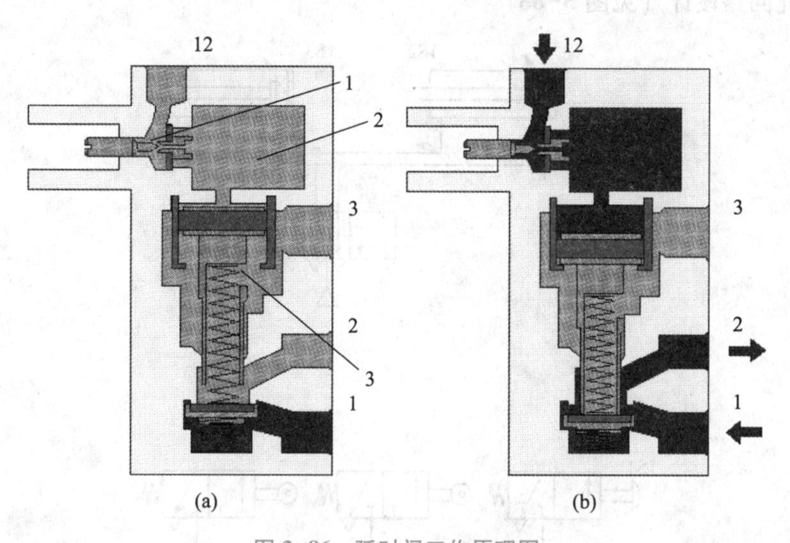

图 3-86 延时阀工作原理图

（a）换向前；（b）换向后

1—单向节流阀；2—气室；3—单侧气控二位三通换向阀

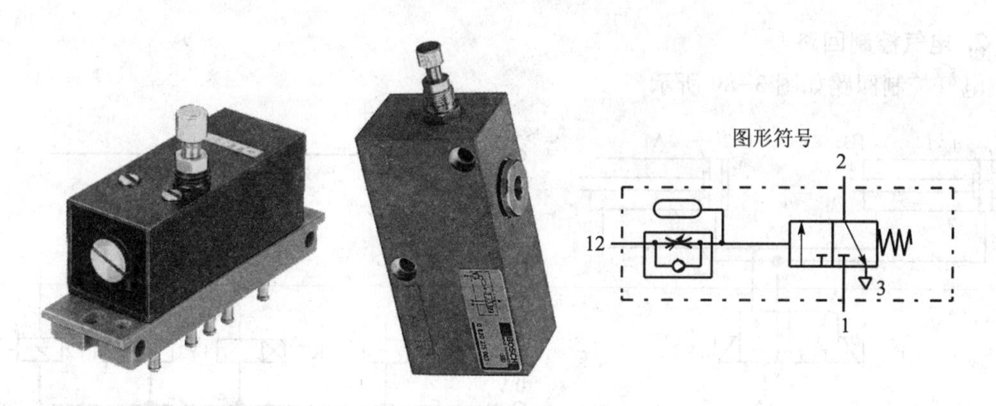

图 3-87 延时阀实物图

用，使得气室压力上升速度较慢。当气室压力达到换向阀的动作压力时，换向阀换向，输入口1和输出口2导通，产生输出信号。由于从12口有控制信号到输出口2产生信号输出有一定的时间间隔，所以可以用来控制气动执行元件的运动停顿时间。若要改变延时时间的长短，只要调节节流阀的开度即可。通过附加气室还可以进一步延长延时时间。

当12口撤除控制信号，气室内的压缩空气迅速通过单向阀排出，延时阀快速复位。所以延时阀的功能相当于电气控制中的通电延时时间继电器。

3.10.2　纯气动控制回路

在对同步没有严格要求的气动回路中，同步动作的两个气缸可以按图3-88所示的方式进行连接。如要获得可靠的同步运动，可以通过对两个气缸活塞杆进行刚性连接或通过气-液转换来实现。延时10s的计时启动信号应为气缸活塞伸出到位时行程阀发出的信号。

1. 纯气孔回路设计（见图3-88）

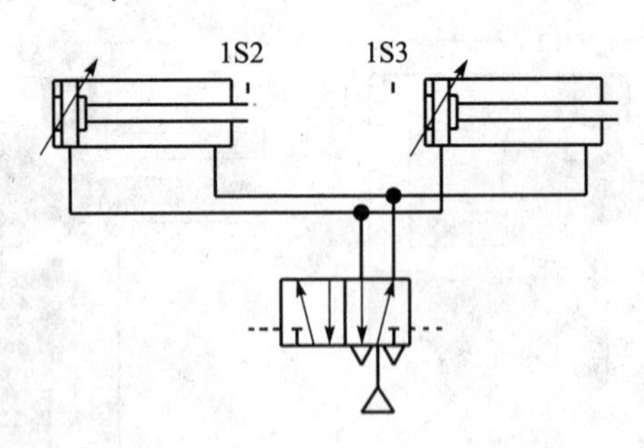

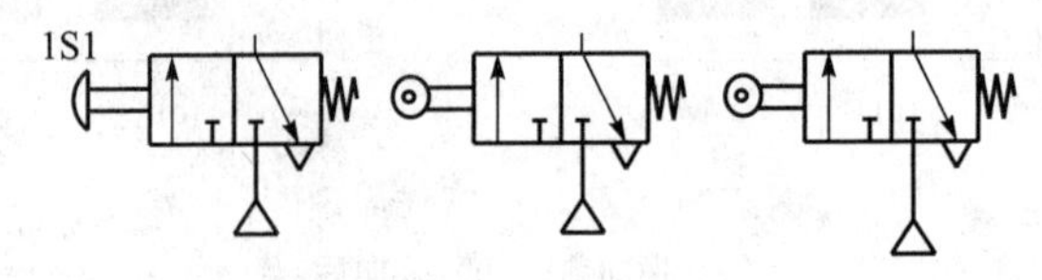

图3-88　气动控制回路图

2. 电气控制回路

电气控制回路如图3-89所示。

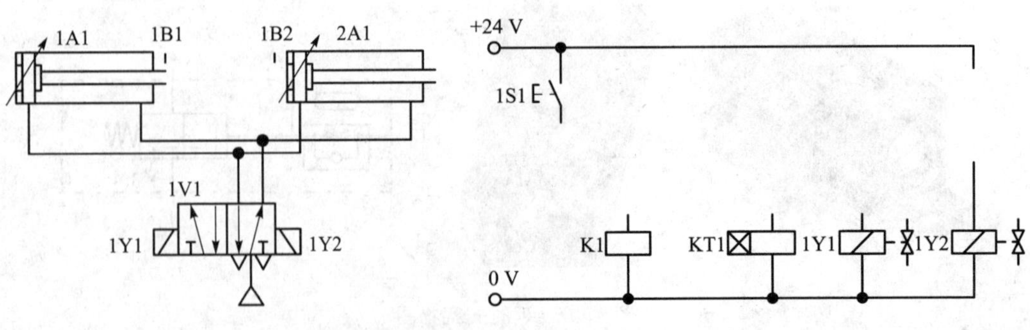

图3-89　电气控制回路图

3. 操作练习

(1) 根据课题说明完成气动控制回路图和电气控制回路图。

(2) 按照气动控制回路图和电气控制回路图进行连接并检查。

(3) 连接无误后，打开气源，观察气缸运行情况是否符合控制要求。

(4) 对实验中出现的问题进行分析和解决。

(5) 实验完成后，将各元件整理后放回原位。

3.11 圆柱塞分送装置

如图3-90所示，利用两个气缸的交替伸缩将圆柱塞两个、两个地送到加工机上进行加工。启动前气缸1A1活塞杆完全缩回，气缸2A1活塞杆完全伸出，挡住圆柱塞，避免其滑入加工机。按下启动按钮后，气缸1A1活塞杆伸出，同时气缸2A1活塞杆缩回，两个圆柱塞滚入加工机中。2s后气缸1A1缩回，同时气缸2A1伸出，一个工作循环结束。

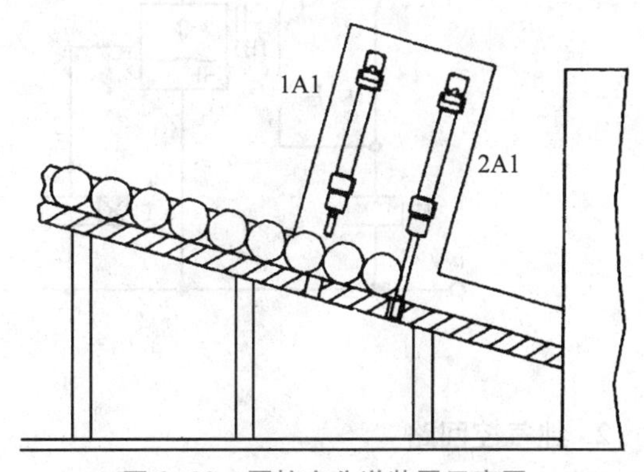

图3-90 圆柱塞分送装置示意图

为保证后两个圆柱塞只有在前两个加工完毕后才能滑入加工机，要求下一次的启动只有在间隔5s后才能开始。系统通过一个手动按钮启动，并用一个定位开关来选择工作状态是单循环还是连续循环。在供电或供气中断后，分送装置须重新启动，不得自行开始动作。

在本任务中，气缸1A1和2A1是交替地伸出和缩回。我们需要采用相应的位置传感器作为动作效果的判断。如图所示的位置传感器适合采用磁性传感器安装在气缸外壳上。在任务中，气缸1A1伸出2s，每次工作循环需要5s间隔，这些都说明我们需要采用具有延时功能的器件，如时间继电器和延时阀等。

3.11.1 圆柱塞分送装置的气控回路设计

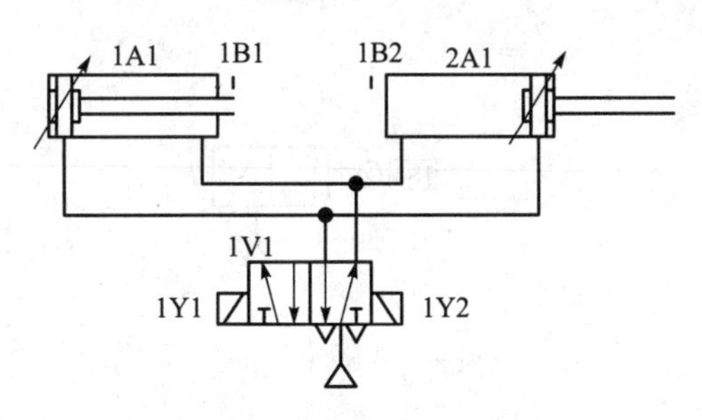

图3-91 两个气缸状态相反

要求两个气缸的状态始终是相反的。那么我们如何来实现呢？其实实现的方法很简单，只要把气缸1A1的气路连接方式和2A1的气路连接方式相反就可以了。如图3-91所示，就是两个气缸状态相反。由于线路比较简单，因此这种连接的方式也只能用于要求不高的场合。

1. 电气控制回路

该装置只能通过一个手动按钮启动，定位开关只有选择工作状态作用，而不具有启动作用。停电后，装置应自动停止；恢复供电后，装置要重新启动才能开始工作。上述功能可采用电气控制中常用的自锁回路实现。手动按钮 1S1 用于装置的启动，定位开关 1S2 控制是否建立自锁。如自锁建立，则装置进入自动连续循环工作状态。电气控制回路图如图 3-92 所示。

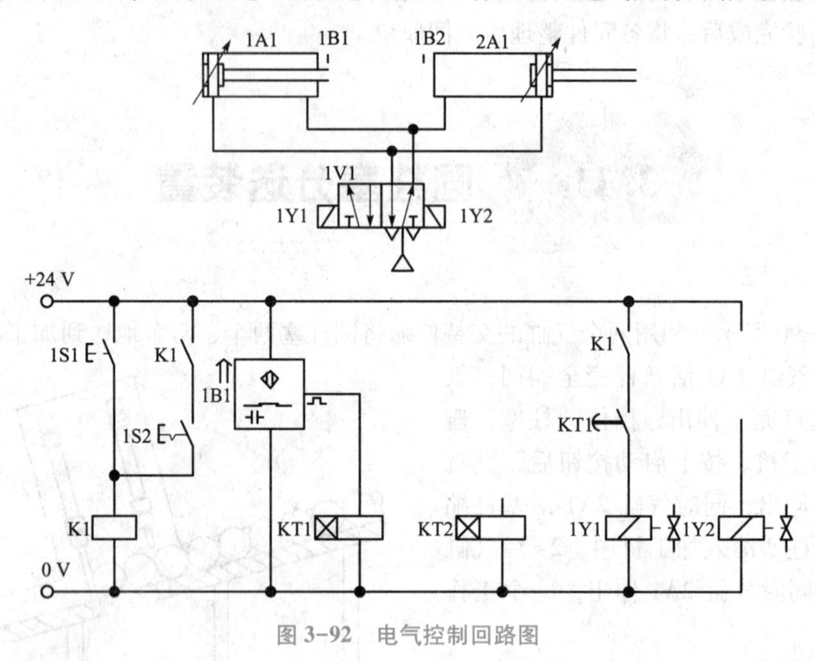

图 3-92　电气控制回路图

2. 纯气控回路

在某些工业场合需要考虑到安全状况，不能采用带电设备。在这种情况下，我们可以采用纯气控方式完成上述功能。气动控制回路图如图 3-93 所示。

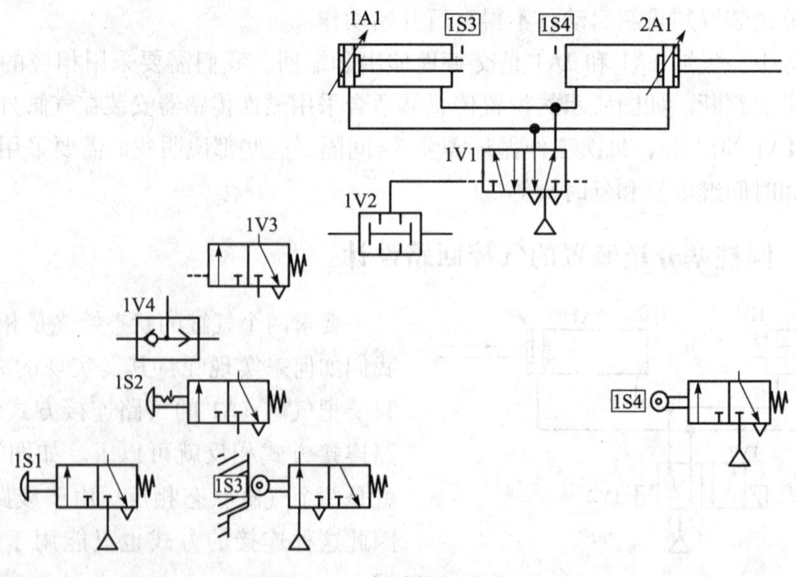

图 3-93　气动控制回路图

如果采用气动控制，其启动控制可以通过将电气自锁回路转换为气动自锁回路来实现。图3-92中的24V电源用气源代替；按钮1S1用手动按钮式换向阀1S1来代替；定位开关1S2用定位式手动换向阀1S2代替。中间继电器K1功能为线圈得电后，常开触点闭合；线圈断电后，触点断开。在气动回路中单侧气控弹簧复位换向阀1V3也具有相同功能，其输入口与输出口在有控制信号时导通；控制信号消失时，输入口与输出口断开。应当注意的是电气回路中的并联连接在气动回路中必须通过梭阀来替换，不能直接并联。

3. 操作练习

（1）根据课题说明完成电气控制回路图和气动控制回路图。

（2）按照电气控制回路图和气动控制回路图进行连接并检查。

（3）连接无误后，打开气源，观察气缸运行情况是否符合控制要求。

（4）对实验中出现的问题进行分析和解决。

（5）实验完成后，将各元件整理后放回原位。

（6）比较电气自锁回路和气动自锁回路，找出它们的相同点和不同点。

3.12　碎料压实机

如图3-94所示，碎料在压实机中经过压实后运出。原料由送料口送入压实机中，气缸2A1将其推入压实区。气缸2A1的控制在这个课题中不考虑。

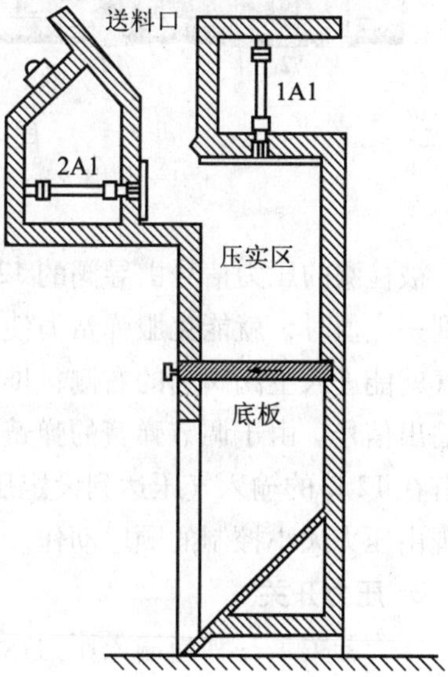

气缸1A1用于对碎料进行压实。其活塞在一个手动按钮控制下伸出，对碎料进行压实。当气缸无杆腔压力达到5bar时，则表明一个压实过程结束，气缸活塞自动缩回。这时可以打开压实区的底板，将压实后的碎料从压实机底部取出。

在本任务中，气缸1A1用于对碎料进行压实。其活塞在一个手动按钮控制下伸出，对碎料进行压实。当气缸无杆腔压力达到5bar后再自动缩回。在气动控制中，如何在检测5bar的压力呢？压力顺序阀和压力开关都是一种能检测到一定压力后再动作的元器件。所以，我们可以采用压力顺序阀或压力开关来完成任务要求。

图3-94　碎料压实机示意图

3.12.1　气控回路压力检测方法

压力顺序阀和压力开关都是根据所检测位置气压的大小来控制回路各执行元件的动作的

元件。压力顺序阀产生的输出信号为气压信号，用于气动控制；压力开关的输出信号为电信号，用于电气控制。

某些气动设备或装置中，因结构限制而无法安装或难以安装位置传感器进行位置检测时，也可采用安装位置相对灵活的压力顺序阀或压力开关来代替。这是因为在空载或轻载时气缸工作压力较低，运动到位活塞停止时压力才会上升，使压力顺序阀或压力开关产生输出信号。这时它们所起的作用就相当于位置传感器。

1. 压力顺序阀

图 3-95 所示的压力顺序阀由两部分组合而成：左侧主阀为一个单气控的二位三通换向阀；右侧为一个通过外部输入压力和弹簧力平衡来控制主阀是否换向的导阀。

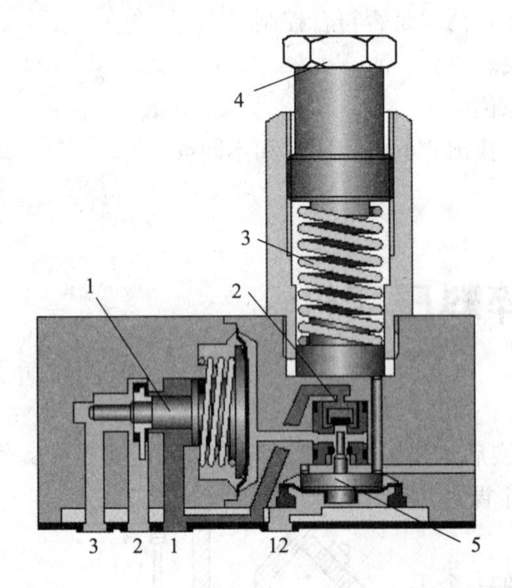

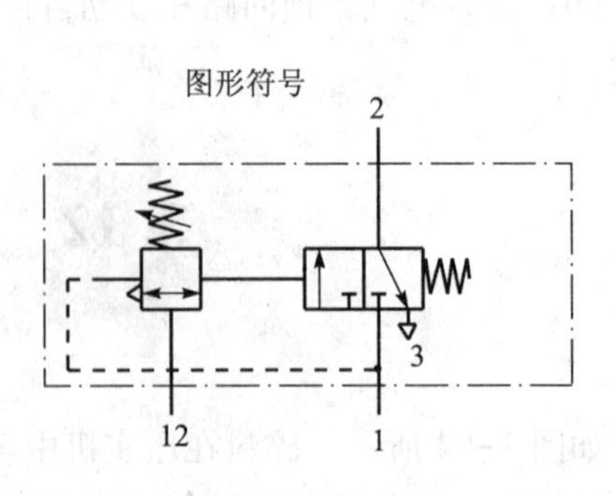

图 3-95　压力顺序阀工作原理图

1—主阀；2—导阀；3—调节弹簧；4—调节旋钮；5—导阀阀芯

被检测的压力信号由导阀的 12 口输入，其气压力和调节弹簧的弹簧力相平衡。当压力达到一定值时，就能克服弹簧力使导阀的阀芯抬起。导阀阀芯抬起后，主阀输入口 1 的压缩空气就能进入主阀阀芯的右侧，推动阀芯左移实现换向，使主阀输出口 2 与输入口 1 导通产生输出信号。由于调节弹簧的弹簧力可以通过调节旋钮进行预先调节设定，所以压力顺序阀只有在 12 口的输入气压达到设定压力时，才会产生输出信号。这样就可以利用压力顺序阀实现由压力大小控制的顺序动作。

2. 压力开关

压力开关是一种当输入压力达到设定值时，电气触点接通，发出电信号；输入压力低于设定值时，电气触点断开的元件。压力开关常用于需要进行压力控制和保护的场合。这种利用气信号来接通和断开电路的装置也称为气电转换器，气电转换器的输入信号是气压信号，输出信号是电信号。应当注意的是让压力开关触点吸合的压力值一般高于让触点释放的压力值。

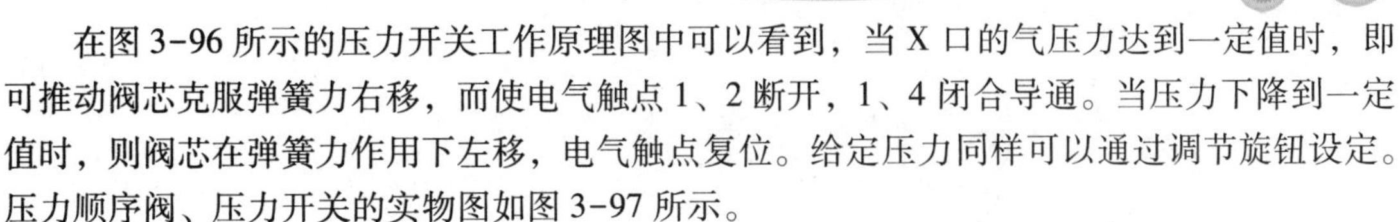

在图 3-96 所示的压力开关工作原理图中可以看到，当 X 口的气压力达到一定值时，即可推动阀芯克服弹簧力右移，而使电气触点 1、2 断开，1、4 闭合导通。当压力下降到一定值时，则阀芯在弹簧力作用下左移，电气触点复位。给定压力同样可以通过调节旋钮设定。压力顺序阀、压力开关的实物图如图 3-97 所示。

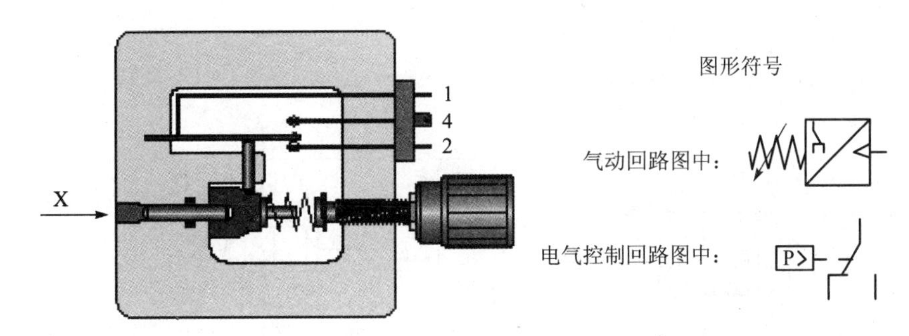

图 3-96　压力开关工作原理图

图 3-97　压力顺序阀、压力开关实物图

（a）压力顺序阀；（b）压力开关

3.12.2　碎料压实机气控回路设计

1. 气动控制回路

在本任务中，气缸 1A1 活塞的返回控制应采用压力顺序阀实现。其检测压力应为气缸无杆腔压力。如不进行节流，可能在压实时由于压力上升过快，压力顺序阀无法可靠动作，所以应通过进气节流来降低压力上升速度。为方便压力检测和压力顺序阀压力值的设定，应在相应检测位置安装压力表。其气动控制回路图如图 3-98 所示。

2. 电气控制回路

通过用压力开关代替压力顺序阀，可以将气动控制回路改为电气控制回路，如图 3-99 所示。

3. 操作练习

（1）根据课题说明完成气动控制回路图和电气控制回路图。

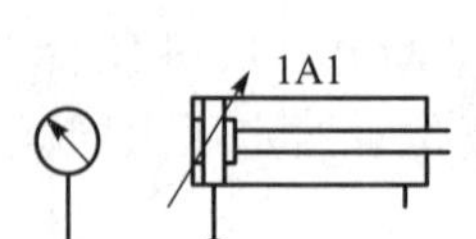

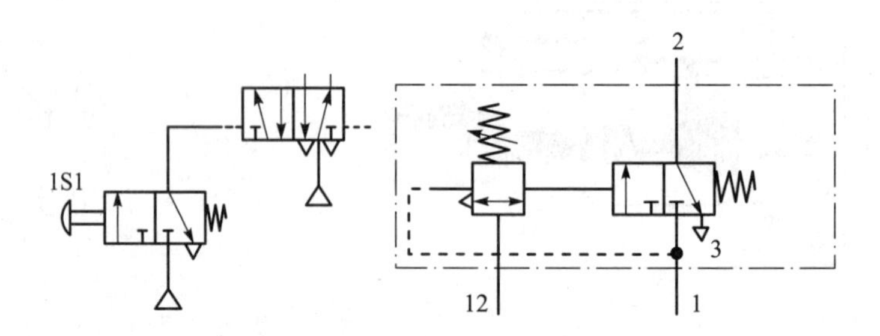

图 3-98　气动控制回路图

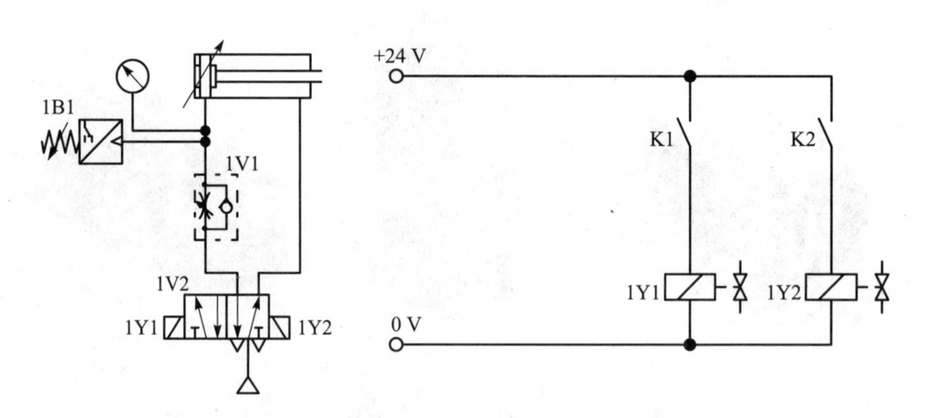

图 3-99　电气控制回路图

（2）按照气动控制回路图和电气控制回路图进行连接并检查。

（3）连接无误后，打开气源，观察气缸运行情况是否符合控制要求。

（4）对实验中出现的问题进行分析和解决。

（5）实验完成后，将各元件整理后放回原位。

3.13　塑料圆管熔接装置

如图 3-100 所示，利用电热熔接压铁将卷在金属滚筒上的塑料板片高温熔接成圆管。熔接压铁安装在一个双作用气缸活塞杆的前端。为防止压铁损伤金属滚筒，用带有压力表的调压阀将最大气缸压力调至4bar。气缸活塞杆在按下按钮后伸出，完全伸出时压铁对塑料板片进行熔接。气缸活塞只有在压铁到达设定位置并且压力达到3bar时才能回缩。

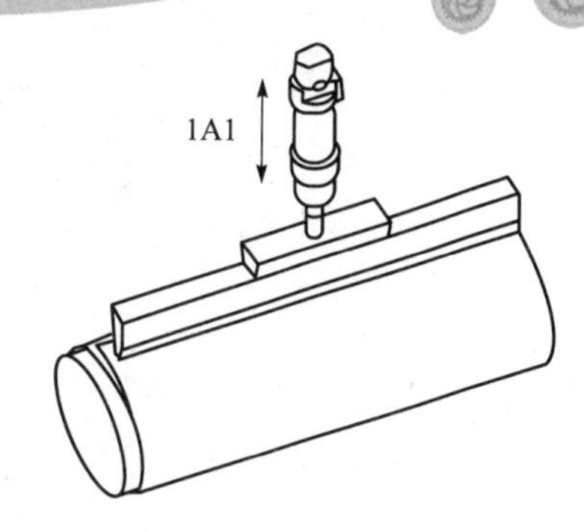

图3-100　塑料圆管熔接装置示意图

为保证熔接质量，应对气缸活塞杆的伸出进行节流控制。调节节流阀使得压力在气缸活塞杆完全伸出后3s才增至3bar，这时塑料板片在高温和压力的作用下熔接成了一个圆管。

为方便将熔接完成的塑料圆管取下，新的一次熔接过程必须在气缸活塞完全缩回2s后才能开始。通过一个定位开关可将这个加工过程切换到连续自动循环工作状态。

本任务是对前述各种类型基本回路的一个综合应用。在进行回路设计时，我们可以把课题控制要求分割成3个部分分别进行分析和设计。

1）气缸活塞伸出控制

气缸活塞伸出控制条件有3个：按钮用于单循环工作的启动；定位开关用于连续循环工作的启动；气缸完全缩回停顿2s用于保证圆管的取下和放上新的板片。

按钮和定位开关都可以启动气缸的动作，它们的关系是“或”的关系。它们的输出可以通过梭阀来连接，梭阀的输出，即为按钮与定位开关这两个条件“或”的结果。气缸完全缩回2s可以用延时阀和检测气缸活塞回缩到位的行程阀连接实现。延时阀输出与梭阀的输出这两个条件应在全部满足后，气缸活塞才能伸出，所以这两个条件是“与”的关系。它们可以通过双压阀或串联方式连接来实现。

假设按钮信号为条件X，定位开关信号为条件Y，延时阀输出信号为条件Z，则气缸活塞伸出的条件$A=(X+Y)Z$。

2）气缸活塞缩回控制

气缸活塞返回条件有两个：一是活塞杆完全伸出，另一个是熔接压力达到3bar。因此就需要一个用于检测气缸活塞完全伸出的行程阀和一个检测气缸无杆腔压力的压力顺序阀。这两个条件必须全部满足后气缸活塞才能缩回，所以它们之间是“与”的关系。

对气缸活塞伸出进行进气节流，并通过调节节流阀开度降低无杆腔压力上升速度，就可以满足本任务要求中提出的“3s后增至3bar”的要求，而不应用延时阀来实现3s的延时。

3）压力调节

根据课题要求应保证气缸最高压力为4bar，这个可以通过在主控阀输入口安装调压阀解决。

3.13.1　塑料圆管熔接装置气控回路设计

1. 纯气控回路

气动控制回路图如图3-101所示。

2. 电气控制回路

电气控制回路图如图3-102所示。

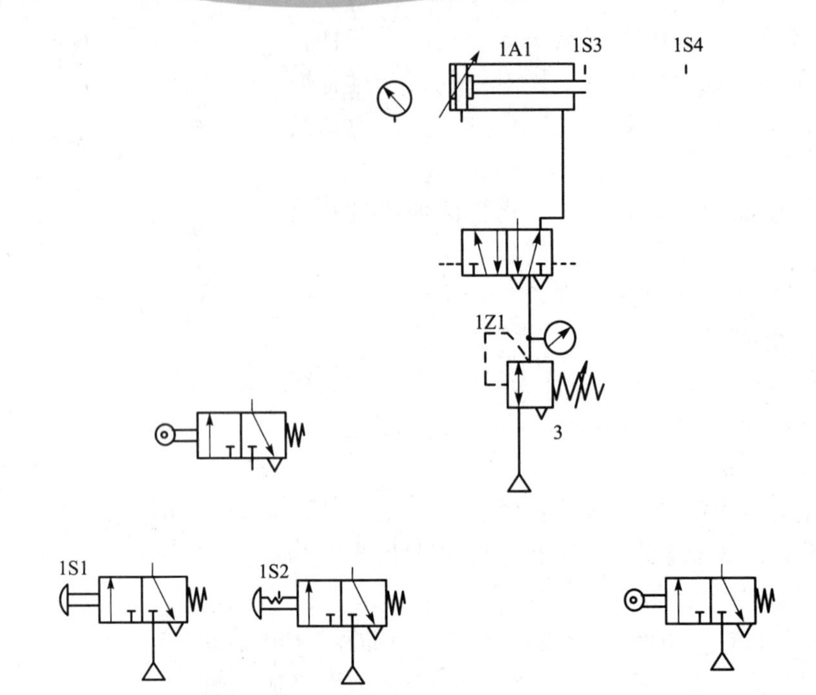

图 3-101　气动控制回路图

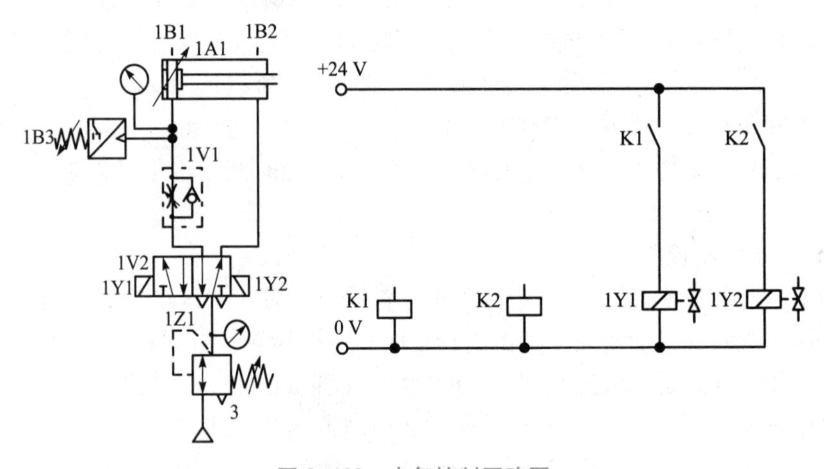

图 3-102　电气控制回路图

3. 操作练习

（1）根据课题说明完成气动控制回路图和电气控制回路图。

（2）按照气动控制回路图和电气控制回路图进行连接并检查。

（3）连接无误后，打开气源，观察气缸运行情况是否符合控制要求。

（4）对实验中出现的问题进行分析和解决。

（5）实验完成后，将各元件整理后放回原位。

（6）分析回路，找出其中与行程控制、速度控制、时间控制和压力控制相关的部分和元件。

知识拓展

气动人工肌肉由外部提供的压缩空气驱动，作推拉动作，其过程就像人体的肌肉运动。它可以提供很大的力量，而质量却比较小，最小的气动人工肌肉质量只有10g。气动人工肌肉会在达到推拉极限时自动制动，不会突破预定的范围。多个气动人工肌肉可以按任意方向、位置组合，不需要整齐的排列。

气动肌肉的应用实例

有气动肌肉构建的机器人

日本大阪大学细田实验室（Hosoda Laboratory）的研究人员开发出了两款机器人Pneuborn-7Ⅱ和Pneuborn-13，这是两种肌肉—骨骼婴儿机器人系统。它们使用气动肌肉系统作为驱动。

Pneuborn-7Ⅱ全身拥有19个气动肌肉组件，它还拥有一根脊柱，上面有三个灵活的运动关节。一个基于中枢模式发生器（CPGs）的算法系统，经过优化之后可以让机器人实现自动爬行，而无须用到人工智能或其他高级感应器。

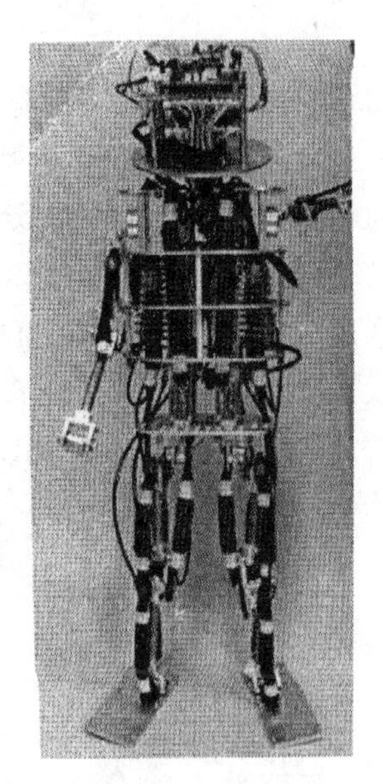

Pneuborn-13有18个气动肌肉组件，主要集中于踝关节，膝盖和臀部，以便增强其两足行走时保持平衡的能力。它缺乏脊柱系统，但仍然能保持直立姿态，并进行行走运动。

除了气动肌肉能构建机器人外，它还能在飞行器（仿生鸟）、位移测量等各方面被采用。由于它的工作原理类似于人的肌肉，所以随着气动肌肉技术不断完善，它必将在各领域发挥更大的作用。

本章小结

通过13个任务的学习，我们初步掌握了气动控制的基本组成，各种控制阀的结构和工作原理。在学习过程中，对于每个学习任务首先要理解任务的要求（或动作过程），再根据需要完成的任务来针对性的学习各类阀的结构和工作原理，理解纯气控方式和电气控制方式的优缺点，掌握各类常见气控回路中的传感器使用方法，按照操作步骤完成气控回路的设计。

在本章中，消除气控回路中故障信号是一个十分有用、也是必须学会的任务。在学习过程中，我们需要仔细理解障碍信号的产生及危害，通过程序框图、X-D图来找出障碍信号，通过三种方法来消除障碍信号，从而使气控回路能有效、稳定的工作。

习　题

1. 气动回路图在绘制时有哪些注意点？

2. 什么是方向控制阀？单向阀和换向阀各有什么功能？

3. 换向阀有哪些操控方式，分别是如何实现换向的？

4. 换向阀名称中的“通”和“位”分别代表什么含义？在图形符号中是如何表示的？

5. 什么是截止阀和滑阀，它们在结构上有什么不同？

6. 直接控制与间接控制的主要区别是什么？各适用于什么场合？

7. 对本章内容进行总结，找出其用到的所有电气控制元件，说明其名称和作用并画出相应图形符号。

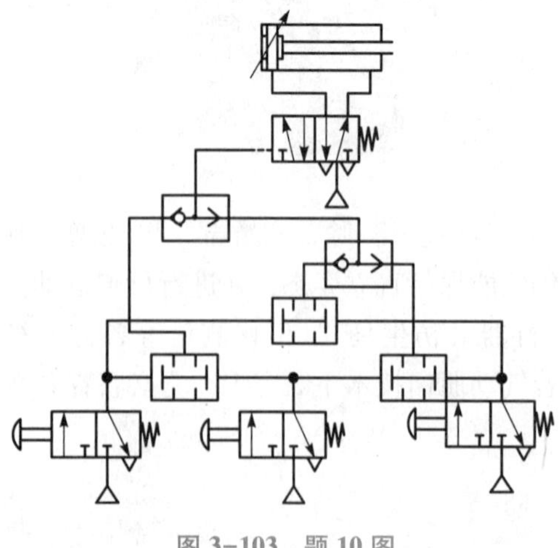

图3-103　题10图

8. 双压阀与梭阀分别有什么功能？为什么气动回路中“与”逻辑可以直接用串联实现，而“或”逻辑不能直接用并联实现？

9. 双手操作有什么作用？在气动控制和电气控制中如何实现？

10. 请分析说明图3-103所示回路具有什么功能？

11. 常用的位置传感器主要有哪几种，它们的图形符号是怎样的，在使用上有什么不同？

12. 请分析图3-104所示回路在启动后，各缸如何动作并画出位移步骤图。

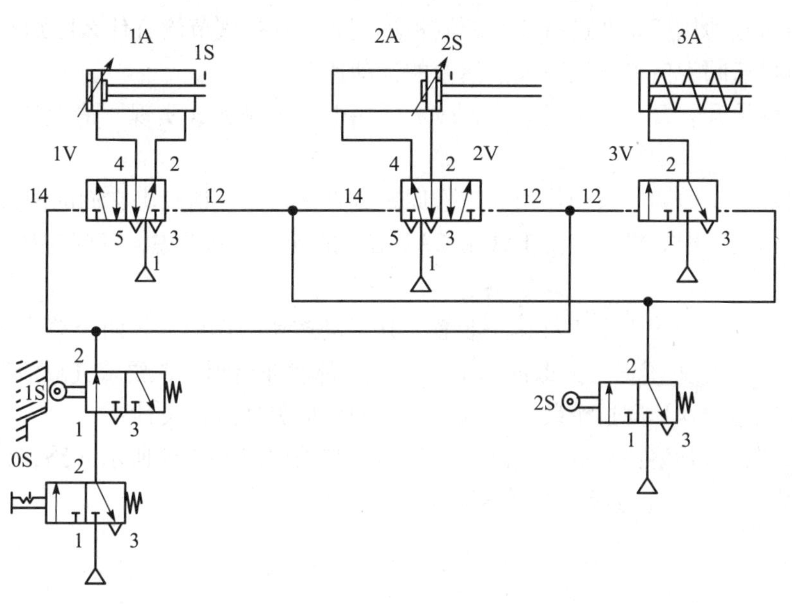

图 3-104　题 12 图

13. 对照本章介绍的先导式电磁换向阀，分析图 3-105 所示的先导式行程阀是如何实现换向的。

14. 图 3-106 所示的气动机械手动作顺序为：送料缸伸出送料—爪手下降—爪手抓取工件—爪手上升—送料缸退回—摆动缸顺时针转 180°—放开工件—摆动缸转回，即 D_0-B_1-C_0-B_0-D_1-A_1-C_1-A_0。利用 X-D 图判断回路中哪些信号是障碍信号，并用逻辑回路法进行排除。

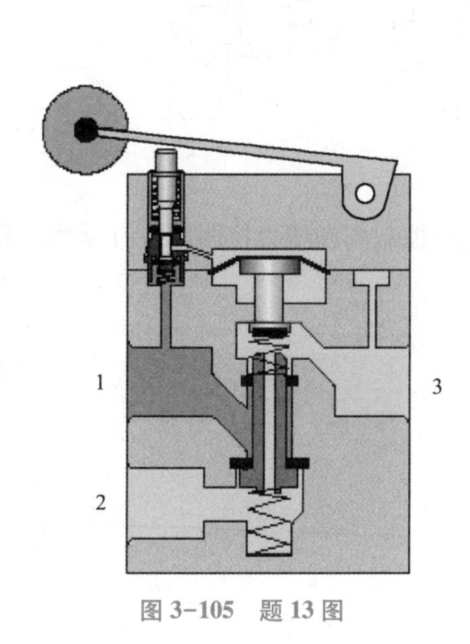

图 3-105　题 13 图

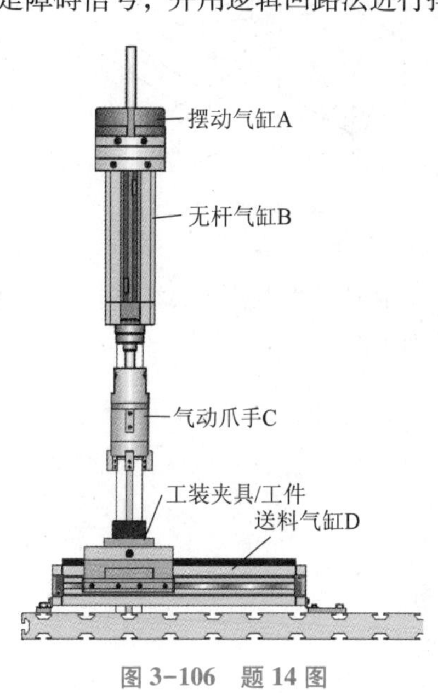

图 3-106　题 14 图

15. 利用 X-D 图对 $A_1A_0B_0B_1$ 的动作顺序进行分析，判断有无障碍信号。如有，则进行排除，并画出气动控制回路图。如果将气动控制回路改用电气控制，应如何设计？

16. 如何对气动执行元件进行速度控制？进气节流和排气节流有什么区别？

17. 快速排气阀为何可以提高气缸活塞的运动速度？

18. 将工件抬升装置和木条切断装置改为采用电气控制方式实现，请设计并画出电气控制回路图。

19. 延时阀、压力顺序阀的作用和工作原理分别是什么？请画出它们的图形符号。

20. 碎料压实机中如果将气缸 1A1 和 2A1 活塞的动作共同考虑，请问应如何设计其控制回路？

21. 图 3-107 所示为一个工件摆正装置。在手动按钮的作用下，两个单作用气缸活塞同时伸出对工件进行位置摆正。为保证两个气缸活塞都能伸出到位，要求气缸活塞伸出开始计时，2 秒后才能退回。请问这个装置的气动控制回路应怎样进行设计？

22. 如果塑料圆管熔接装置中气缸活塞伸出控制采用图 3-108 所示回路，请问其中存在什么样的错误，会对动作造成什么样的影响？

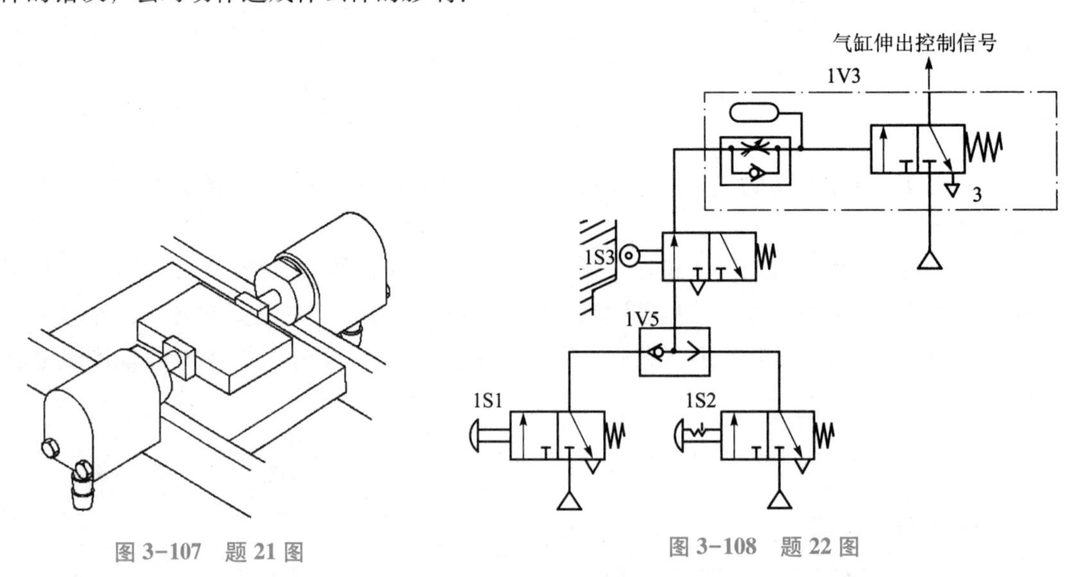

图 3-107　题 21 图　　图 3-108　题 22 图

23. 根据本章内容，总结常用的方向控制阀、流量控制阀和压力控制阀各有哪些，分别有什么作用？

第4章 气压传动的应用实例

【本章知识点】

1. 气压传动应用实例分析
2. 分组供气法排除障碍信号的方法

【背景知识】

气动技术作为实现工业生产自动化的重要手段之一日益受到人们的重视。近年来，气动技术在小型化、集成化和无油化等方面得到迅速发展，在现代工业的各个领域也越来越得到更广泛的应用，其工作可靠性、元件使用寿命、电气一体化程度均得到大大提高。

本章在前述气动基本回路的基础上，简单介绍气动技术在机械行业中的几个应用实例。

4.1 气动钻床的气压传动系统

4.1.1 工作过程

专用气动钻床的结构如图4-1所示。它利用一个双作用气缸对工件进行夹紧，并利用另一个双作用气缸实现钻头的进给。其工作过程为：放上工件后启动，气缸1A活塞杆伸出，夹紧工件→气缸2A活塞杆伸出，对工件进行钻孔→钻孔结束后，气缸2A活塞杆缩回→气缸1A活塞杆缩回，松开工件。

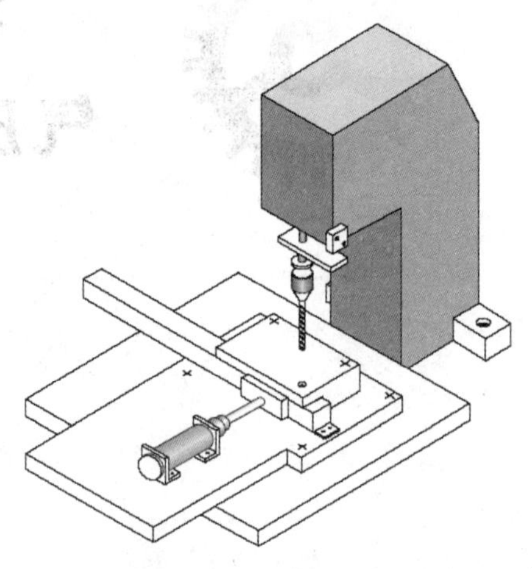

图4-1 气动钻床示意图

4.1.2 气动控制回路

图4-2所示为气动钻床的气压控制回路图，其中行程阀1S4用于检测工件是否已经放好。根据第3章中介绍的障碍信号分析方法，可以发现这个工作过程中也存在着障碍信号。在这个回路中排除障碍信号采用了一种新的方法：分组供气法。

利用分组供气法排除障碍信号，关键是要把程序中所有行程阀按照一定规律进行分组，并且在任何时刻只对其中一组供气。这样，只要保证任何主控阀两侧的原始信号不在同一组，就能将障碍信号排除。分组供气的方法和利用X-D图排障的本质都是一样的，采用这种方法，在分组较少时，回路设计比较直接、快捷；但在分组较多时，回路会很复杂。

对气缸动作程序进行分组时，应保证每个气缸的动作在每组中只出现一次。在这个气动回路中，根据工作过程动作程序可分为两组：缸1A活塞伸出、缸2A活塞伸出为第一组；缸2A活塞缩回、缸1A活塞缩回为第二组。对应每组中气缸活塞动作到位的行程阀信号1S2、2S2为第一组，2S1和1S1为第二组。

该分组供气回路由具有记忆功能的双气控换向阀0V来实现换组。换组信号是每组最后一个动作完成时发出的行程阀信号，即：第一组最后一步动作缸2A活塞伸出的完成信号2S2，第二组最后一步动作缸1A活塞缩回的完成信号1S1。所以当2S2发出信号，换向阀0V切换到右位，使S2供气线路能够给第二组的两个行程阀2S1和1S1供气；当1S1发出信号并且工件已经放好（1S4）和按下了启动按钮（1S3），则换向阀0V切换至左位，使S1供气线路可以给第一组的两个行程阀1S2、2S2供气。

单向节流阀2V3使钻孔速度稳定可调，快速排气阀2V2使钻孔完成后钻头能够快速退回。图4-2中的各气控换向阀气控口的画法为旧画法，与标准画法略有不同。

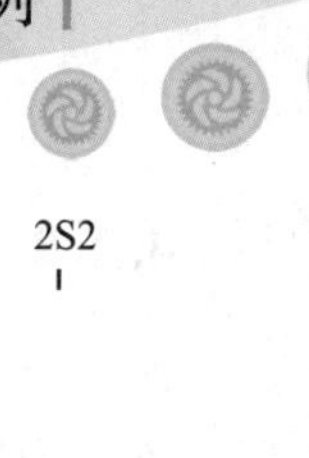

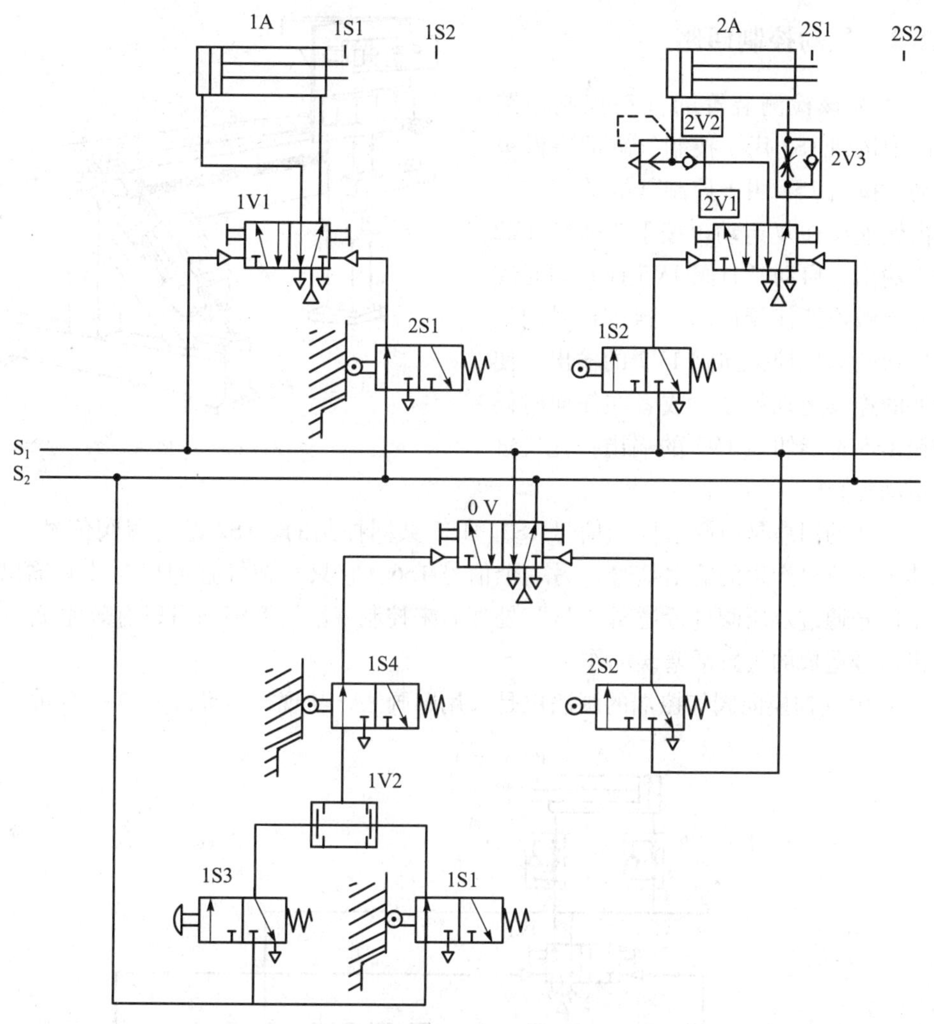

图 4-2　气动钻床气动控制回路图

4.2　零件使用寿命检测装置

4.2.1　工作过程

如图 4-3 所示的零件使用寿命检测装置是利用双作用气缸活塞的伸缩运动带动一个零件长时间翻转以测试该零件的使用寿命。气缸活塞的运动由 3 个按钮控制：一个按钮控制活塞在一段时间内做连续往复运动；另一个按钮可以使连续往复运动随时停止；第三个按钮可以控制活塞做单往复运动。

4.2.2 气动控制回路

图 4-4 为该检测装置的气动控制回路图。在图中按钮 1S3 用于控制气缸活塞做单往复运动。按钮 1S4 用于控制气缸活塞在一段时间内做连续往复运动。按下 1S4 使 1V2 换向产生输出，启动延时阀 1V5 计时同时气缸活塞开始做连续往复运动，到达延时阀设定时间后切断双气控换向阀 1V2 的输出，使气缸活塞的连续运动停止。或者在任何时候按下按钮 1S5 都能切断 1V2 的输出，让气缸的往复运动停止。

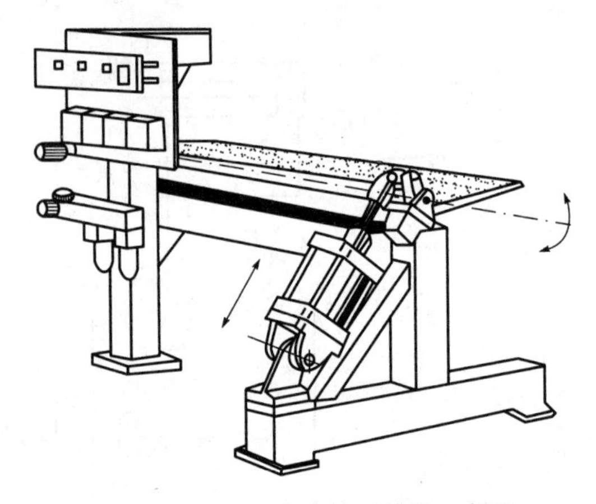

图 4-3　零件使用寿命检测装置示意图

气缸活塞的回缩是由两个控制信号 1S2、1S6 共同控制的。1S2 是行程阀信号，是在气缸活塞伸出到位时产生的输出信号；另一个信号 1S6，它只有在气缸伸出时才有输出信号。将这两个信号通过双压阀进行逻辑“与”处理后来控制气缸活塞缩回可以有效避免一旦 1S2 错误发出信号造成的气缸活塞误动作。

图 4-4 中气控换向阀气控端的画法也是采用旧画法，与现行标准画法有所不同。

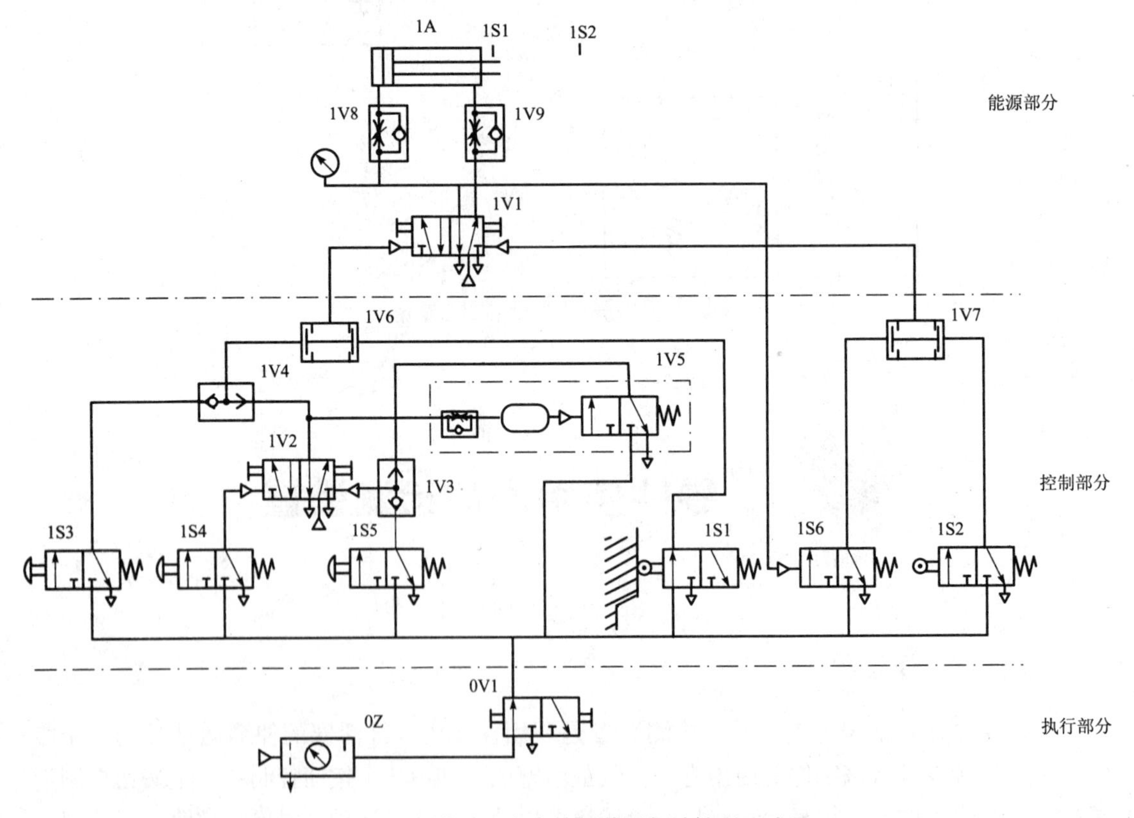

图 4-4　零件使用寿命检测装置气动控制回路图

4.3 气动技术在数控机床中的应用

在数控机床上，气动装置由于其结构简单、无污染、工作速度快、动作频率高、具有良好过载安全性等特点，常用于完成频繁启动的辅助动作或功率要求不大、精度要求不高的场合，如工件装卸、刀具更换等。

4.3.1 H400 加工中心的气压传动系统

H400 卧式加工中心的工作台夹紧及刀具的松开和拉紧、工作台的交换、鞍座的定位与锁紧以及刀库的移动均采用了气压传动。

1. 工作台夹紧回路

图 4-5 所示为 H400 加工中心的工作台夹紧回路。该加工中心可交换的工作台固定在鞍座上，由 4 个带定位锥的气缸夹紧。为使夹紧速度可调并避免夹紧时产生压力冲击，采用两个单向节流阀对气缸活塞进行进气节流速度控制。工作台通过两个可调工作点的压力开关 YK3、YK4 的输出信号作为气缸夹紧和松开的完成信号。

2. 交换台抬升回路

交换台是 H400 加工中心双工作台交换的关键部件。交换台抬升也采用气压传动，其回路图如图 4-6 所示。由于交换台提升负载较大（达 12 000 N），气缸活塞回缩时为避免在重力（负值负载）的作用下造成较大的机械冲击和对机械部件造成损伤，所以对气缸活塞运动采用了排气节流调速。图 4-6 所示回路中的接近开关 LS16 和 LS17 用于气缸活塞位置检测来实现整个过程的行程控制。

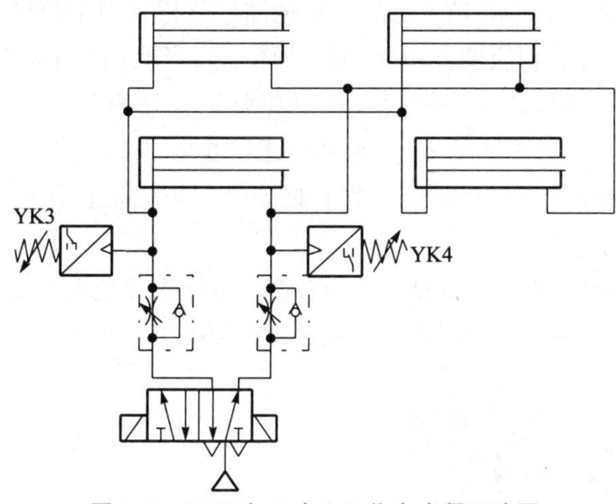

图 4-5　H400 加工中心工作台夹紧回路图

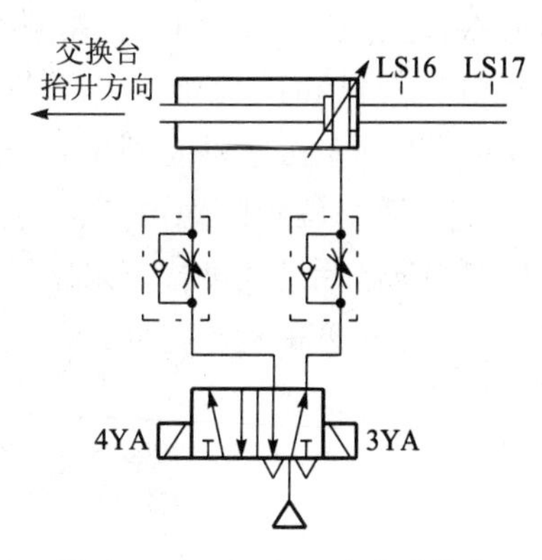

图 4-6　H400 加工中心交换台抬升回路图

4.3.2 VMC750E加工中心的气压传动系统

VMC750E型立式加工中心在换刀时刀库的摆动、刀套的翻转、主轴孔内刀具拉杆的向下运动、主轴吹气、油气润滑单元排送润滑油以及数控转台的刹紧松开等部分均采用了气压传动。

图4-7所示为该加工中心盘式刀库摆动的气动回路图。在图中电磁换向阀0V1一方面控制着回路气源的通断，同时也控制着两个单端气控二位二通换向阀1V1、1V2输出口的通断。

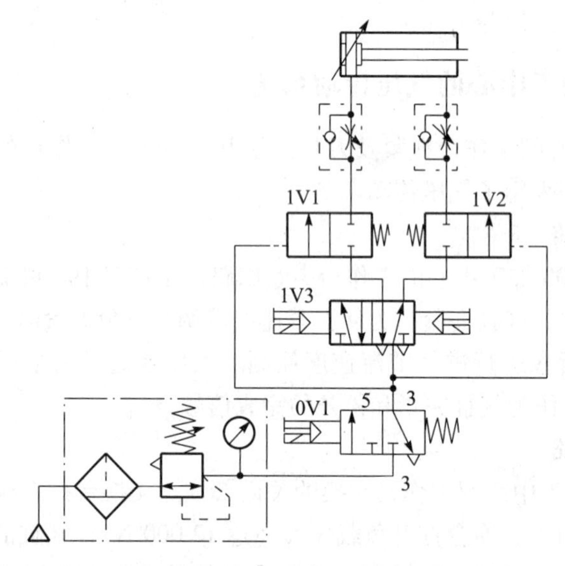

图4-7　VMC750E加工中心盘式刀库回路图

当换向阀0V1的电磁线圈得电时，一方面接通了回路的气源；另一方面让换向阀1V1和1V2的通口由断开变为导通，使气缸与主控换向阀1V3之间形成通路。这样，当主控换向阀1V3的换向信号到来时，气缸活塞就能完成相应的伸出和缩回动作。而当换向阀0V1的电磁线圈失电时，其输出信号被切断，换向阀1V1和1V2在复位弹簧作用下迅速复位，气缸进气口和排气口均处于封闭状态，使气缸活塞的运动迅速停止。所以气控换向阀1V1和1V2在这里起到了让气缸活塞在任意位置迅速停止的作用，并能防止切断气源后气缸活塞位置随意改变。

回路中气缸活塞速度控制采用了两个单向节流阀进行排气节流控制。这样主要是为了能有效降低气缸活塞的运动速度，防止刀具在翻转过程中因运动速度过快而被甩出。

本章小结

本章简单介绍了几个气压传动系统在机械行业中的应用实例，进一步说明气动技术在现

代工业中的广泛应用。通过对各实例中气动回路的分析，进一步提高读者对气动控制回路的分析和设计能力。

思　考　题

1. 详细分析气动钻床的气动控制回路图，说明其动作全过程。
2. 参照气动钻床所用的分组供气法，对顺序为 $A_0 \rightarrow A_1 \rightarrow B_1 \rightarrow B_0$ 的行程程序进行回路设计。
3. 详细分析零件使用寿命检测装置的气动控制回路，说明其动作全过程。
4. 说明在 H400 加工中心工作台夹紧回路中，为何采用进气节流？
5. 简述 VMC750E 加工中心盘式入库回路中 0V1、1V1 和 1V2 的作用。

第 5 章 液压传动的基础知识

【本章知识点】

1. 液压油的作用、性能、分类和选择
2. 液体的静力学和动力学特性
3. 测量仪表的工作原理
4. 液体流动的压力损失、空穴现象和液压冲击现象分析

【背景知识】

液压传动与气压传动不同，它所用的传动介质是液体。要能够理解液压元件、液压系统的构成和工作原理，掌握液压回路的设计方法，首先应对液压油的基本特性、液体的基本物理学规律以及与液压传动相关的物理现象有一定的了解。

5.1 液压油

在液压传动中，最常用的工作介质是液压油。液压系统能否按设计要求可靠有效地工作，在很大程度上取决于系统中所用的液压油。

5.1.1 液压油的作用、性能和分类

1. 液压油的作用

作为液压传动介质的液压油主要有以下功能：

(1) 传动：把油泵产生的压力能传递给执行部件。

(2) 润滑：对泵、阀、执行元件等运动部件进行润滑。

(3) 密封：保持油泵所产生的压力。

(4) 冷却：吸收并带出液压装置所产生的热量。

(5) 防锈：防止液压系统中所用的各种金属部件锈蚀。

(6) 传递信号：传递信号元件或控制元件发出的信号。

(7) 吸收冲击：吸收液压回路中产生的压力冲击。

2. 对液压油的要求

液压油作为液压传动与控制中的工作介质，在一定程度上决定了液压系统的工作性能。特别是在液压元件已经定型的情况下，液压油的良好性能与正确使用更加成为系统可靠工作的重要前提。为了保证液压设备长时间的正常工作，液压油必须与液压装置完全适应。不同的工作机械、不同的使用情况对液压油的要求也各不相同。

近年来随着液压系统、液压装置性能的不断提高，对液压油的品质也提出了更高的要求。液压油主要应具有的性能有：

(1) 具有合适的黏度和良好的黏度-温度特性，在实际使用的温度范围内，油液黏度随温度的变化要小，液压油的流动点和凝固点低。

(2) 具有良好的润滑性，能对元件的滑动部位进行充分润滑，能在零件的滑动表面上形成强度较高的油膜，避免干摩擦，能防止异常磨损和卡咬等现象的发生。

(3) 具有良好的安定性，不易因热、氧化或水解而生成腐蚀性物质、胶质或沥青质，沉渣生成量小，使用寿命长。

(4) 具有良好的抗锈性和耐腐蚀性，不会造成金属和非金属的锈蚀和腐蚀。

(5) 具有良好的相容性，不会引起密封件、橡胶软管、涂料等的变质。

(6) 油液质地纯净，污染物较少；当污染物从外部侵入时，能迅速分离。液压油中如含有酸碱，会造成机件和密封件腐蚀；含有固体杂质，会对滑动表面造成磨损，并易使油路发生堵塞；如果含有挥发性物质，在长期使用后会使油液黏度变大，同时在油液中产生气泡。

(7) 应有良好的消泡性、脱气性，油液中裹携的气泡及液面上的泡沫应比较少，且容易

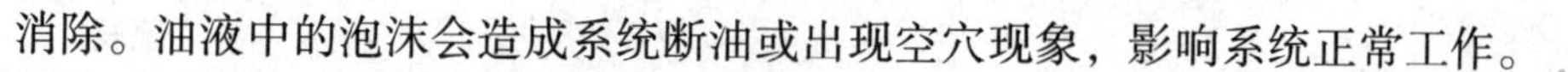

消除。油液中的泡沫会造成系统断油或出现空穴现象，影响系统正常工作。

（8）具有良好的抗乳化性，对于不含水液压油，油液中的水分容易分离。在油液中混入水分会使油液乳化，降低油的润滑性能，增加油的酸性，缩短油液的使用寿命。

（9）油液在工作中发热和体积膨胀都会造成工况的恶化，所以油液应有较低的体积膨胀系数和较高的比热容。

（10）具有良好的防火性，闪点（即明火能使油面上的蒸气燃烧，但油液本身不燃烧的温度）和燃点高，挥发性小。

（11）压缩性尽可能小，响应性好。

（12）不得有毒性和异味，易于排放和处理。

3. 液压油的分类

液压油在液压设备中除了传递能量外，还具有润滑、冷却、密封、防锈等多种用途，并且不同的应用场合和系统组成对油液的要求也各不相同，所以液压油的成分受到严格限制。随着液压技术的发展，液压油的使用条件日益复杂，液压油的种类也日益繁多。

关于液压油的品种，国内外曾采用过许多不同的标准进行分类。1987 年我国等效采用 ISO 标准制定了国家标准 GB/T 7631. 2—1987，对液压油进行了品种分类。我国液压油（液）的分类、品种符号以及随后的产品代号、名称和质量水平与世界主要国家的表示方法完全相同。

目前，我国各种液压设备所采用的液压油，按抗燃烧性可分矿物油型（石油基液压油）和不燃或难燃油型（抗燃油型）。

矿物油系的主要成分是提炼后的石油制品加入各种添加剂精制而成。这种液压油润滑性好，腐蚀性小，化学稳定性好，是目前最常用的液压油，几乎 90% 以上的液压设备中都是使用这种类型的液压油。为满足液压装置的特殊要求，可以在基油中配合添加剂来改善性能。液压油的添加剂主要有抗氧化剂、防锈剂、抗磨剂、消泡剂等。

不燃或难燃液压油系可分为水基液压液（含水液压液）和合成液压液两种。水基液压液的主要成分是水，加入了某些具有防锈和润滑等作用的添加剂。它具有价格便宜、抗燃等优点，但润滑性能差，腐蚀性大，适用温度范围小。因此，它一般用于水压机、矿山机械和液压支架等特殊场合。合成液压液由多种膦酸酯和添加剂用化学方法合成，其优点是润滑性能好、凝固点低、防火性能好，缺点是黏温性和低温性能差，价格昂贵、有毒。因此，这种合成液压油一般用于钢铁厂、压铸车间、火力发电厂和飞机等有高等级防火要求的场合。目前以水作为液压传动介质的研究，也得到了越来越多的重视。

液压油按 ISO 的分类见表 5-1。

表 5-1　ISO 的液压油分类

类　别	组成与特性	代　号
石油基液压油	无添加剂的石油基液压油	L-HH
	HH+抗氧化剂、防锈剂	L-HL
	HL+抗磨剂	L-HM
	HL+增黏剂	L-HR

续表

类别		组成与特性	代号
石油基液压油		HM+增黏剂	L-HV
		HM+防爬剂	L-HG
难燃液压液	含水液压液	高含水液压液	L-HFA
		油包水乳化液	L-HFB
		水乙二醇	L-HFC
	合成液压液	磷酸酯	L-HFDR
		氯化烃	L-HFDS
		HFDR+HFDS	L-HFDT
		其他合成液压液	L-HFDU

5.1.2　液压油的物理性质

1. 密度

密度是指单位体积油液的质量，单位为 kg/m^3 或 g/mL。体积为 V，质量为 m 的液体密度 $\rho = m/V$。

对于常用的矿物油型液压油，它的体积随着温度的上升而增大，随着压力的增大而减小，所以其密度随着温度的上升而减小，随着压力的增大而稍有增加。但由于其随压力的变化较小，一般中低压系统中可以认为其为常数。在相同的流量下，系统的压力损失和油液的密度成正比，它对泵的自吸能力也有影响。

2. 黏度

液体受外力作用而流动时，由于液体与固体壁面之间的附着力和液体本身之间的分子间内聚力的存在，使液体的流动受到牵制，导致在流动截面上各点的液体分子的流速各不相同。运动快的液体分子带动运动慢的，运动慢的对运动快的起阻滞作用。这种由于流动时液体分子间存在相对运动而导致相互牵制的力称为液体的内摩擦力或黏滞力，而液体流动时产生内摩擦力的这种特性称为液体的黏性。从它的定义可以看出，液体只有在流动（或有流动趋势）时才呈现出黏性，处于静止状态时是不呈现黏性的。

黏度是表征液体流动时内摩擦力大小的量，是衡量液体黏性大小的指标，也是液压油最重要的性质。油液黏度大可以降低泄漏，提高润滑效果，但会使压力损失增大，动作反应变慢，机械效率降低，功率损耗增大；油液黏度低可实现高效率小阻力的动作，但会增加磨损和泄漏，降低容积效率。

通常用黏度单位来表示黏度的大小，我国常用的黏度单位有3种：动力黏度、运动黏度和相对黏度。

1）动力黏度

动力黏度指的是液体在单位速度梯度下流动时单位面积上产生的摩擦力。它的物理意义是：面积为 1 cm^2，相距为 1 cm 的两层液体，以 1 cm/s 的速度相对运动，此时所产生的内

摩擦力大小。动力黏度用μ表示。从动力黏度的物理意义中可以看出，液体黏性越大，其动力黏度值也越大。动力黏度在法定计量单位中，是用帕·秒（Pa·s）表示。

2）运动黏度

运动黏度是指在相同温度下，液体的动力黏度μ与它的密度ρ之比，用v表示，即：

$$v=\mu/\rho \tag{5.1}$$

运动黏度的法定计量单位为m^2/s，目前使用的单位还有斯（符号为st）和厘斯（符号为cst），1cst（mm^2/s）$=10^{-2}$st（cm^2/s）$=10^{-6}\ m^2/s$。

就物理意义而言，v并不是一个直接反映液体黏性的量，但习惯上常用它表示液体的黏度。液压传动介质的黏度等级是以40 ℃时的运动黏度（以mm^2/s计）的中心值来划分的。如L-HL22型液压油在40 ℃时运动黏度中心值为22 mm^2/s。

3）相对黏度

液体黏度可以通过旋转黏度计直接测定，也可先测出液体的相对黏度，然后再根据关系式换算出动力黏度或运动黏度。相对黏度又称条件黏度，是根据一定的测量条件测定的。我国采用的是恩氏黏度（$°E$），它是用恩氏黏度计测量得到的。

恩氏黏度的测量方法是：将200 ml的被测油液放入特制的容器（恩氏黏度计）内，加热到温度t ℃后，让它从容器底部一个直径$\phi=2.8$ mm的小孔中流出，测出液体全部流出所用的时间t_1；然后与流出同样体积的20 ℃的蒸馏水所需时间t_2相比，比值即为该油液在温度t ℃时的恩氏黏度，用$°E_t$表示。一般常以20 ℃、50 ℃和100 ℃作为测定液体黏度的标准温度，由此得到的恩氏黏度用$°E_{20}$、$°E_{50}$和$°E_{100}$标记。

液体的黏度是随液体的温度和压力的变化而变化的。液压油对温度的变化十分敏感，温度上升，黏度下降；温度下降，黏度上升。这主要是由于温度的升高会使油液中的分子间的内聚力减小，降低了流动时液体分子间的内摩擦力。不同种类的液压油其黏度随温度变化的规律也不相同。通常用黏度指数度量黏度随温度变化的程度。液压油的黏度指数越高，它的黏度随温度的变化就越小，其黏温特性也越好，该液压油应用的温度范围也就越广。液压油随压力的变化相对较小。压力增大时，液体分子间的距离变小，黏度增大。但在低压系统中其变化量很小，可以忽略不计。但在高压时，液压油的黏性会急剧增大。

3. 压缩率和体积弹性模量

液体受压力作用而发生体积变小的性质称为液体的可压缩性。在压力作用下液压油的体积变化，用压缩率β表示，即单位压力变化下的体积相对变化量来表示。而油液的体积弹性模量K则是压缩率β的倒数。

一般情况下可以把液压油当成是不可压缩的。但在需要精密控制的高压系统中，油液的压缩率或体积弹性模量就不能忽略不计。由于压缩率随压力和温度而增加，所以它对带有高压泵和马达的液压系统也有着重要的影响。另外在液压设备工作过程中，液压油中总会混进一些空气，由于空气具有很强的可压缩性，所以这些气泡的混入会使油液的压缩率大大提高，所以在进行液压系统设计时应考虑到这方面的因素。

温度对油液体积的影响一般也可以忽略不计，但对于容积很大的密闭液体，则应注意因温度升高而引起的膨胀，这种膨胀产生很高的压力，往往会使液压系统的某些薄弱部位破裂，造成设备损坏或引发事故。

4. 其他性质

液压油除以上的几项主要性质外，还有比热容、润滑性、抗磨性、稳定性、挥发性、材料相容性、难燃性、消泡性等多项其他性质。这些性质对液压油的选择和使用都有着重要影响，其中大多数性质可以通过在油液中加入各种添加剂来获得，具体说明请参见相关资料或产品说明。

5.1.3 液压油的选择

正确合理地选择液压油是保证液压元件和液压系统正常运行的前提。合适的液压油不仅能适应液压系统各种环境条件和工作情况，对延长系统和元件的使用寿命，保证设备可靠运行，防止事故发生也有着重要作用。

选择液压油通常按以下3个基本步骤进行：

(1) 列出液压系统对液压油（液）各方面性能的变化范围要求：黏度、密度、温度范围、压力范围、抗燃性、润滑性、可压缩性等。

(2) 能够同时满足所有性能要求的液压油是不存在的，应尽可能选出接近要求的液压油品种。可以从液压油生产企业及其产品样本中获得工作介质的推荐资料。

(3) 综合、权衡、调整各方面的要求参数，决定所采用的液压油类型。

对于各类液压油，需要考虑的因素很多，其中黏度是液压油的最重要的性能指标之一。它的选择合理与否，对液压系统的运动平稳性、工作可靠性与灵敏性、系统效率、功率损耗、气蚀现象、温升和磨损等都有显著影响。选择了黏度不符合要求的液压油，无法保证系统正常工作甚至可能造成系统不工作。所以要想充分发挥液压设备的作用，保证其正常良好运作，在选用液压油时，就应根据具体情况或系统要求选择合适黏度的液压油和适当的油液种类。通常，液压油可以根据以下几方面进行选择：

1. 根据环境条件选用

选用液压油时应考虑液压系统使用的环境温度和环境恶劣程度。矿物油的黏度由于受温度的影响变化很大，为保证在工作温度时有较适宜的黏度，必须考虑周围环境温度的影响。当温度高时，宜选用黏度较高的油液；周围环境温度低时，宜选用黏度低的油液。对于恶劣环境（潮湿、野外、温差大）就应对液压油的防锈性、抗乳化性及黏度指数重点考虑。油液抗燃性、环境污染的要求、毒性和气味也是应考虑的因素。

2. 根据工作压力选用

选择液压油时，应根据液压系统工作压力的大小选用。通常，当工作压力较高时，宜选用黏度较高的油，以免系统泄漏过多，效率过低；工作压力较低时，可以用黏度较低的油，这样可以减少压力损失。凡在中、高压系统中使用的液压油还应具有良好的抗磨性。

3. 根据设备要求选用

1）根据液压泵的要求选择

液压油首先应满足液压泵的要求。液压泵是液压系统的重要元件，在系统中它的运动速度、压力和温升都较高，工作时间又长，因而对黏度要求较严格，所以选择黏度时应首先考虑到液压泵。否则，泵磨损快，容积效率降低，甚至可能破坏泵的吸油条件。在一般情况下，可将液压泵要求液压油的黏度作为选择液压油的基准。液压泵所用金属材料对液压油的

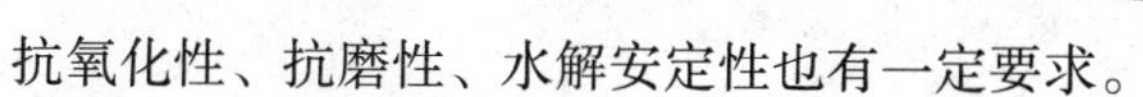

抗氧化性、抗磨性、水解安定性也有一定要求。

2）根据设备类型选择

精密机械设备与一般机械对液压油的黏度要求也是不同的。为了避免温度升高而引起机件变形，影响工作精度，精密机械宜采用较低黏度的液压油。如机床液压伺服系统，为保证伺服机构动作的灵敏性，宜采用较低黏度的液压油。

3）根据液压系统中运动件的速度选择

当液压系统中工作部件的运动速度很高，油液的流速也很高时，压力损失会随之增大，而液压油的泄漏量则相对减少，这种情况就应选用黏度较低的油液；反之，当工作部件的运动速度较低时，所需的油液的流量很小，这时泄漏量大，泄漏对系统的运动速度影响也较大，所以应选用黏度较高的油液。

4. 合理选用液压油品种

液压传动系统中可使用的油液品种很多，有机械油、变压器油、汽轮机油、通用液压油、低温液压油、抗燃液压油和耐磨液压油等。机械油是最常用的机械润滑油，过去在液压设备中被广泛使用，但由于其在化学稳定性（抗氧化性、抗剪切等）、黏温特性、抗乳化、抗泡沫性以及防锈性能等方面均较差，大多数情况下已无法满足液压设备的要求。变压器油和汽轮机油的某些性能指标较机械油有所提高，但从名称上看这些油主要是为适应变压器、汽轮机等设备的特殊需要而生产的，其性能并不符合液压传动用油的要求。

液压设备一般应选用通用液压油，如果环境温度较低或温度变化较大，应选择黏温特性好的低温液压油；若环境温度较高且具有防火要求，则应选择抗燃液压油；如设备长期在重载下工作，为减少磨损，可选用抗磨液压油。选择合适的液压油品种可以保证液压系统的正常工作，减少故障的发生，还可提高设备的使用寿命。

5.1.4 液压油的污染与控制

液压油的污染是液压系统发生故障的主要原因，液压系统中约80%的故障是由液压油的污染造成。即使是新油往往也含有许多污染物颗粒，甚至可能比高性能液压系统的允许量多10倍。因此正确使用液压油，做好液压油的管理和防污是保证液压系统工作可靠，延长液压元件使用寿命的重要手段。

1. 液压油污染的主要原因

液压油中污染物的来源是多方面的，总体来说可分为系统内部残留、内部生成和外部侵入3种。造成油液污染的主要原因有以下几点：

（1）液压油虽然是在比较清洁的条件下精炼和调制的，但油液运输和储存过程中受到管道、油桶、油罐的污染。

（2）液压系统和液压元件在加工、运输、存储、装配过程中灰尘、焊渣、型砂、切屑、磨料等残留物造成污染。

（3）液压系统运行中由于油箱密封不完善以及元件密封装置损坏、不良而由系统外部侵入的灰尘、沙土、水分等污染物造成污染。

（4）液压系统运行过程中产生的污染物。金属及密封件因磨损而产生的颗粒、通过活塞杆等处进入系统的外界杂质、油液氧化变质的生成物也都会造成油液的污染。

2. 污染的危害

液压油污染会使液压系统性能变坏，经常出现故障，液压元件磨损加剧，寿命缩短。油液对液压系统的危害可大致归纳为以下几点：

（1）固体颗粒使液压元件滑动部分磨损加剧，反应变慢，甚至造成卡死，缩短其使用寿命。

（2）堵塞滤油器，使液压泵运转困难，造成吸空，产生气蚀、振动和噪声。

（3）造成液压元件的微小孔道和缝隙发生堵塞，使液压阀性能下降或动作失灵。

（4）加速密封件的磨损，使泄漏量增大。

（5）液压油中混入水分会使液压油的润滑能力降低并使油液乳化变质，并腐蚀金属表面，生成的锈片会进一步污染油液。

（6）低温时，自由水会变成冰粒，堵塞元件的间隙和孔道。

（7）空气混入液压油会产生气蚀，降低元件机械强度，造成液压系统出现振动和爬行，产生噪声。

（8）空气还能加速油液氧化变质，增大油液的可压缩性。

3. 污染的分析和测定

光谱分析、铁谱分析和红外光谱分析是油液污染成分与含量分析的常用方法。光谱分析可以检测油液中的元素及其含量；铁谱分析可以检测油液中铁磁性颗粒污染物的成分、大小及数量；红外光谱分析可以对油液中的化合物进行定性和定量分析。

液压油的污染程度用污染度来表示。油液污染度是指单位体积油液中固体颗粒污染物的含量，即油液中固体颗粒污染物的浓度。对于其他污染物，则用水含量、空气含量等来表示。

油液污染度的表示方法有很多种，常见的有质量污染度和颗粒污染度两种表示方法。质量污染度是指单位体积油液中固体颗粒污染物的质量，单位为mg/L。颗粒污染度是指单位体积油液中所含各种尺寸固体颗粒污染物的数量。质量污染度一般采用称重法测量。颗粒污染度的测定有显微镜计数法、自动颗粒计数器计数法两种定量方法和显微镜比较法、滤网堵塞法两种半定量方法。

4. 污染的控制措施

对液压油进行良好的管理，保证液压油的清洁，对于保证设备的正常运行，提高设备使用寿命有着非常重要的意义。污染物种类不同，来源各异，治理和控制措施也有较大差别。我们应在充分分析了解污染物来源及种类的基础上，采取经济有效的措施，控制油液污染水平，保证系统正常工作。

对液压油的污染控制工作概括起来有两个方面：一是防止污染物侵入液压系统；二是把已经侵入的污染物从系统中清除出去。污染控制贯穿于液压系统的设计、制造、安装、使用、维修等各个环节。在实际工作中污染控制主要有以下措施：

（1）在使用前保持液压油清洁。

液压油进厂前必须取样检验，加入油箱前应按规定进行过滤并注意加油管、加油工具及工作环境的影响。储运液压油的容器应清洁、密封，系统中漏出来的油液未经过滤不得重新加入油箱。

（2）做好液压元件和密封元件清洗，减少污染物侵入。

所有液压元件及零件装配前应彻底清洗，特别是细管、细小盲孔及死角的铁屑、锈片和灰尘、沙粒等应清洗干净，并保持干燥。零件清洗后一般应立即装配，暂时不装配的则应妥善防护，防止二次污染。

（3）使液压系统在装配后、运行前保持清洁。

液压元件加工和装配时要认真清洗和检验，装配后进行防锈处理。油箱、管道和接头应在去除毛刺、焊渣后进行酸洗以去除表面氧化物。液压系统装配好后应做循环冲洗并进行严格检查后再投入使用。液压系统开始使用前，还应将空气排尽。

（4）在工作中保持液压油清洁。

液压油在工作中会受到环境的污染，所以应采用密封油箱或在通气孔上加装高效能空气滤清器，可避免外界杂质、水分的侵入。控制液压油的工作温度，防止过高油温引起油液氧化变质。

（5）防止污染物从活塞杆伸出端侵入。

液压缸活塞工作时，活塞杆在油液与大气间往返，易将大气中污染物带入液压系统中。设置防尘密封圈是防止这种污染侵入的有效方法。

（6）合理选用过滤器。

根据设备的要求、使用场合在液压系统中选用不同的过滤方式、不同精度和结构的滤油器，并对滤油器定期检查、清洗。

（7）对液压系统中使用的液压油定期检查、补充、更换。

5.2　液体静力学与液体动力学

液体静力学、动力学是液压传动的物理学基础，也是分析液压系统中各种物理现象的理论基础。同时由于液压传动系统对输出力大小、运动速度等方面往往也有较严格的控制要求，只有掌握相关的基础理论，才能真正理解液压传动系统的构成和工作原理并设计出符合要求的液压回路来。

5.2.1　液体静力学

液体静力学主要研究的是液体静止时的平衡规律及其应用。液体静止是指液体内部质点间没有相对运动，不呈现黏性，而与盛装液体容器的运动状态无关。

1. 液体静压力和液体静压力基本方程

处于静止状态下的液体所具有的压力称为液体的静压力。在液压传动中所用的压力一般均指液体的静压力（p）。

液体的静压力由液体的自重和液体表面所受到的外力两部分组成。由液体自重产生的压力 p_1 为：

$$p_1=\rho gh \tag{5.2}$$

式中：ρ——液体的密度，kg/m^3；

g——重力加速度，为 9.81 m/s^2；

h——该点离液面的高度，m。

由液体表面受到的外力作用而产生的压力为：

$$p_2=F/A \tag{5.3}$$

式中：F——外力对液面的作用力，N；

A——承压面积，m^2。

静止液体内任一点的静压力等于液面上所受外力与液体重力所产生的压力之和，由此可得静止液体某点的静压力为：

$$p=p_1+p_2=\rho gh+F/A \tag{5.4}$$

该式即为液体静压力的基本方程。

2. 静止液体的压力特性

由液体静压力的基本方程可知：

（1）静止液体内任一点的压力均由两部分组成，一部分是液面上的压力；另一部分是液体本身的自重所产生的压力。当液面上只受到大气压力 p_0 时，则液面下某点的压力则为 $p_0+\rho gh$。

（2）在同一容器内，同一种液体内的静压力随液体的深度增加而线性增加。

（3）连通器内同一液体中深度相同的各点压力相等。由压力相等的点组成的面称为等压面。在重力作用下静止液体的等压面是一个水平面，与容器的形状无关。

在液压系统中，由于管道配置高度一般不超过 10 m，液位高度引起的那部分压力 ρgh 与油液所受外力相比非常小，可以忽略不计。因此，对于液压系统来说，一般可以不考虑液体位置高度对压力的影响，可以认为整个液体内部各处的压力是相等的。

5.2.2 液体动力学

液体动力学主要研究液体运动时的现象和规律。在液压系统中，液压油总是在不断地流动，所以，了解液体运动时的特征和规律也是非常重要的。

1. 理想液体

液体在流动过程中，要受重力、惯性力、黏性力等多种因素的影响，其内部各处质点的运动各不相同。所以在液压系统中，主要考虑整个液体在空间某特定点或特定区域的平均运动情况。为了简化分析和研究的过程，我们将既无黏性又不可压缩的液体称为理想液体。这样，在研究液体流动规律时就能忽略液体的黏性和可压缩性对运动的影响，可以比较容易地得到理想液体的基本运动方程。然后根据实验结果，对理想液体的基本方程加以修正，使之与实际液体的情况相符。

2. 流量和流速

在单位时间内，流过某通流截面的液体体积，称为流量。流量通常用 q 表示，单位为 cm^3/s 或 m^3/s 或 L/min。

流速是指流动液体内的质点在单位时间内流过的距离。以 v 表示，单位为 m/min 或

cm/s。由于液体具有黏性，所以在管道中流动时，在同一截面上各点的实际流速是不相等的。越接近管道中心，液体流速越高，越接近管壁其流速越低。在一般情况下，所说的液体在管道中的流速均指平均流速。

液体流量 q、流速 v 以及液体流通截面积 A 的关系为 $q=vA$。

3. 流动液体连续性原理

连续性原理是质量守恒定律在流体力学中的一种表达形式。根据质量守恒定律，如果液体在管道内的流动是连续的，没有空隙存在，那么液体在压力作用下稳定流动时，单位时间内流过管道内任一个截面的液体质量一定是相等的，既不会增多，也不会减少。在不考虑液体可压缩性的情况下，即液体密度 ρ 不变，那么单位时间流过管道任一截面的液体体积就是相等的，即通过流通管道任一通流截面的液体流量相等，这就是液体连续性原理。

根据流动液体的连续性原理可知：

（1）液体流过一定截面时，流量越大，流速则越高。

（2）液体流过不同的截面时，在流量不变的情况下，截面越大，流速越小。

4. 伯努利方程（流动液体能量方程）

伯努利方程是能量守恒定律在流动液体中的具体表现。在密闭管道内稳定流动的理想液体具有 3 种形式的能量，即压力能、动能和位能。在流动过程中，这 3 种能量之间可以互相转换，但在管道内任一截面处的这 3 种能量的总和为一常数。即：

理想液体的伯努利方程：

$$p_1/\rho g+h_1+v_1^2/2g=p_2/\rho g+h_2+v_2^2/2g \tag{5.5}$$

式中：ρ——液体的密度；

g——重力加速度；

v——液体流速；

h——管道截面中心到基准面的高度。

实际液体由于具有黏性，在流动过程中会因为内摩擦消耗一部分能量；另外管道的局部形状尺寸的变化也会使液流的状态发生变化，消耗能量。因此实际液体流动时存在能量的损失。

实际液体的伯努利方程：

$$p_1/\rho g+h_1+\alpha_1 v_1^2/2g=p_2/\rho g+h_2+\alpha_2 v_2^2/2g+h_w \tag{5.6}$$

式中：α——动能修正系数（层流时取 1，紊流时取 2）；

h_w——黏性摩擦而造成的平均能量损耗。

伯努利方程是流体力学中一个特别重要的基本方程，它揭示了液体流动过程中的能量变化规律，是对液压问题进行分析、计算和研究的理论基础。综合液体连续性原理，从伯努利方程中可以看出：

（1）对于水平放置的管道，液体的流速越高，它的压力就越低。

（2）在流量不变的情况下，液体流过不同截面时，截面越大，则流速越小，压力越大；截面越小，则流速越大，压力越小。

在液压传动系统中，位能和动能与压力能相比小得多，因此，可以忽略不计。也就是说油液中的能量主要是以压力能形式体现，所以在液压系统计算时，一般只考虑压力能的

作用。

5.2.3 测量仪表

在液压系统中最常用的仪表是压力表、流量计和温度计。进行系统工作监测和故障诊断时主要也是用这些仪表，这里主要介绍压力和流量的测量。

1. 压力的测量

液压系统和各局部回路的压力大小可以通过在系统中适当位置安装的压力表观测。压力测量的方法有很多，管形弹簧压力表是最常用的位置式压力测量仪表。

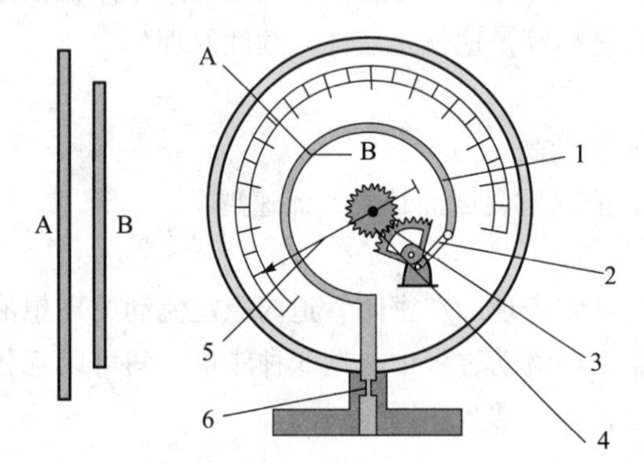

图 5-1 管形弹簧-压力表工作原理图

1—管形弹簧；2—杠杆；3—扇轮；4—齿轮；5—指针；6—阻尼扼流圈；A—弹簧外环；B—弹簧内环

这种压力表是按布尔顿的管形弹簧原理工作的，如图5-1所示，其工作原理为：弯成C形的管形弹簧1一端固定，它有一个椭圆的截面，其内部是空心的。当液压油流入管形弹簧时，整个空心管内就形成了与被测部位相等的压力。油液对管形弹簧外环A有一个向外张开的力，对内环B有一个向内收缩的力。由于外环和内环存在面积差，向外张开的力大于向内收缩的力，导致管形弹簧伸张变形。这个变形通过放大机构：杠杆2、扇轮3和齿轮4，使指针5发生偏转。压力越大，指针偏转越大，这样在刻度盘上就能读到相应的压力值。其实物如图5-2所示。

为了使压力冲击不损坏弹簧，一般在连接这种压力表时必须装阻尼扼流圈。这种压力表表盘腔还会充入甘油以便在出现压力冲击时起到阻尼作用。在压力大于100 bar的场合要用螺丝管状或蜗杆状管形弹簧代替管形弹簧，测量压力可高达1 000 bar。在压力稳定的系统中，压力表量程一般为最高压力的1.5倍。在压力波动大的系统中，最大量程应为最高压力的2倍，或选用带油阻尼耐振压力表。

图形符号

图 5-2 压力表实物图

这种压力表是位置式的，即只能安装在实际需要进行压力检测的位置。如要利用测量仪表的读数进行远程监视或控制，就需要使用电子式压力传感器来进行压力测量。利用电信号

可以远距离传送的特点，将压力信号转换为电信号，这样就可以实现远距离的压力指示和监控。

2. 流量的测量

如果需要对液压油的流量进行一次性的测量，则最简单的方法是借助量筒和秒表来进行测量。为了调节或控制匀速运动的油缸或马达以及控制定位的精确测量，可以采用涡轮流量仪、椭圆计数器、齿轮式测量仪、测量带或定片仪等流量仪。涡轮式流量仪的工作原理如图 5-3 所示。

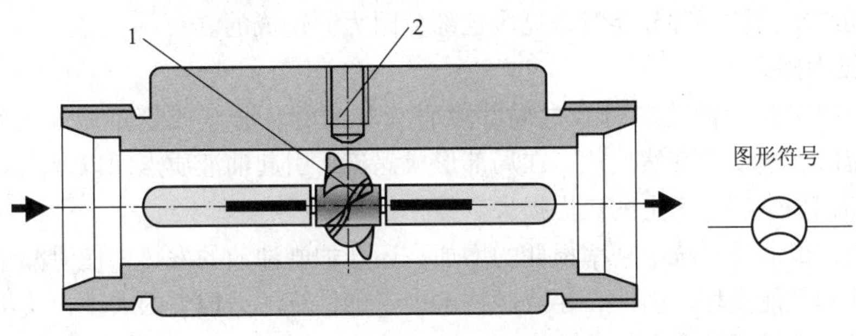

图 5-3 涡轮式流量仪工作原理图

1—涡轮；2—探头

涡轮式流量仪是通过对涡轮转速的测量来间接测出流量的。从涡轮式流量仪流过的油液使轴流涡轮旋转，涡轮用磁性材料制成，通过安装在涡轮上方的探头可以记录一定时间内涡轮叶片转过的次数。根据探头测得的脉冲数可以计算出涡轮的转速。由于油液的流量与涡轮转速成正比，所以测出转速也就测出了油液的流量。由于探头输出的是电信号，所以利用这种流量计可以实现远程的流量监控。其剖面结构及实物如图 5-4 所示。

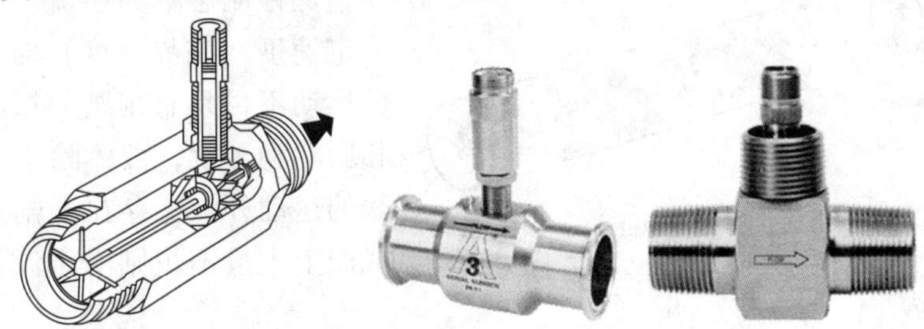

图 5-4 涡轮式流量仪剖面结构及实物图

5.3 流动液体的压力损失

由于液体具有黏性，在流动时就会有阻力，这个阻力称为液阻。为了克服液阻，就必须要消耗能量，这样就会造成能量的损失。在液压传动中，能量损失主要表现为液压油压力的降低，将其称为压力损失。

5.3.1 压力损失的定义及分类

一般可以将液压系统中的压力损失分为沿程压力损失和局部压力损失两大类。

1. 沿程压力损失

沿程压力损失是指油液沿等直径管流动时所产生的压力损失。这类压力损失是由于液体流动时各质点间运动速度不同，液体分子间存在内摩擦力以及液体与管壁间存在外摩擦力，导致液体流动必须消耗一部分能量来克服这部分阻力而造成的。

2. 局部压力损失

局部压力损失是油液流动时经过局部障碍（如弯管、分支或管路截面突然变化）时，由于液体的流向和速度的突然变化，在局部形成涡流，引起油液质点间以及质点与固体壁面间相互碰撞和剧烈摩擦而产生的压力损失。

压力损失造成液压系统中功率损耗的增加，还会加剧油液的发热，使泄漏量增大，液压系统效率下降和性能变坏。因此，在液压技术中正确估算压力损失的大小，找出减少压力损失的有效途径有着重要的意义。

5.3.2 流态与雷诺数

1. 层流与紊流

一般将流体在管路中的流动状态分为层流和紊流两种，如图 5-5 所示。在低速流动时，液体质点受黏性制约，互不干扰，液体的流动呈线性或层状，且平行于管道轴线，这种流态称为层流。当流速增大到一定速度（临界速度）时，液体的质点的运动不再是有规则的层状，流体间互相影响和干扰，液体除了平行于管道轴线的运动外，还存在着剧烈的横向运动或产生大量不规则的小漩涡。这时液体的流态称为紊流。

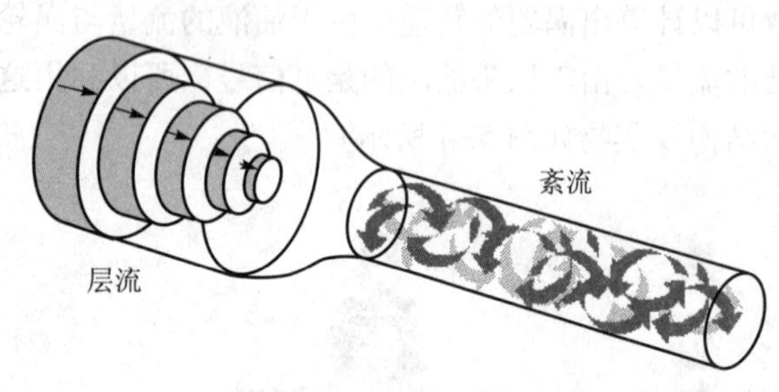

图 5-5 液体流态示意图

层流和紊流是液体两种不同性质的流态。层流时，液体流速较低，质点主要受黏性力作用，不能随意运动，流动时所产生的压力损失较小；但在紊流时，液体流速较高，黏性力的制约作用减弱，惯性力起主导作用，能量损耗大，流动时所产生的压力损失大。

2. 雷诺数

要对液压系统的压力损失进行分析和寻找降低的措施，首先应确定液体流动时的流态。实验证明，液体在圆管中的流动状态主要与管内的平均流速、管径及液体的运动黏度 ν 有关。一般采用由这 3 个数组成的雷诺数 Re 来判别液体的流态，即

$$Re = vd/\nu \tag{5.7}$$

由雷诺数的表达式可知，影响液体流动状态的力主要是惯性力和黏性力。雷诺数大说明惯性力起主导作用，这样的液流易出现紊流状态；雷诺数小就说明黏性力起主导作用，这时

的液流易保持层流状态。

液流由层流转变为紊流时的雷诺数称为上临界雷诺数；由紊流转变为层流的雷诺数称为下临界雷诺数。一般都用下临界雷诺数作为判别液流状态的依据，简称为临界雷诺数。当液体实际流动时的雷诺数小于临界雷诺数时，液流为层流，反之则为紊流。

为了避免在液压设备中因紊流而产生较大的压力损耗，液流的雷诺数不允许超过临界雷诺数。

5.3.3　减少压力损失的措施

管路系统中总的压力损失等于所有沿程压力损失与所有局部压力损失之和。沿程压力损失可以通过计算公式算出；局部压力损失一般可通过实验确定，也可通过查阅有关设计手册或从液压产品说明书中获得。

减少压力损失，提高液压系统性能主要有以下措施：

(1) 缩短管道长度，减少管道弯曲，尽量避免管道截面的突然变化。

(2) 减小管道内壁表面粗糙度，使其尽可能光滑。

(3) 选用的液压油黏度应适当。

液压油的黏度低可降低液流的黏性摩擦，但可能无法保证液流为层流；黏度高虽可以保证液流为层流，但黏性摩擦却会大幅增加。所以液压油的黏度应在保证液流为层流的基础上，尽量减少黏性摩擦。

(4) 管道应有足够大的通流面积，将液流的速度限制在适当的范围内。

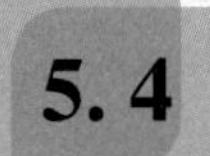

5.4　空穴现象和气蚀

5.4.1　空气分离压和饱和蒸气压

液体中总是溶解有一定量的空气。液压油中能溶解的空气量比水中能溶解的要多，在水中溶解的空气一般占体积的 2%，油液则可达到 5%～6%，而且液体中气体的溶解度与绝对压力成正比。

1. 空气分离压

在大气压下正常溶解于油液的空气，当压力低于大气压时，就成为过饱和状态。如果在某一温度下，当压力降低到某一值，使过饱和的空气从油液中分离出来而产生气泡，那么这一压力值就称为该温度下的空气分离压。

2. 饱和蒸气压

当油液的压力低于当时温度下的蒸气压力时，油液本身会迅速气化，在油液中形成蒸气气泡。这时的压力值称为液压油在该温度下的饱和蒸气压。

一般来说，液压油的饱和蒸气压相对于空气分离压要小得多，因此，要使液压油不产生大量气泡，它的压力不得低于液压油所在温度下的空气分离压。

5.4.2 空穴现象及其危害

1. 空穴现象

由于上述两种情况造成气泡混杂在液体中，产生气穴，使原来充满在管道或元件内的油液出现不连续状态，这种现象就称为空穴现象。

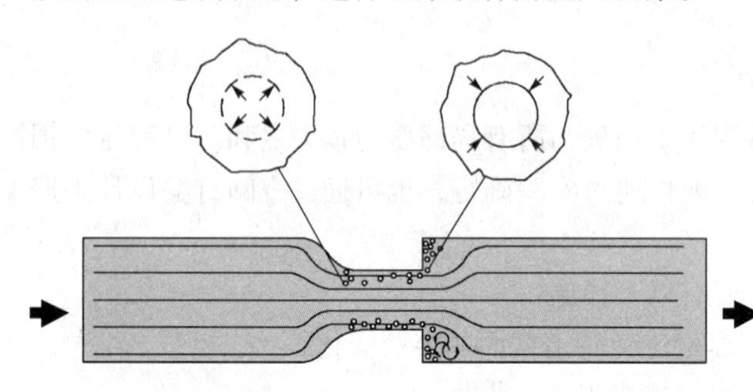

图5-6 空穴和气蚀现象示意图

2. 气蚀

当液流流经如图5-6所示的管道喉部的节流口时，根据伯努利方程，该处液流的流速增大，而压力降低。如果压力低于该工作温度下液压油的空气分离压，溶解在油液中的空气将会迅速地分离出来，形成气泡。这些气泡随着液流流过喉部，管径变大，压力重新上升，气泡会被压缩并因承受不了高压而破裂。当附着在金属表面上的气泡破裂时，周围的液体分子以极高的速度来填补原来气泡所占的空间，液体质点间相互碰撞而产生局部高压，产生局部的液压冲击和高温，产生噪声并引起振动。这种压力冲击作用在零件的金属表面，就会使金属表面发生剥落，使表面粗糙或出现海绵状的小洞穴。节流口下游部位常会出现这种腐蚀的痕迹，这种现象就称为气蚀。

除了这种节流口外，在液压系统中只要某点的压力低于液压油所在温度下的空气分离压，就会产生空穴现象，并在压力升高时对金属件造成气蚀。

3. 空穴现象的危害

当气泡随油液的流动由低压区进入高压区时会被压缩，会使油液失去不可压缩性，并造成气蚀。空穴现象还会引起系统的温升、噪声和振动，并影响系统的性能和可靠性，缩短元件的使用寿命，严重时甚至会损坏设备。尤其在液压泵部分发生空穴现象时，除会产生噪声和振动外，还会影响泵的吸油能力，造成液压系统流量和压力的波动。此外，在高温高压下，空气极易使液压油氧化变质，生成有害的酸性物质或胶状沉淀。

5.4.3 减少空穴现象的措施

液压油中混入的空气对液压装置的性能有着很大的危害。但在液压系统中只要压力低于空气分离压，就会出现空穴现象。要想完全消除空穴现象是非常困难的，减少空穴现象主要是要防止液压系统中的压力过度降低，常用的有以下措施：

（1）减少流经节流小孔前后的压力差，尽量使小孔前后的压力比小于3.5。

（2）保持液压系统中油压高于空气分离压。

对于管道来说，要求油管有足够的通径，并尽量避免有狭窄处或突然的转弯。对于液压泵来说，应合理设计液压泵安装高度，避免在油泵吸油口产生空穴。必要时可通过适当加大吸油管内径，来控制液压油在吸油管中的流速，降低沿程压力损失，这样就可以增加泵的吸

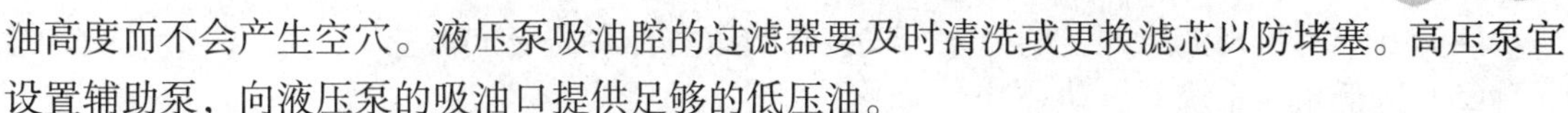

油高度而不会产生空穴。液压泵吸油腔的过滤器要及时清洗或更换滤芯以防堵塞。高压泵宜设置辅助泵，向液压泵的吸油口提供足够的低压油。

（3）液压零件应选用抗腐蚀能力强的金属材料，合理设计，增加零件的机械强度，提高零件的表面加工质量，提高零件的抗气蚀能力，减少气蚀对零件的影响。

（4）进行良好密封，防止外部空气侵入液压系统，降低液体中气体的含量。

5.5　液压冲击

在液压系统中，由于某种原因引起液体压力在瞬间急剧升高，产生很高的压力峰值，这种现象称为液压冲击。液压冲击的实质是管道中的液体因突然停止运动而导致动能向压力能的瞬间转换。液压冲击时管道中的压力变化是一个围绕正常压力的逐渐衰减过程。

5.5.1　液压冲击的危害

产生液压冲击时，系统的瞬时压力峰值往往比正常工作的压力高好几倍，并引起设备强烈的振动和噪声，造成系统温度上升。液压冲击还会破坏液压系统内部构件之间的相对位置，导致运动部件的运动精度降低，影响系统正常工作。它还会造成液压元件、密封装置的损坏，甚至会使管子爆裂，缩短整个液压系统的寿命。由于压力的突然升高，还可能使系统中的某些压力元件产生误动作，造成事故。

5.5.2　液压冲击的产生原因

液压冲击的产生主要有以下原因：

（1）液流突然停止运动或换向时，液体流动的速度突然降为零，使液体的动能向压力能转变。

（2）运动的工作部件突然制动或换向时，由于工作部件的惯性力使液压执行元件的回油腔和管路中的油液压力急剧升高，引起压力冲击。

（3）由于液压系统中的某些元件如溢流阀反应动作不够灵敏，在系统压力升高时不能及时开启卸压，造成系统超压，出现压力冲击。

（4）液压泵在吸油和压油的过程中，压力和流量周期性的变化形成压力脉动。

（5）刚性管路或过细的管路以及方向、截面积变化大的管路也很容易产生液压冲击。

5.5.3　减少和防止液压冲击的措施

减少和防止液压冲击常用的措施有：

（1）降低开、关阀门的速度，减少冲击波的强度。

（2）限制管路中液流的流速。

（3）在管路中易发生液压冲击的地方采用橡胶软管或设置蓄能器，以吸收液压冲击的能量，减少冲击波传播的距离。

（4）在容易出现液压冲击的地方，安装限制压力升高的安全阀。

（5）降低机械系统的振动。

生产学习经验

1. 液压油的黏度与温度有关，温度越高，黏度越小。因此，在温度变化较大的场合，系统调定参数易产生较大的飘移，使系统控制精度相应降低。

2. 在精度要求较高的液压系统中应尽量采用刚性管路，避免软管所具有的弹性对系统性能的影响。

3. 在液压设备和液压阀中，典型的密封间隙和滑动间隙在 3~10 μm 的范围内。它们与液压油中的大多数的污染颗粒有相同的数量级。所以液压油中含有的颗粒越少，液压元件的磨损就越小。

4. 液压油被加入油箱之前，应该检查油箱内部的清洁度，如果有必要的话可以先进行清洗。

5. 对大型液压站进行冲洗时，可以将压力管路与回油管路进行短路连接，这样可以防止冲洗时污染物被带入控制阀或执行元件。

本章小结

本章对液压传动系统的工作介质的作用、种类、性质、污染控制及选用进行了比较系统的叙述。并对液压传动的物理学基础：液体静力学、液体动力学，以及液压传动中的基本物理现象：压力损失、空穴现象、液压冲击等方面的内容进行了介绍。

思考题

1. 根据连续性原理和伯努利方程，在一个水平放置的管道中流动的理想液体分别流过三个不同面积的截面 A_1、A_2、A_3，其中 $A_3>A_1>A_2$，请问流过这三个截面时，液体的流量 q_1、q_2、q_3、流速 v_1、v_2、v_3 以及压力 P_1、P_2、P_3 的大小关系是怎样的？

2. 查询相关资料或到企业进行实际调查，说明在一到两个实际应用中液压油的选择方案。

3. 查询相关资料或到企业进行实际调查，说明一到两家企业中液压油的防污具体措施。

习　题

1. 液压油作为液压传动系统的工作介质主要具有哪些作用？

2. 液压系统对液压油主要有哪些性能要求？

3. 液压油是如何进行分类的？

4. 液压油主要有哪些物理性质，它们与温度、压力的关系是怎样的？

5. 什么是液压油的黏度？常用的黏度单位有哪些？为什么油液的黏度是液压油最主要的性能指标？

6. 应按怎样的步骤选择合适的液压油，主要应遵循哪些原则？

7. 液压油污染有哪些主要危害？造成液压油污染主要有哪些原因？

8. 控制液压油的污染主要有哪些措施？污染的分析和测定主要有哪些方法？

9. 什么是静止液体？液体静力学方程是怎样的？静止液体具有怎样的压力特性？

10. 什么是理想液体？它对液体动力学的研究有什么作用？

11. 什么是流动液体的连续性原理和伯努利方程？

12. 管形弹簧压力表和涡轮式流量仪是如何进行压力和流量测量的？

13. 流动液体的压力损失主要有由哪两部分组成？它们的含义分别是什么？

14. 液体的流态有哪两种？如何进行液体流态的辨别？

15. 减少液压系统压力损失的措施主要有哪些？为什么增大流通截面的直径 d 可以降低雷诺数？

16. 什么是空穴现象和气蚀？空穴现象产生的原因是什么？

17. 空穴现象有什么危害？应怎样减少空穴现象及其造成的危害？

18. 液压冲击是怎么产生的？它对液压系统和液压元件主要有什么危害？

19. 减少和防止液压冲击主要有哪些措施？

第6章 液压能源部件

【本章知识点】

1. 液压泵站的分类和构成
2. 液压泵的分类、特点和工作原理
3. 液压泵的选择和使用
4. 液压辅助元件的构成、作用和工作原理

【背景知识】

液压系统中为系统提供压力油的部件称为液压系统的能源部件或动力部件。液压系统一般由电动机、液压泵、油箱、安全阀等所组成的泵站作为其动力装置。液压泵站也可作为一个独立的液压装置，根据用户要求及使用条件配置集成块、设置冷却器、加热器、蓄能器以及相关电气控制装置。

根据电机-泵安装位置的不同，液压泵可以分为上置立式、上置卧式和旁置式，如图 6-1 所示。上置立式将电机-泵装置立式安装在油箱盖板上，主要用于定量泵系统；上置卧式将电机-泵装置卧式安装在油箱盖板上，主要用于变量泵系统，便于流量调节；旁置式将电机-泵装置卧式安装在油箱旁，旁置式还可装备备用电机-泵装置，它主要用于油箱容积大于 250 L，电机功率大于 7.5 kW 的系统。

（a）

（b）

（c）

图 6-1　液压泵站的不同安装形式

（a）上置立式；（b）上置卧式；（c）旁置式

液压泵站按液压油的冷却方式还可分为自然冷却式和强迫冷却式。自然冷却式靠油箱本身与空气热交换冷却，一般用于油箱容积小于 250 L 的系统。强迫冷却式采用冷却器进行强制冷却，一般用于油箱容积大于 250 L 的系统。

6.1　液　压　泵

液压泵是将原动机（电动机或其他动力装置）所输出的机械能转化为油液压力能的能量转换装置。它向液压系统提供一定流量和压力的液压油，起着向系统提供动力的作用，是系统不可缺少的核心元件。

6.1.1　液压泵的分类

按着不同的分类标准，在液压传动中常用的液压泵类型如下。

1. 按液压泵输出的流量能否调节分类

液压泵
- 定量液压泵——液压泵输出的流量不能调节，即单位时间内输出的油液体积是一定的。
- 变量液压泵——液压泵输出的流量可以调节，即根据系统的需要，泵输出不同的流量。

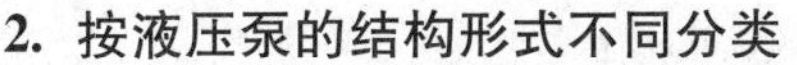

2. 按液压泵的结构形式不同分类

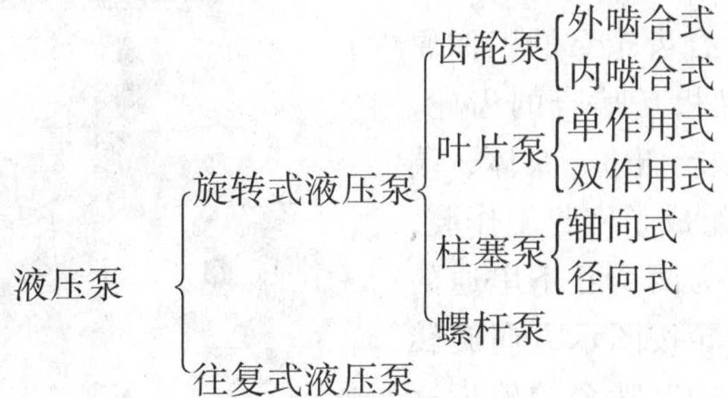

3. 按液压泵的压力分类（见表 6-1、图 6-2）

表 6-1　按压力分类

液压泵类型	低压泵	中压泵	中高压泵	高压泵	超高压泵
压力范围/MPa	0~2. 5	2. 5~8	8~16	16~32	32 以上

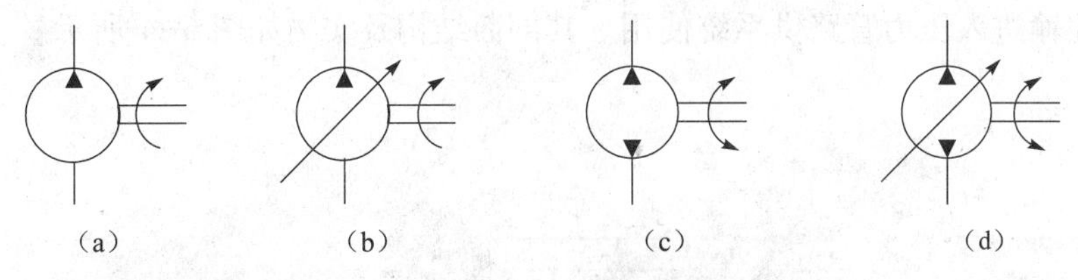

图 6-2　液压泵的图形符号

（a）单向定量泵；（b）单向变量泵；（c）双向定量泵；（d）双向变量泵

6. 1. 2　液压泵的特点

液压泵都是依靠密封容积变化的原理来进行工作的，故一般称为容积式液压泵。容积式液压泵主要具有以下基本特点：

（1）具有若干个密封且又可以周期性变化的空间。液压泵的输出流量与此空间的容积变化量和单位时间内的变化次数成正比，与其他因素无关。

（2）油箱内液体的绝对压力必须恒等于或大于大气压力，这是容积式液压泵能够吸入油液的外部条件。为保证液压泵正常吸油，油箱必须与大气相通，或采用密闭的充压油箱。

（3）具有相应的配流机构。配流机构可以将液压泵的吸油腔和排液腔隔开，保证液压泵有规律地连续吸排液体。不同结构的液压泵，其配流机构也不相同。

6. 1. 3　齿轮泵

齿轮泵一般做成定量泵，按结构不同，齿轮泵分为外啮合齿轮泵和内啮合齿轮泵，其中外啮合齿轮泵应用最广。

齿轮泵具有结构简单、转速高、体积小、自吸能力好、工作可靠、寿命长、成本低、容易制造等优点，因而获得广泛应用。但它的缺点是流量与压力脉动大、噪声较高（内啮合齿轮泵噪声较小）、不能变量、排量较小，因而使用范围受到限制。

1. 外啮合齿轮泵

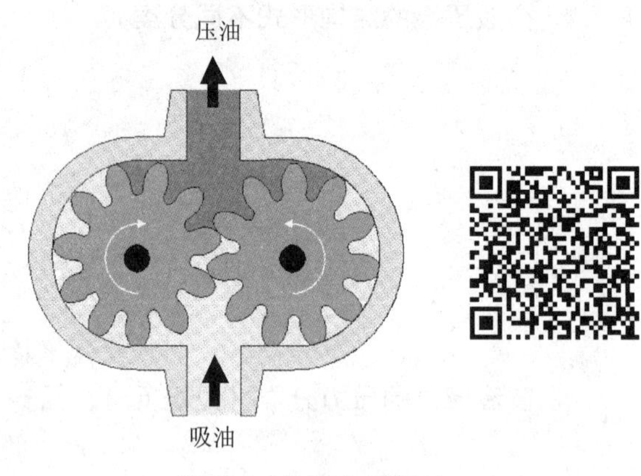

图 6-3 外啮合齿轮泵工作原理图

图 6-3 所示为外啮合齿轮泵的工作原理图。在泵体内有一对相互啮合的齿轮，齿轮两侧有端盖（图中未示出），泵体、端盖和齿轮的各个齿间槽组成了密封工作腔，而啮合线又把它们分隔为两个互不串通的吸油腔和压油腔。当齿轮按图示方向旋转时，下方的吸油腔由于相互啮合的轮齿逐渐脱开，密封工作容积逐渐增大，形成部分真空。油箱中的油液在外界大气压力作用下，经吸油管进入吸油腔，将齿间槽充满。随着齿轮旋转，油液被带到上方的压油腔内。在压油腔一侧，由于轮齿在这里逐渐啮合，密封工作腔容积不断减小，油液被挤出来，由压油腔输进入压力管路供系统使用。其剖面结构及实物如图 6-4 所示。

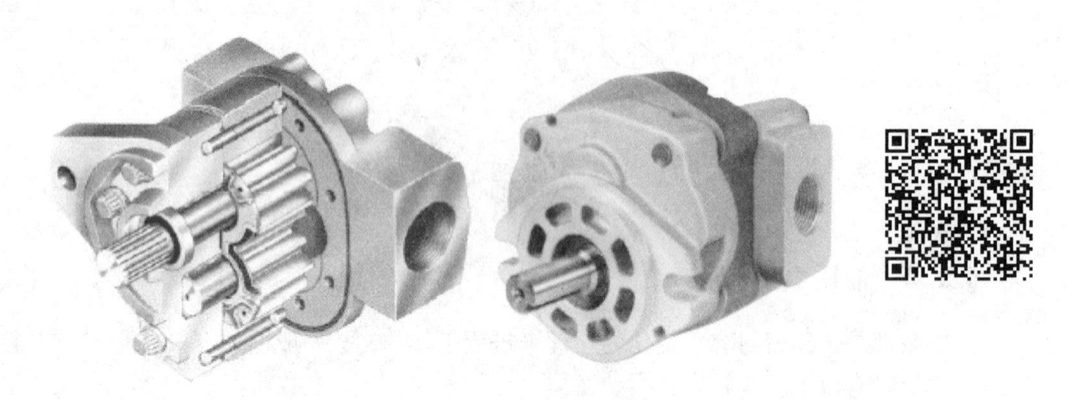

图 6-4 外啮合齿轮泵剖面结构及实物图

当两齿轮的旋转方向不变，其吸、压油腔的位置也就确定不变。这里啮合点处的齿面接触线将高、低压两腔分隔开，起着配油作用。因此，在齿轮泵中不需要设置专门的配流机构，这是它和其他类型容积式液压泵的不同之处。

外啮合齿轮泵的优点是结构简单，尺寸小，质量轻，制造方便，价格低廉，工作可靠，自吸能力强（允许的吸油真空度大），对油液污染不敏感，维护容易。它的缺点是一些机件要承受不平衡径向力，磨损严重，泄漏大，工作压力的提高受到限制。此外，它的流量脉动大，因而压力脉动和噪声都比较大。

2. 内啮合齿轮泵

内啮合齿轮泵有渐开线齿轮泵（如图 6-5 所示）和摆线齿轮泵（又名转子泵）两种。它们的工作原理与外啮合齿轮泵完全相同，在渐开线齿形的内啮合齿轮泵中，小齿轮为主动轮，并且小齿轮和内齿轮之间要装一块月牙形的隔板，以便把吸油腔和压油腔隔开。

内啮合齿轮泵结构紧凑，尺寸小，质量轻，由于齿轮转向相同，相对滑动速度小，磨损小，使用寿命长，流量脉动远小于外啮合齿轮泵，因而压力脉动和噪声都较小；内啮合齿轮泵允许高转速工作（高转速下的离心力能使油液更好地充入密封工作腔），可获得较高的容积效率。摆线内啮合齿轮泵排量大，结构更简单，而且由于啮合的重叠系数大，传动平稳，吸油条件更为良好。内啮合齿轮泵的缺点是齿形复杂，加工精度要求高，需要专门的制造设备，造价较贵。

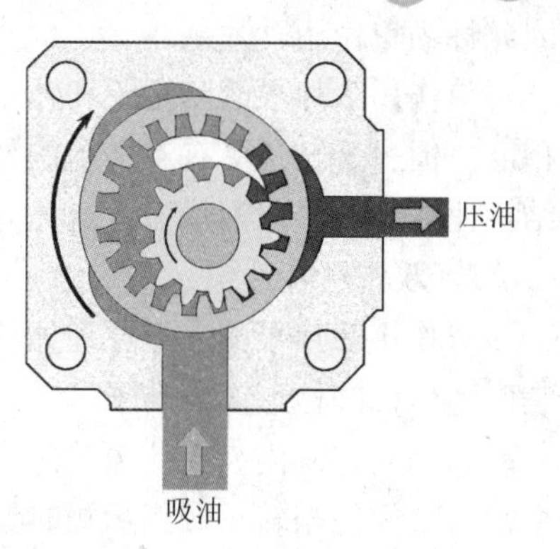

图6-5 内啮合齿轮泵的工作原理图

3. 螺杆泵

螺杆泵实质上是一种外啮合的摆线齿轮泵，泵内的螺杆可以有两个，也可以有3个。图6-6所示为双螺杆泵的工作原理图。在横截面内，螺杆的齿廓由几对摆线共轭曲线组成。螺杆的啮合线把主动螺杆和从动螺杆的螺旋槽分割成多个相互隔离的密封工作腔。随着螺杆的旋转，这些密封工作腔一个接一个地在左端形成，不断地从左向右移动（主动螺杆每转一周，每个密封工作腔移动一个螺旋导程），并在右端消失。密封工作腔形成时，它的容积逐渐增大，进行吸油；消失时容积逐渐缩小，将油压出，螺杆泵的螺杆直径愈大，螺旋槽越深，排量就越大；螺杆越长，吸油口和压油口之间的密封层次越多，密封就越好，泵的额定压力就越高。

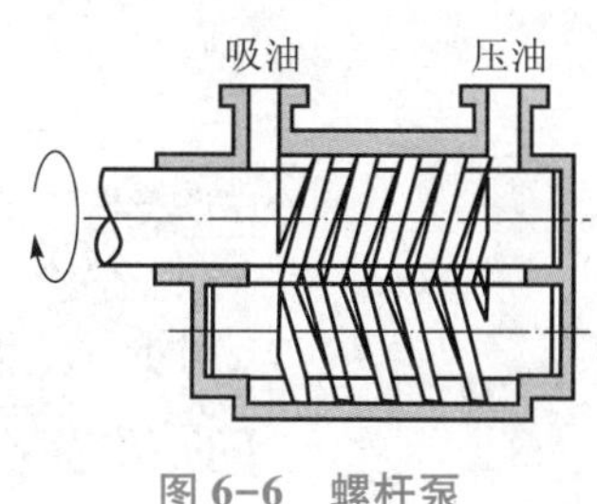

图6-6 螺杆泵工作原理图

螺杆泵结构简单、紧凑，体积小，质量轻，运转平稳，输油均匀，噪声小，允许采用高转速，容积效率较高（达90%~95%），对油液的污染不敏感，因此，它在一些精密机床的液压系统中得到了应用。螺杆泵的主要缺点是螺杆的形状复杂，加工较困难，不易保证精度。

6.1.4 叶片泵

根据各密封工作容积在转子旋转一周吸、排油液次数的不同，叶片泵分为两类，即旋转一周完成一次吸、排油液的单作用叶片泵和完成两次吸、排油液的双作用叶片泵。单作用叶片泵多用于变量泵，工作压力最大为7.0 MPa，双作用叶片泵均为定量泵，一般最大工作压力亦为7.0 MPa，经改进的高压叶片泵最大工作压力可达16.0~21.0 MPa。

1. 单作用叶片泵

单作用叶片泵的工作原理如图6-7所示。单作用叶片泵由转子、定子、叶片和端盖等组成。定子具有圆形内表面，定子和转子间有一定偏心距。叶片装在转子槽中，并可在槽内滑动。当转子旋转时，由于离心力的作用，使叶片紧靠在定子内壁，这样在定子、转子、叶片和两侧配油盘间就形成若干个密封的工作空间。转子顺时针旋转，在左侧的吸油腔叶片间的工作空间逐渐增大，油箱中的油液吸入。在右侧的压油腔，叶片被定子内壁逐渐压进槽内，工作空间逐渐缩小，油液被从压油口压出。在吸油腔和压油腔之间，有一段封油区，把吸油腔和压油腔隔开。这种叶片泵转子每转一周，每个工作空间完成一次吸油和压油过程，

因此称为单作用叶片泵。

单作用叶片泵改变定子和转子之间的偏心便可改变流量。偏心反向时，吸油压油方向也相反。但由于转子受有不平衡的径向液压作用力，所以一般不宜用于高压系统。并且泵本身结构比较复杂，泄漏量大，流量脉动较严重，致使执行元件的运动速度不够平稳。

2. 双作用叶片泵

双作用叶片泵的工作原理如图 6-8 所示。双作用叶片泵转子和定子中心重合，定子内表面近似椭圆柱形。当转子转动时，叶片在离心力和根部压力油的作用下，在转子槽内向外移动而压向定子内表面。由叶片、定子的内表面、转子的外表面和两侧配油盘间就形成若干个密封空间。当转子按图示顺时针方向旋转时，从小圆弧上的密封空间运动到大圆弧的过程中，叶片外伸，密封空间的容积增大，从油箱吸入油液；在从大圆弧运动到小圆弧的过程中，叶片被定子内壁逐渐压进槽内，密封空间容积变小，油液从压油口压出供系统使用。转子每转一周，要经过两次这样的过程，所以每个工作空间要完成两次吸油和压油，故称为双作用叶片泵。

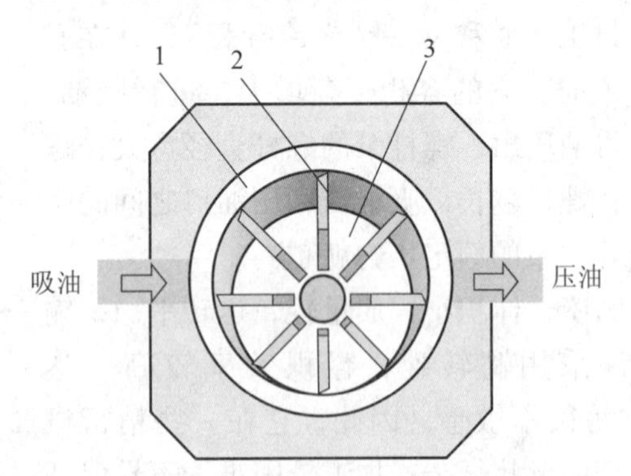

图 6-7　单作用叶片泵的工作原理图

1—定子；2—叶片；3—转子

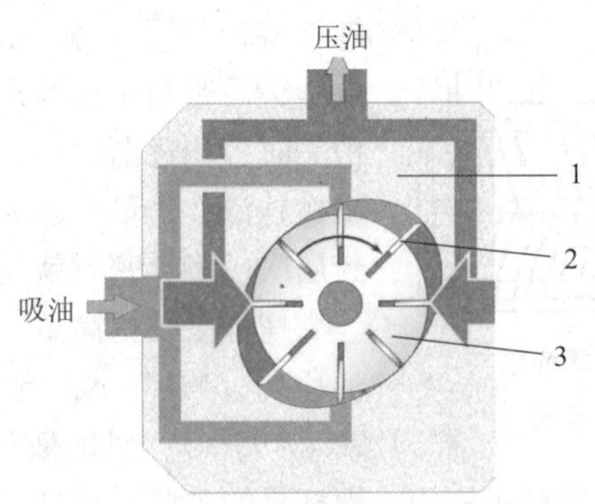

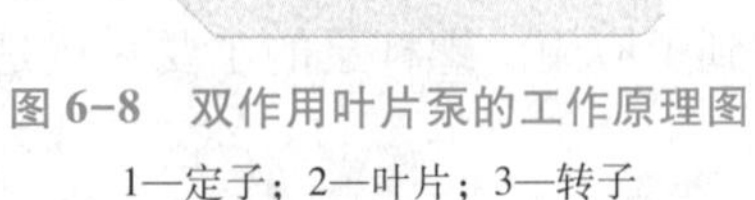

图 6-8　双作用叶片泵的工作原理图

1—定子；2—叶片；3—转子

这种叶片泵由于有两个吸油腔和两个压油腔，并且各自的中心夹角是对称的，作用在转子上的油液压力相互平衡，因此，双作用叶片泵又称为卸荷式叶片泵，为了要使径向力完全平衡，密封空间数（即叶片数）应当是偶数。

双作用叶片泵结构紧凑，流量均匀，排量大，且几乎没有流量脉动，运动平稳，噪声小，容积效率可达 90% 以上。转子受力相互平衡，可工作于高压系统，轴承寿命长。但双作用叶片泵结构复杂、制造比较困难，转速也不能太高，一般在 2 000 r/min 以下。它的抗污染能力也较差，对油液的质量要求较高，如果油液中存有杂质往往使叶片在槽内卡死。

叶片泵的结构较齿轮泵复杂，但其工作压力较高，且流量脉动小，工作平稳，噪声较小，寿命较长。所以它被广泛应用于机械制造中的专用机床、自动线等中低压液压系统中，但其结构复杂，吸油特性不太好，对油液的污染也比较敏感。其剖面结构及实物如图 6-9 所示。

6.1.5　柱塞泵

柱塞泵是靠柱塞在缸体中做往复运动造成密封容积的变化来实现吸油与压油的液压泵。

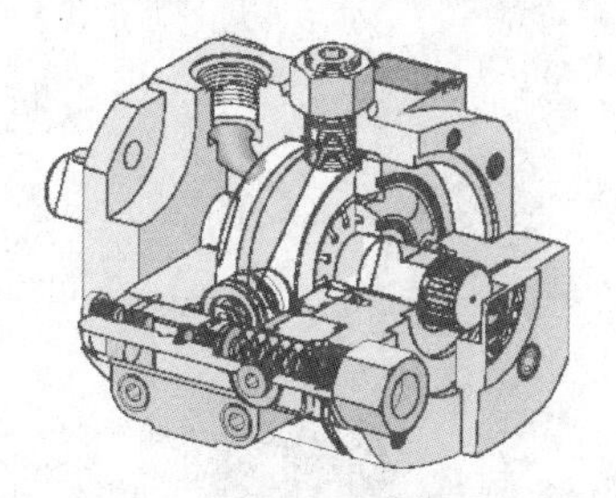

图 6-9　叶片泵剖面结构及实物图

与齿轮泵和叶片泵相比，这种泵有许多优点：

（1）构成密封容积的零件为圆柱形的柱塞和缸孔，加工方便，可得到较高的配合精度，密封性能好，在高压下工作仍有较高的容积效率。

（2）只需改变柱塞的工作行程就能改变流量，易于实现变量。

（3）柱塞泵主要零件均受压应力，材料强度性能可以充分利用。

由于柱塞泵压力高，结构紧凑，效率高，流量调节方便，故在需要高压、大流量、大功率的系统中和流量需要调节的场合，如龙门刨床、拉床、液压机、工程机械、矿山冶金机械、船舶上得到广泛的应用。

柱塞泵按柱塞的排列和运动方向不同，可分为径向柱塞泵和轴向柱塞泵两大类。

1. 径向柱塞泵

如图 6-10 所示，径向柱塞泵主要由定子、转子、配油轴、衬套（图中未示出）和柱塞等组成。转子上均匀地布置着几个径向排列的孔，柱塞可在孔中自由地滑动。配油轴把衬套的内孔分隔为上下两个分油室，这两个油室分别通过配油轴上的轴向孔与泵的吸、压油口相通。定子与转子偏心安装，当转子按图示方向逆时针旋转时，柱塞在下半周时逐渐向外伸出，柱塞孔的容积增大形成局部真空，油箱中的油液通过配油轴上的吸油口和油室进入柱塞孔，这就是吸油过程。当柱塞运动到上半周时，定子将柱塞压入柱塞孔中，柱塞孔的密封容积变小，孔内的油液通过油室和排油口压入系统，这就是压油过程。转子每转一周，每个柱塞各吸、压油一次。

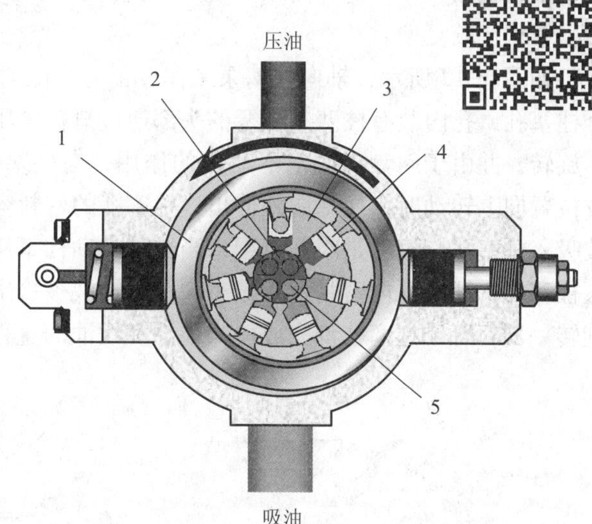

图 6-10　径向柱塞泵工作原理图

1—定子；2—配油轴；3—转子；4—柱塞；5—轴向孔

径向柱塞泵的输出流量由定子与转子间的偏心距决定。若偏心距为可调的，就成为变量泵，图 6-10 所示即为一变量泵。若偏心距的方向改变后，进油口和压油口也随之互相变换，则变成双向变量泵。径向柱塞泵的实物如

图 6-11所示。

图 6-11　径向柱塞泵的实物图

2. 轴向柱塞泵

轴向柱塞泵是将多个柱塞轴向配置在一个共同缸体的圆周上，并使柱塞中心线和缸体中心线平行的一种液压泵。轴向柱塞泵有两种结构形式：直轴式（斜盘式）和斜轴式（摆缸式）。轴向柱塞泵的优点是：结构紧凑、径向尺寸小，惯性小，容积效率高，目前最高压力可达 40 MPa，甚至更高，一般用于工程机械、压力机等高压系统中，但其轴向尺寸较大，轴向作用力也较大，结构比较复杂。

如图 6-12 所示，轴向柱塞泵工作过程为：传动轴带动缸体旋转，缸体上均匀分布奇数个柱塞孔，孔内装有柱塞，柱塞的头部通过滑靴紧压在斜盘上。缸体旋转时，柱塞一面随缸体旋转，并由于斜盘（固定不动）的作用，在柱塞孔内做往复运动。当缸体从图示的最下方位置向上转动时，柱塞向外伸出，柱塞孔的密封容积增大，形成局部真空，油箱中的油液被吸入柱塞孔，这就是吸油过程；当缸体带动柱塞从图示最上方位置向下转动时，柱塞被压入柱塞孔，柱塞孔内密封容积减小，孔内油液被挤出供系统使用，这就是压油过程。缸体每旋转一周，每个柱塞孔都完成一次吸油和压油的过程。

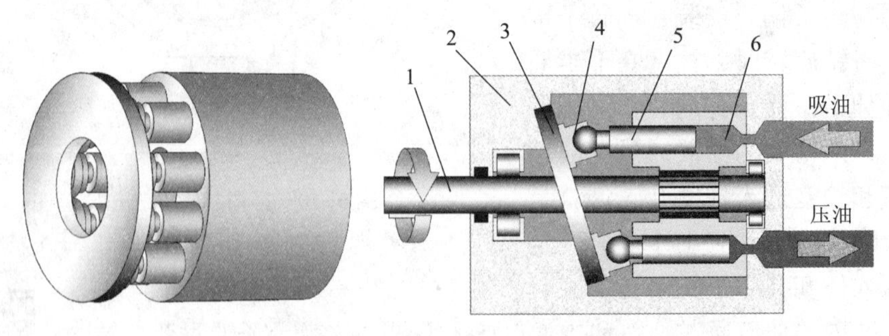

图 6-12　轴向柱塞泵工作原理图

1—传动轴；2—缸体；3—斜盘；4—滑靴；5—柱塞；6—柱塞孔

1）直轴式（斜盘式）轴向柱塞泵

直轴式轴向柱塞泵是靠斜盘推动活塞产生往复运动，改变缸体柱塞腔内容积进行吸油和

压油的。它的传动轴中心线和缸体中心线重合，柱塞轴线和主轴平行。通过改变斜盘的倾角大小或倾角方向，就可改变液压泵的排量或改变吸油和压油的方向，成为双向变量泵。其工作原理及实物如图 6-13 所示。

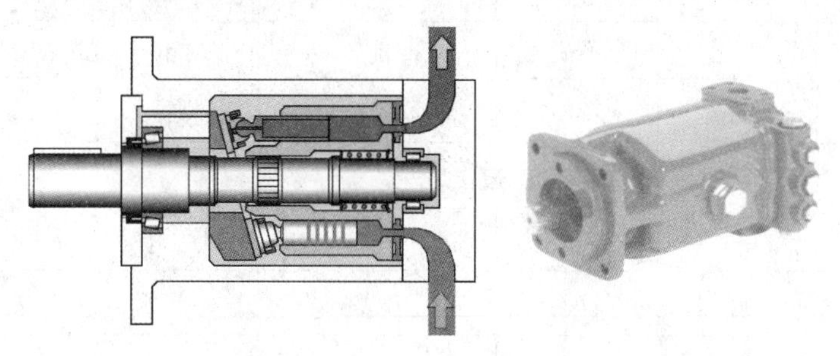

图 6-13　直轴式轴向柱塞泵工作原理及实物图

2）斜轴式轴向柱塞泵

斜轴式轴向柱塞泵的传动轴线与缸体的轴线相交一个夹角。柱塞通过连杆与主轴盘铰接，并由连杆的强制作用使柱塞产生往复运动，从而使柱塞腔的密封容积变化而输出液压油的。这种柱塞泵变量范围大，泵强度大，但结构较复杂，外形尺寸和质量都较大。其工作原理及实物如图 6-14 所示。

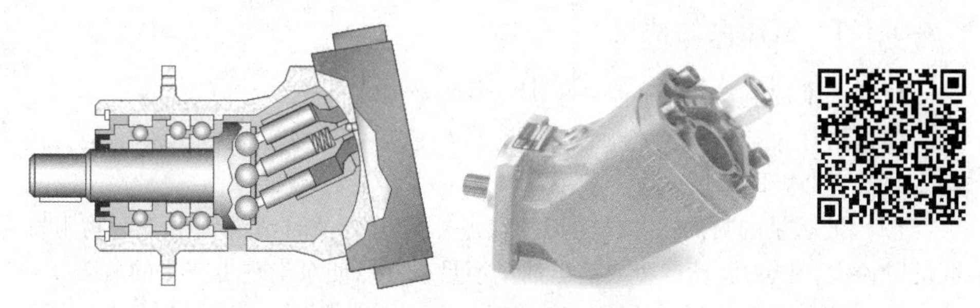

图 6-14　斜轴式轴向柱塞泵工作原理及实物图

6.1.6　液压泵的选择

液压泵是液压系统中的动力元件。选用适合执行元件做功要求的泵，需充分考虑可靠性、使用寿命、维修性等因素，以便所选的泵能在系统长期可靠运行。

液压泵的种类非常多，其特性也有很大的差别，选择液压泵时主要考虑的因素有：工作压力、流量、转速、是否变量、变量方式、容积效率、总效率、寿命、原动机的种类、噪声、压力脉动率、自吸能力等，同时还要考虑与液压油的相容性、尺寸、质量、经济性、维修性等。各类常用液压泵的基本性能比较见表 6-2。

表 6-2　常用的液压泵性能比较

性能＼类型	外啮合齿轮泵	双作用叶片泵	限压式变量叶片泵	径向柱塞泵	轴向柱塞泵	螺杆泵
输出压力	低压	中压	中压	高压	高压	低压

续表

性能＼类型	外啮合齿轮泵	双作用叶片泵	限压式变量叶片泵	径向柱塞泵	轴向柱塞泵	螺杆泵
流量调节	不能	不能	能	能	能	能
效率	低	较高	较高	高	高	较高
输出流量脉动	很大	很小	一般	一般	一般	最小
自吸特性	好	较差	较差	差	差	好
对油污染的敏感性	不敏感	较敏感	较敏感	很敏感	很敏感	不敏感
噪声	大	小	较大	大	大	最小

总的来说，选择液压泵的主要原则是满足系统的工况要求，并以此为根据，确定泵的输出流量、工作压力和结构形式。

6.1.7 液压泵的使用

使用液压泵主要有以下注意事项：

(1) 液压泵启动前，必须保证其壳体内已充满油液，否则，液压泵会很快损坏，有的柱塞泵甚至会立即损坏。

(2) 液压泵的吸油口和排油口的过滤器应进行及时清洗，由于污物阻塞会导致泵工作时的噪声大，压力波动严重或输出油量不足，并易使泵出现更严重的故障。

(3) 应避免在油温过低或过高的情况下启动液压泵。油温过低时，由于油液黏度大会导致吸油困难，严重时会很快造成泵的损坏。油温过高时，油液黏度下降，不能在金属表面形成正常油膜，使润滑效果降低，泵内的摩擦副发热加剧，严重时会烧结在一起。

(4) 液压泵的吸油管不应与系统回油管相连接，避免系统排出的热油未经冷却直接吸入液压泵，使液压泵乃至整个系统油温上升，并导致恶性循环，最终使元件或系统发生故障。

(5) 在自吸性能差的液压泵的吸油口设置过滤器，随着污染物和积聚，过滤器的压降会逐渐增加，液压泵的最低吸入压力将得不到保证，会造成液压泵吸油不足，出现振动及噪声，直至损坏液压泵。

(6) 对于大功率液压系统，电动机和液压泵的功率都很大，工作流量和压力也很高，会产生较大的机械振动。为防止这种振动直接传到油箱而引起油箱共振，应采用橡胶软管来连接油箱和液压泵的吸油口。

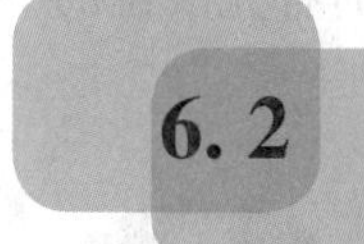

6.2 液压辅助元件

在液压传动系统中，液压辅助元件是指那些既不直接参与能量转换，也不直接参与方向、压力、流量等控制的元件或装置。液压辅助元件主要包括：油箱、滤油器、压力表、蓄能器、冷却器、加热器、连接管件、密封装置等。

液压辅助元件和其他液压元件一样，都是液压系统中不可缺少的组成部分。它们对系统的性能、效率、温升、噪声和寿命等都有很大的影响，是系统正常工作的重要保证。因此，在液压系统设计时对液压辅助元件的选用要给予充分的重视。

6.2.1 油箱

油箱的作用主要是储油，油箱必须能够盛放系统中的全部油液。液压泵从油箱里吸取油液送入系统，油液在系统中完成传递动力的任务后返回油箱。此外，因为油箱有一定的表面积，所以能够散发油液工作时产生的热量；同时油箱还具有沉淀油液中的污物、使渗入油液中的空气逸出、分离水分的作用；有时它还有兼作液压元件的阀块的安装台等多种功能。

液压系统中的油箱主要有总体式和分离式两种。总体式是利用机器设备机身内腔作为油箱（例如压铸机、注塑机等），结构紧凑，各处漏油易于回收，但维修不便，散热条件不好。分离式是设置一个单独油箱，与主机分开，减少了油箱发热和液压源振动对工作精度的影响，因此得到了广泛的应用，特别是在组合机床、自动线和精密机械设备上大多采用分离式油箱。

油箱通常用钢板焊接而成。采用不锈钢板为最好，但成本高，大多数情况下采用镀锌钢板或普通钢板内涂防锈的耐油涂料。图 6-15 所示为独立式油箱的结构。

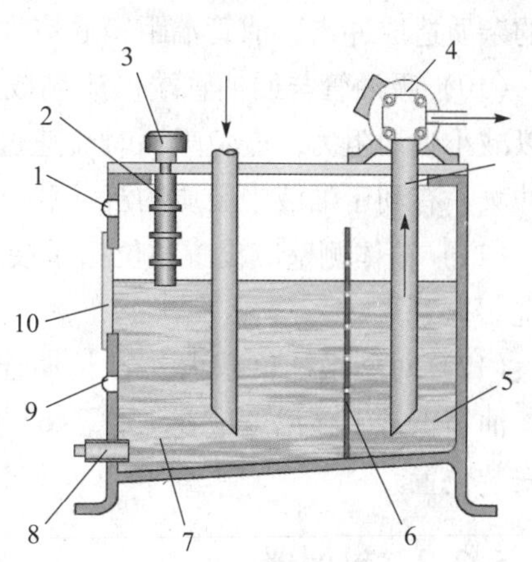

图 6-15　独立式油箱结构示意图

1—最高油位指示；2—注油滤油器；3—空气过滤器；4—电动机和液压泵；5—吸油区；6—隔板；7—回油区；8—放油阀；9—最低油位指示；10—盖板

油箱主要应具有以下结构特点：

（1）油箱应有足够的容量。液压系统工作时，油箱油面应保持一定的高度，以防液压泵吸空。为了防止系统中的油液全部流回油箱时，油液溢出油箱，所以油箱中的油面不能太高，一般不应超过油箱高度的 80%。将油面高度为油箱高度 80% 时的容积称为油箱的有效容积。

（2）为防止油液被污染，油箱上各盖板、

管口处都要妥善密封。注油孔上要加装滤油器，通气孔上装空气滤清器，如图6-16所示。空气过滤器的通流量应大于液压泵的流量，以便空气及时补充液位的下降。

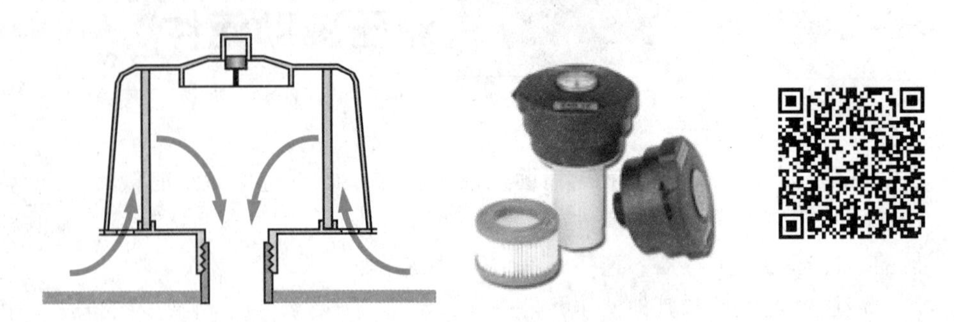

图6-16 通气孔上的空气滤清器工作原理及实物图

（3）为使漏到上盖板上的油液不至于流到地面上，油箱侧壁应高出上盖板10~15 mm。

（4）油箱应有足够的刚度和强度。特别是上盖板上如果要安装电动机、液压泵等装置时，应适当加厚，而且要采取局部加固措施。

（5）为了排净存油和清洗油箱，油箱底板应有适当斜度，并在最底部安装放油阀或放油塞。

（6）油箱内部应喷涂耐油防锈清漆或与工作油液相容的塑料薄膜，以防生锈。

（7）油箱底部应设底脚，便于通风散热和排除箱底油液。

（8）吸油管和回油管之间的距离应尽量远。油箱中的吸油管和回油管应分别安装在油箱的两端，以增加油液的循环距离，使其有充分的时间进行冷却和沉淀污物，排出气泡。为此一般在油箱中都设置隔板，使油液迂回流动。

（9）为防止吸油时吸入空气和回油时油液冲入油箱时搅动液面形成气泡，吸油管和回油管均应保证在油面最低时仍没入油中。为避免将油箱底部沉淀的杂质吸入泵内和回油对沉淀的杂质造成冲击，油管端距箱底应大于两倍管径，距箱壁应大于3倍管径。

（10）吸油管与回油管端口应制成45°斜断面以增大流通截面，降低流速。这样一方面可以减小吸油阻力，避免吸油时流速过快产生气蚀和吸空；另一方面还可以降低回油时引起的冲溅，有利于油液中杂质的沉淀和空气的分离。

（11）箱体侧壁应设置油位指示装置，滤油器的安装位置应便于装拆，油箱内部应便于清洗。

（12）对于系统负载大并且长期连续工作的系统来说，还应考虑系统发热及散热的平衡。油箱正常工作温度应在15 ℃~65 ℃，如要安装加热器或冷却器，必须考虑其在油箱中的安装位置。

6.2.2 过滤器

液压系统中75%以上的故障和液压油的污染有关，所以保持油液的清洁是液压系统可靠工作的关键。过滤器的功用在于过滤混在液压油中的杂质，使进入到液压系统中的油液的污染度降低，保证系统正常工作。

1. 工作原理

如图6-17所示，油液从进油口进入过滤器，沿滤芯的径向由外向内通过滤芯，油液中颗粒被滤芯中的过滤层滤除，进入滤芯内部的油液即为洁净的油液。过滤后的油液从过滤器的出油口排出。

随着过滤器的工作时间增加，滤芯上积累的杂质颗粒越来越多，过滤器进、出油口压差也会越来越大。进、出油口压差高低通过压差指示器指示，它是用户了解滤芯堵塞情况的重要依据。若滤芯在达到极限压差后还未及时更换，旁通阀会开启，防止滤芯破裂。

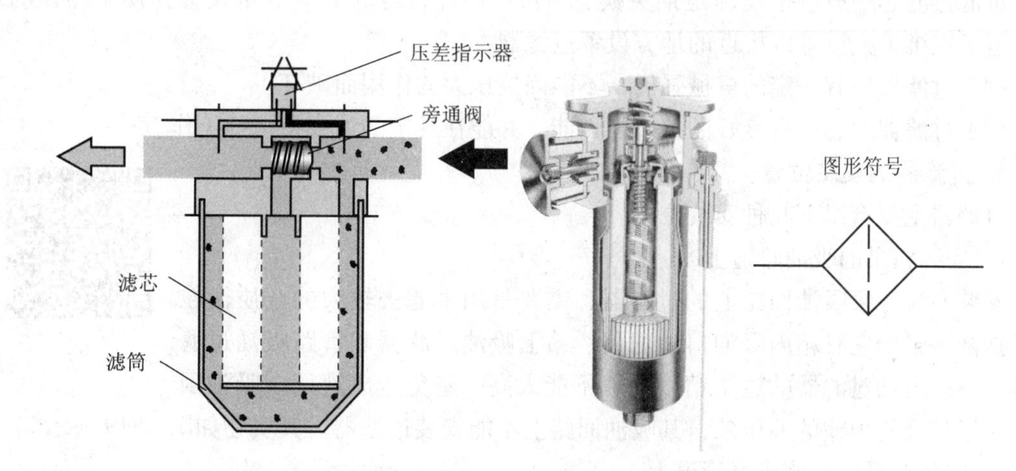

图6-17 过滤器工作原理及剖面结构图

由于过滤器过滤下来的污染物积聚于进油腔一侧，所以通过过滤器的液流，不得反向流动，否则会将污染物再次带入油液，造成油液污染。

滤芯是过滤器的关键部件，滤芯的结构形式有线隙式、片式、烧结式和圆筒折叠式等多种。滤芯的材料主要有玻璃纤维纸、合成纤维纸、植物纤维纸、金属纤维毡和金属网等，如图6-18所示。

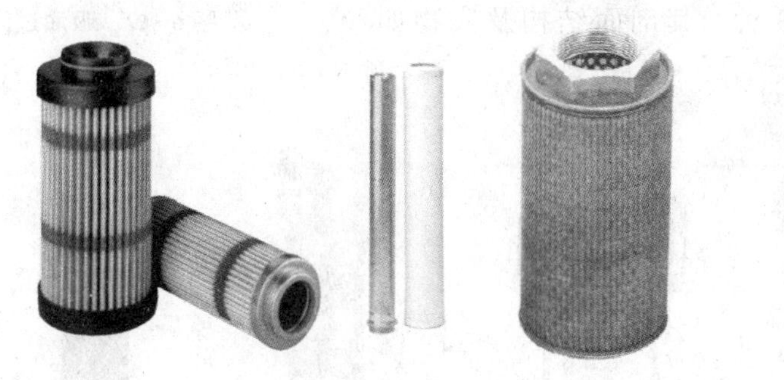

图6-18 过滤器滤芯实物图

2. 过滤器的基本要求

（1）足够的过滤精度。

过滤精度是指过滤器能够有效滤除的最小颗粒污染物的尺寸。它是过滤器的重要性能参

数之一。过滤精度可分为粗（$d \geqslant 100\ \mu m$）、普通（$d \geqslant 10 \sim 100\ \mu m$）、精（$d \geqslant 5 \sim 10\ \mu m$）和特精（$d \geqslant 1 \sim 5\ \mu m$）4 个等级。

（2）足够的过滤能力。

过滤能力指一定压力降下允许通过过滤器的最大流量，一般用过滤器的有效过滤面积（滤芯上能通过油液的总面积）来表示。过滤器的过滤能力还应根据过滤器在液压系统中的安装位置来考虑，如过滤器安装在吸油管路上时，其过滤能力应为泵流量的两倍以上。

（3）滤芯要利于清洗和更换，便于拆装和维护。

过滤器滤芯一般应按规程定期更换、清洗，因此，过滤器应尽量设置在便于操作的地方，避免在维护人员难以接近的地方设置过滤器。

（4）过滤器应有一定的机械强度，不能因液压力的作用而破坏。

（5）过滤器滤芯应有良好的抗腐蚀性能，并能在规定的温度持久地工作。

3. 过滤器的安装位置

过滤器主要有以下几种安装位置。

1）安装在泵的吸油管道上

安装在液压泵吸油回路上的过滤器，主要是用来滤去较大的杂质微粒以保护液压泵。它有箱内吸油口过滤器、箱上吸油过滤器和管路吸油过滤器等几种。吸油过滤器的过滤精度一般不能太高，避免造成液压泵吸油困难。对于自吸能力差的液压泵，其吸油回路上不能安装过滤器。其实物如图 6-19 所示。

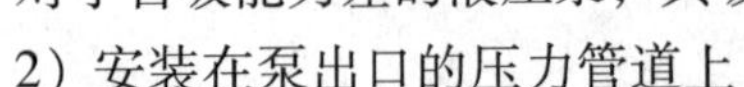

2）安装在泵出口的压力管道上

将过滤器安装在泵的出口油路上是为了滤去可能侵入控制阀、油缸等元件的杂质，一般采用过滤精度为 10～15 μm 的过滤器。它应有较高的机械强度，能承受油路上的最高工作压力和冲击压力。根据压力高低又分为高压管路过滤器、中压管路过滤器和低压管路过滤器 3 种。其剖面结构及实物如图 6-20 所示。

图 6-19　吸油过滤器实物图

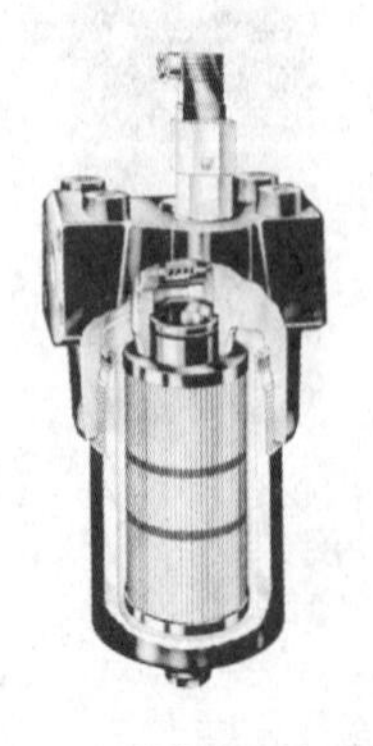

图 6-20　压力管路过滤器剖面结构及实物图

3）安装在系统的回油管道上

回油过滤器安装在回油管路上，由于承受压力低，所以不需要有很高的强度。其剖面结构及实物如图6-21所示。

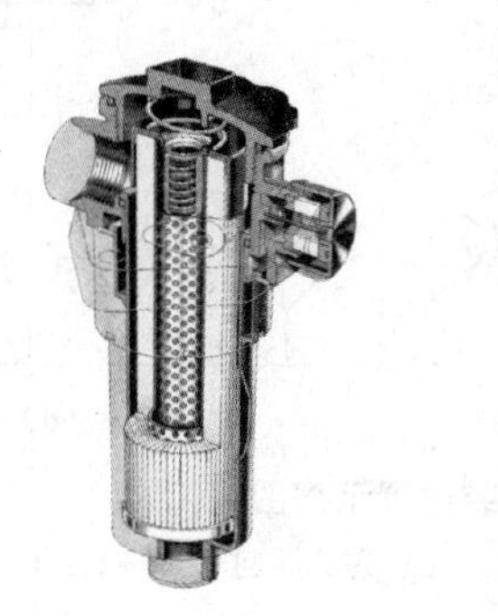

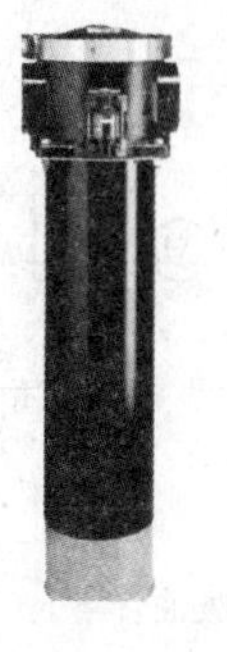

图6-21　回油过滤器剖面结构及实物图

4）安装在重要元件前

对于一些对杂质敏感的重要元件可以在它的进油口安装精度较高的过滤器，以保证其正常工作。

5）设置单独过滤系统（辅助过滤）

对于一些大型的液压系统可以专门设置由一个液压泵和过滤器组成的独立过滤回路，用来清除其中的杂质，还可与加热器、冷却器、排气器等配合使用。为降低成本，可以将这个相对独立的过滤系统安装在一个可移动的小车上，为多个液压系统的油液进行过滤，如图6-22所示。

图6-22　滤油小车实物图

滤油器安装位置如图6-23所示。

6.2.3　加热器和冷却器

油液在液压系统中具有密封、润滑和传递动力等多重作用，为保证液压系统正常工作，应将油液温度控制在一定范围内。

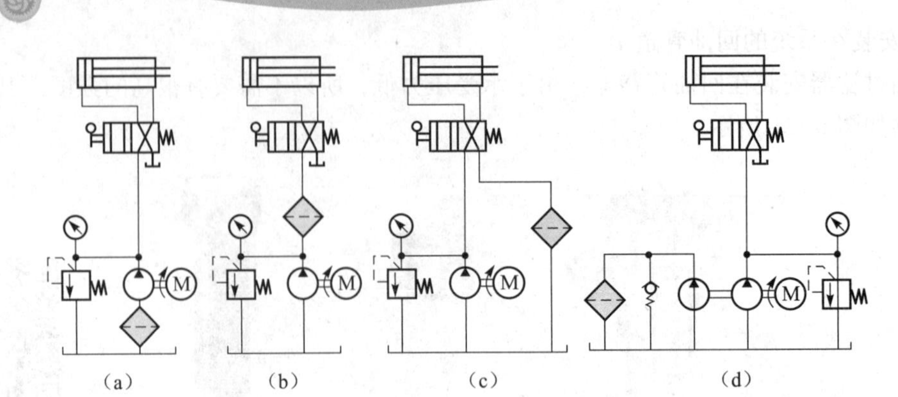

图 6-23　滤油器安装位置示意图

（a）安装在吸油管路上；（b）安装在压力管路上；（c）安装在回油管路上；（d）单独过滤

一般系统工作时油液的温度应在 30 ℃～60 ℃为宜，最低时不应低于 15 ℃。如果液压油温度过高，则油液黏度下降，会使润滑部位的油膜破坏，油液泄漏增加，密封材料提前老化，气蚀现象加剧等。长时间在较高温度下工作，还会加快油液氧化，析出沉淀物，并导致影响液压泵和液压阀的运动部分正常工作的严重故障。所以当依靠自然散热无法使系统油温降低到正常温度时，就应采用冷却器进行强制性冷却。相反，油温过低，则油液黏度过大，会造成设备启动困难，压力损失加大并使振动加剧等严重后果，这时就要通过设置加热器来提高油液温度。

根据冷却介质的不同，冷却器可分为风冷式和水冷式两种，如图 6-24 所示。

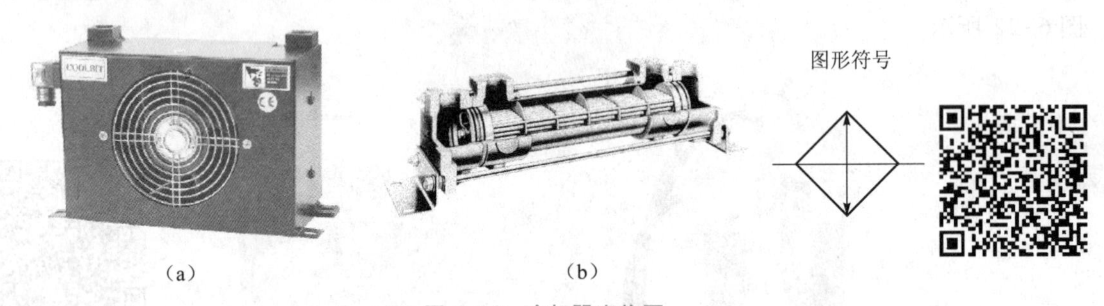

图 6-24　冷却器实物图

（a）风冷式冷却器；（b）水冷式冷却器

液压系统常用的加热器为电加热器，使用时可以直接将其装入油箱底部，并与箱底保持一定距离，安装方向一般为横向。其实物如图 6-25 所示。

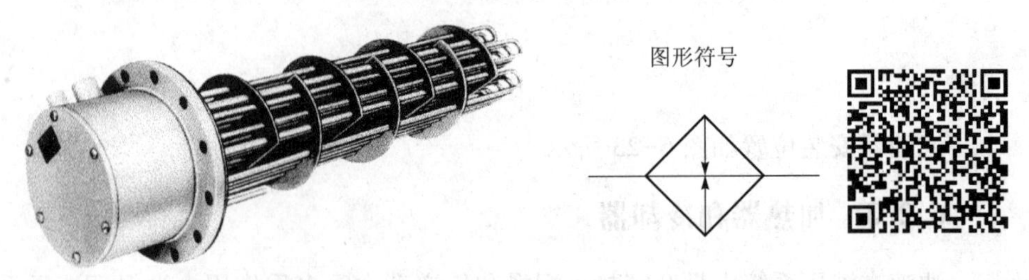

图 6-25　加热器实物图

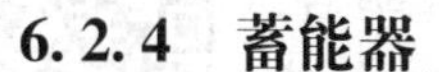

6.2.4　蓄能器

蓄能器是液压系统中的储能元件，它储存多余的压力油液，并在需要时释放出来供给系统。

1. 蓄能器的类型与结构

蓄能器的类型较多，按其结构可分为重锤式、弹簧式和充气式 3 类。其中充气式蓄能器又分为气液直接接触式、活塞式、气囊式和隔膜式等 4 种，如图 6-26 所示，活塞式、气囊式蓄能器应用最为广泛。

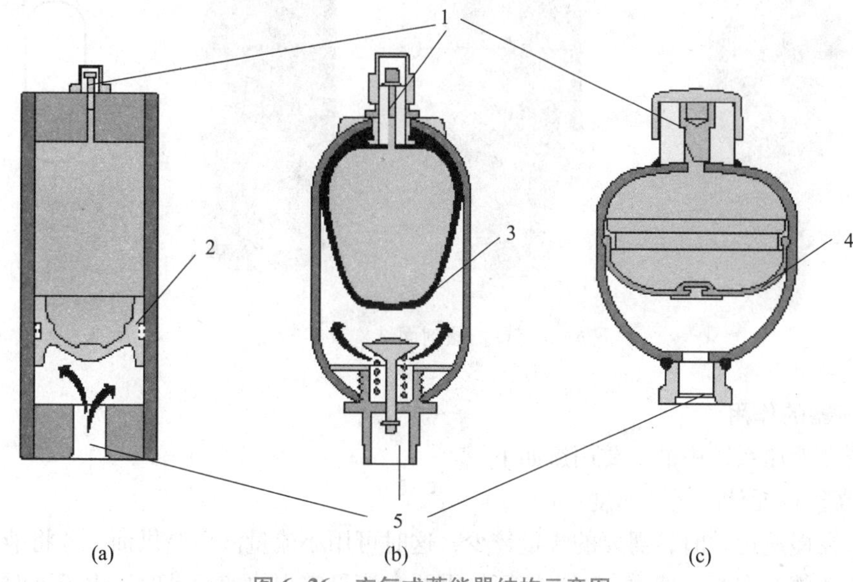

图 6-26　充气式蓄能器结构示意图

（a）活塞式蓄能器；（b）气囊式蓄能器；（c）隔膜式蓄能器

1—充气阀；2—活塞；3—皮囊；4—隔膜；5—液压油入口

2. 工作原理

这里以气囊式蓄能器为例介绍充气式蓄能器的工作原理，其原理如图 6-27 所示。使用

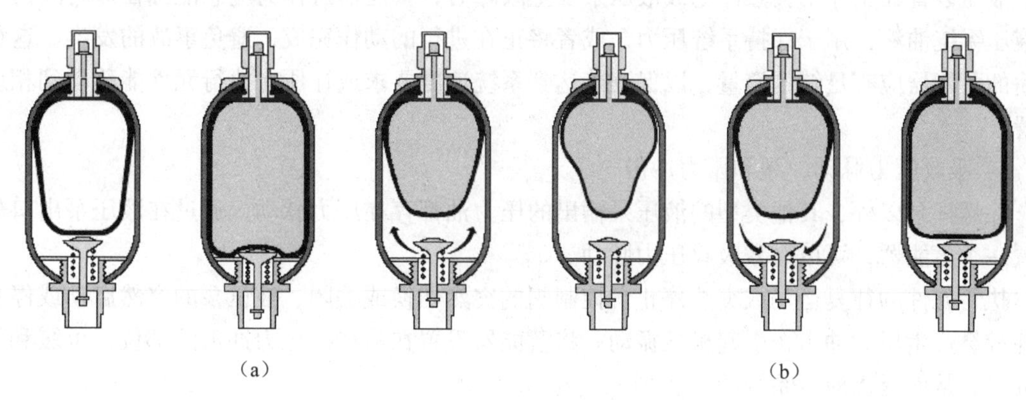

图 6-27　气囊式蓄能器工作原理图

（a）充压过程；（b）释放过程

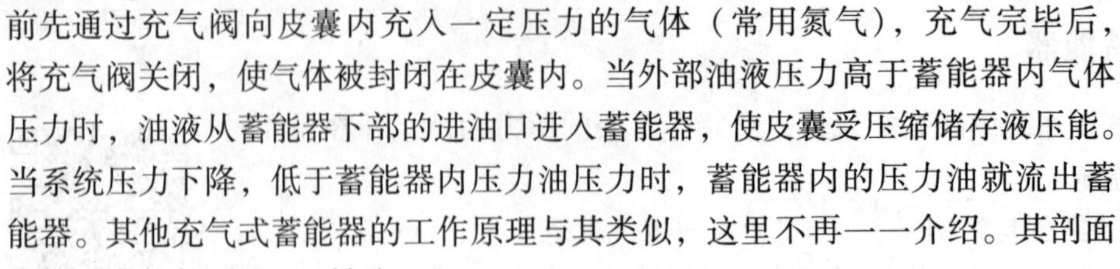

前先通过充气阀向皮囊内充入一定压力的气体（常用氮气），充气完毕后，将充气阀关闭，使气体被封闭在皮囊内。当外部油液压力高于蓄能器内气体压力时，油液从蓄能器下部的进油口进入蓄能器，使皮囊受压缩储存液压能。当系统压力下降，低于蓄能器内压力油压力时，蓄能器内的压力油就流出蓄能器。其他充气式蓄能器的工作原理与其类似，这里不再一一介绍。其剖面结构及实物如图 6-28 所示。

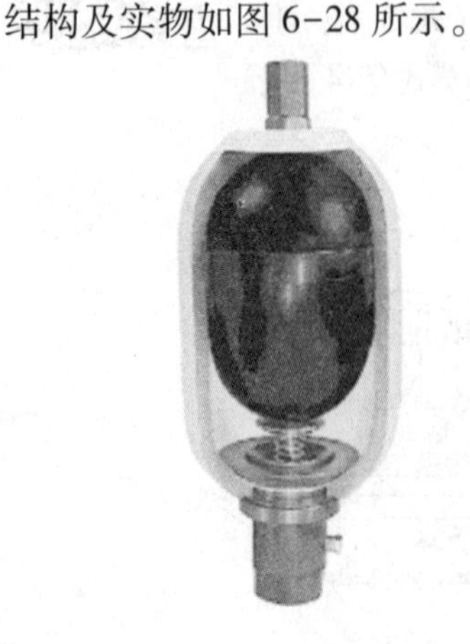

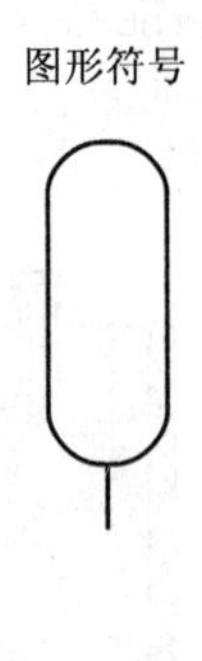

图 6-28　蓄能器剖面结构及实物图

3. 蓄能器的作用

蓄能器在液压系统中的主要用途如下。

1）提高执行元件的运动速度

液压缸在慢速运动时，需要的流量较少，这时可用小流量液压泵供油，并将液压泵输出的多余压力油储存在蓄能器内。而当液压缸需要大流量实现快速运动时，由于这时系统的工作压力往往较低，蓄能器将存储的压力油排出，与液压泵输出的油液共同供给液压缸，使其实现快速运动。这样不必采用大流量的液压泵，就可以实现液压缸的快速运动，同时可以减少电动机功率损耗，节省能源。

2）作为应急能源

液压装置在工作中突然停电或液压泵发生故障时，蓄能器可作为应急能源在短时间内供给液压系统油液，用于保持系统压力，或者将正在进行的动作完成，避免事故的发生。这种用途的蓄能器应有足够的容量，以保证能达到系统速度要求或让所有执行元件能移动到相应位置。

3）吸收压力脉动，缓和压力冲击

除螺杆泵以外，其他类型的液压泵输出的压力油都存在压力脉动，通过在液压泵出口处设置一个蓄能器，可以有效吸收压力脉动。

执行元件的往复运动或突然停止、控制阀的突然切换或关闭、液压泵的突然启动或停止往往都会产生压力冲击，引起机械振动。将蓄能器设置在易产生压力冲击的部位，可缓和压力冲击，从而提高液压系统的性能。

4）用于停泵保压

图 6-29 是用于夹紧系统的停泵保压回路。当液压缸伸出夹紧时，系统压力上升，蓄能

器储存压力油。当达到压力继电器的动作压力时，压力继电器发出信号，使液压泵停止工作。此时夹紧液压缸的压力依靠蓄能器内的压力油保持，从而减少了系统的功率损耗。这时蓄能器与液压泵之间必须装有单向阀，以防止液压泵停止工作时，蓄能器的压力油倒流而使泵反转。在其他类似装有蓄能器的系统中，液压泵的出口都应安装单向阀。

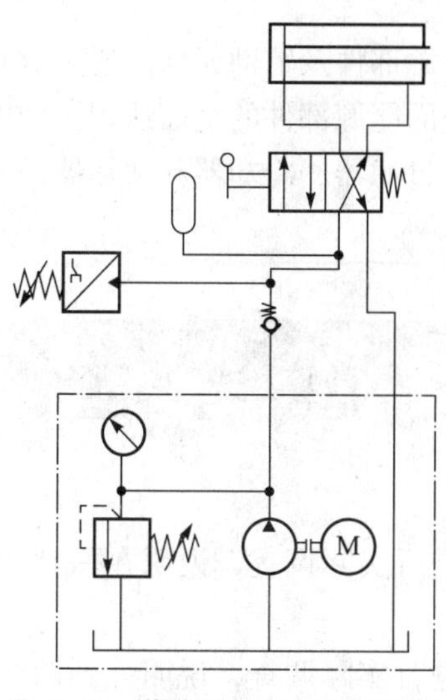

图 6-29 蓄能器停泵保压回路图

生产学习经验

1. 液压泵吸油不足会使泵吸入的油液中带有大量空气，这种现象称为吸空，吸空的主要原因有：吸油管路内径太小或有异物；吸油过滤器堵塞；液压油黏度过高或油温过低；油液发生气化；油泵转速过高；油箱通气孔发生堵塞；油液液位太低。

2. 液压泵的吸油管应避免用胶管或塑料管这类软管，因为吸油管工作时管内压力低于大气压，在外部压力作用下吸油管可能发生变形而使实际的通流面积减小，增大吸油阻力，影响泵的正常工作。

3. 油箱的加油口应有标有所有液压油型号的标牌。

4. 液压系统的回油管不能直接与液压泵的吸油管相连接，避免将系统排出的热油直接供给系统使用，造成液压系统温度恶性升高。

5. 当液压系统中装有充气式蓄能器，则在使用前应对其充气压力进行检查，一般充气压力=最低工作压力检查×0.9。检查完成后才能通过截止阀将其与系统连通。

6. 液压回路采用钢管连接时可多使用管卡，防止系统工作时管路产生振动。

本章小结

本章主要介绍液压系统的能源部件及辅助元件。通过对几种常见液压泵的结构及工作原理的描述，方便读者对液压系统的能源部件的全面认识。辅助元件作为液压系统中必不可少的元件，本章主要介绍了油箱、过滤器、冷却器和加热器以及蓄能器等元件的结构、工作原理和基本作用。

思考题

1. 查询相关资料或到企业进行实际调查，说明在一到两个液压设备中液压泵站的类型和所选用的液压泵类型。

2. 查询相关资料或到企业进行实际调查，说明一到两个液压设备中所用到的液压辅助元件并说明其作用。

习题

1. 什么是液压能源部件？液压泵站主要由哪些元件构成？
2. 液压传动中常用的液压泵分为哪些类型？
3. 容积式液压泵有什么特点？
4. 如果油箱完全封闭，不与大气相通，液压泵是否能工作？
5. 外啮合齿轮泵的工作原理是怎样的？它有什么特点？
6. 内啮合齿轮泵的工作原理是怎样的？它有什么特点？
7. 叶片泵分为几种？其工作原理是怎样的？叶片泵是如何实现变量的？
8. 请简述柱塞泵的类型、工作原理和特点。
9. 液压泵在选用和使用时应注意哪些问题？
10. 油箱具有什么样的作用？主要可分为哪几类？
11. 油箱在设计时应注意哪些问题？
12. 过滤器的工作原理是怎样的？压差指示器和旁通阀有什么作用？
13. 过滤器有哪些性能要求？它的安装位置主要有哪几种？
14. 液压系统中放置冷却器和加热器的目的是什么？
15. 什么是蓄能器？根据结构的不同，它可分为哪几类？蓄能器的主要作用是什么？

第 7 章 液压执行元件

【本章知识点】

1. 液压缸的分类和结构特点
2. 摆动缸的分类和结构特点
3. 液压马达的分类、结构特点和性能
4. 液压缸的缓冲装置、排气装置和密封装置

【背景知识】

在液压传动系统中，液压执行元件是把通过回路输入的液压能转变为机械能输出的装置。液压执行元件有液压缸和液压马达两种类型，二者的区别在于：液压缸将液压能转换成往复运动的机械能；而液压马达则将液压能转换成连续回转的机械能。

7.1 液 压 缸

液压缸按其结构形式可以分成活塞缸、柱塞缸和摆动缸3类。活塞缸和柱塞缸实现往复直线运动，输出推力或拉力和直线运动速度；摆动缸则能实现小于360°的往复摆动，输出角速度（转速）和转矩。液压缸和其他机构相配合，可完成各种运动。

7.1.1 活塞式液压缸

1. 双杆活塞式液压缸

活塞上所固定的活塞杆从液压缸两侧伸出的液压缸，称为双杆活塞液压缸，也称双出杆液压缸。

图7-1所示为双杆活塞式液压缸，它是双作用液压缸，和双作用气缸一样，其活塞两侧都可以被加压，因此它们都可以在两个方向上做功。

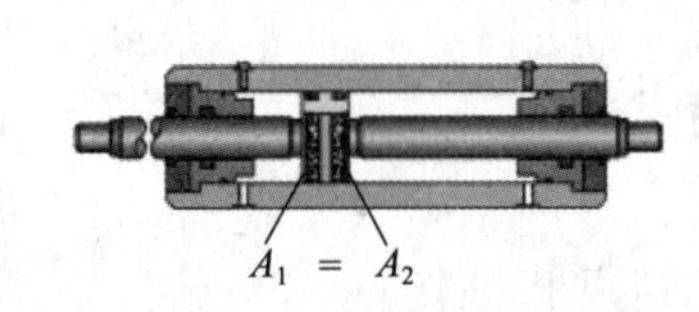

图7-1 双杆活塞式液压缸结构及实物图

双杆活塞缸的两个活塞杆直径通常是相等的，当左右压力相等时活塞缸左右两个方向的推力也相等。如进油腔和回油腔的压力分别是 p_1 和 p_2，则推力 F 为：

$$F=A_1(p_1-p_2)=\frac{\pi}{4}(D^2-d^2)(p_1-p_2) \tag{7.1}$$

式中：A_1——活塞的有效工作面积，m^2；

D——活塞的直径，m；

d——活塞杆的直径，m。

如进入缸内的流量为 q，则工作台的运动速度为：

$$v=\frac{4q}{\pi(D^2-d^2)} \tag{7.2}$$

2. 单杆活塞式液压缸

活塞杆仅从液压缸的某一侧伸出的液压缸，称为单杆活塞液压缸，也称单出杆液压缸。

1）双作用液压缸

如图7-2所示的单杆活塞式液压缸的活塞只有一端带活塞杆，其伸

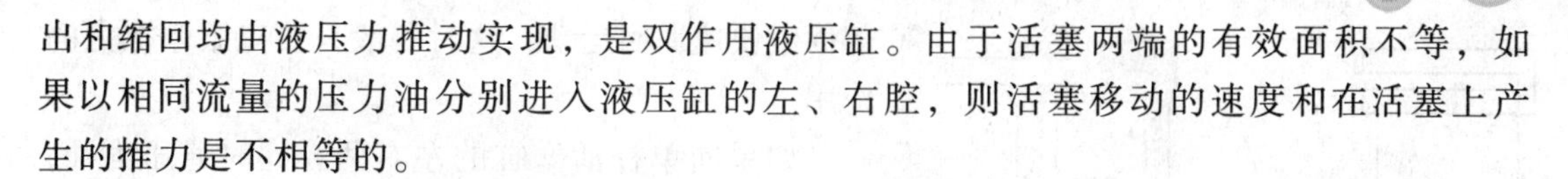

出和缩回均由液压力推动实现，是双作用液压缸。由于活塞两端的有效面积不等，如果以相同流量的压力油分别进入液压缸的左、右腔，则活塞移动的速度和在活塞上产生的推力是不相等的。

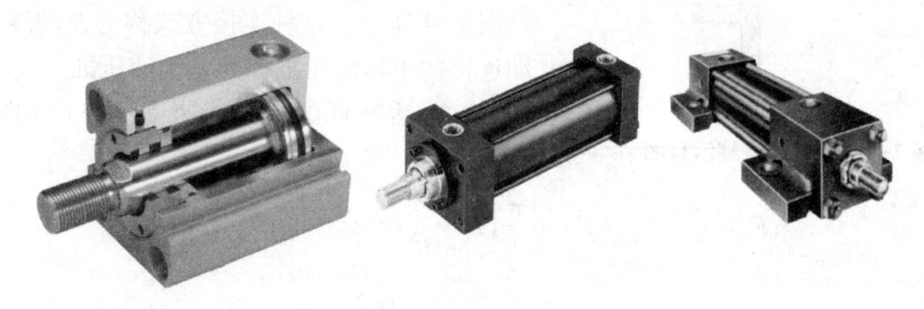

图 7-2　单杆活塞式液压缸剖面结构及实物图

如图 7-3 所示，当输入液压缸无杆腔的油液流量为 q，液压缸进出油口压力分别为 p_1 和 p_2，活塞上所产生的推力 F_1 和速度 v_1（方向均向右）为：

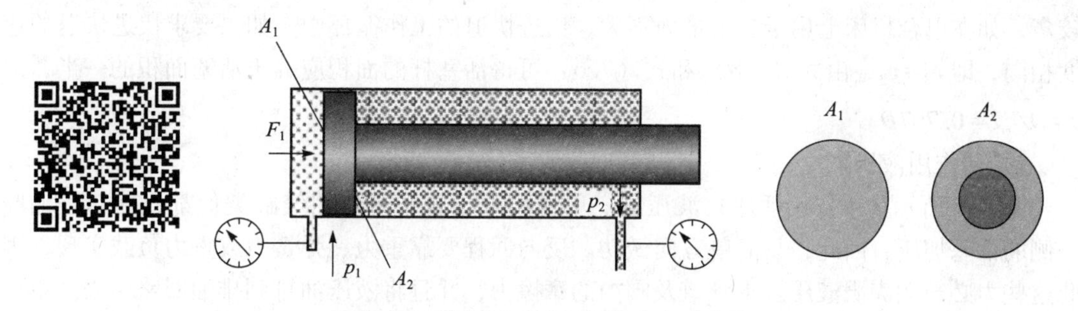

图 7-3　单杆活塞式液压缸输出力示意图

$$F_1 = A_1 p_1 - A_2 p_2 = \frac{\pi}{4}[(p_1 - p_2)D^2 + p_2 d^2] \tag{7.3}$$

$$v_1 = \frac{q}{A_1} = \frac{4q}{\pi D^2} \tag{7.4}$$

当油液从有杆腔输入时，其活塞上所产生的推力 F_2 和速度 v_2（方向均向左）为：

$$F_2 = A_2 p_1 - A_1 p_2 = \frac{\pi}{4}[(p_1 - p_2)D^2 - p_1 d^2] \tag{7.5}$$

$$v_2 = \frac{q}{A_2} = \frac{4q}{\pi(D^2 - d^2)} \tag{7.6}$$

式中：A_1、A_2——无杆腔和有杆腔活塞的有效工作面积，m^2；

D——活塞的直径，m；

d——活塞杆的直径，m。

由式（7.4）和式（7.6）可知活塞伸出速度 $v_1 <$ 缩回速度 v_2；常用于实现机床快速退回。由式（7.3）和式（7.5）可知活塞伸出时的推力 $F_1 >$ 缩回时的推力 F_2，即无杆腔进油产生的推力大于有杆腔进油所产生的推力。所以当无杆腔进油时，常用于驱动机床工作部件做慢速工作进给运动，用于克服较大外负载的作用；当有杆腔进油时，常用于驱动机床工作

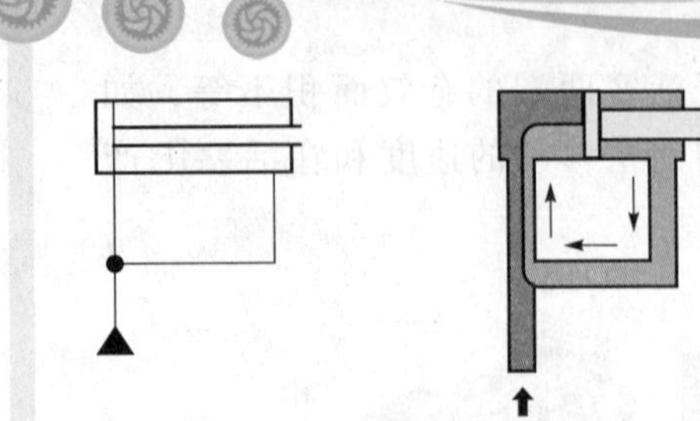
图 7-4　差动液压缸示意图

部件做快速退回运动，这时一般只要克服摩擦力的作用。

如果向单杆活塞缸的左右两腔同时通压力油，如图 7-4 所示，这种连接方式称为差动连接，做差动连接的单杆液压缸称为差动液压缸。

这时活塞杆的推力、速度（方向均向右）分别为：

$$F_3 = p_1 (A_1 - A_2) = \frac{\pi}{4}[D^2 - (D^2 - d^2)]p_1 = \frac{\pi}{4}d^2 p_1 \tag{7.7}$$

$$v_3 = \frac{q}{\frac{\pi}{4}d^2} = \frac{4q}{\pi d^2} \tag{7.8}$$

将式（7.7）和式（7.8）和式（7.3）和式（7.4）比较可知：$F_3 < F_1$，$v_3 > v_1$，即差动液压缸可以产生较小的推力，但可以使用小流量泵得到较快的运动速度，所以在机床上应用较多，如在组合机床上用于要求推力不大、快进快退的工作循环中。如果要求快进快退的速度相同，即 $v_3 = v_2$，由式（7.8）和式（7.6）可得活塞杆的面积应等于活塞面积的一半，即 $d = D/\sqrt{2} = 0.707D$。

2）单作用液压缸

图 7-5 所示为单作用活塞式液压缸。单作用液压缸和单作用气缸类似都只能对进油腔一侧的活塞加压，因此，只能单方向做功。反向回程要靠重力、弹簧力或重力负载实现，因此这些力必须能克服液压缸、管道及阀内的摩擦力，并且将液压油排到排油回路中去。单作用液压缸可应用在只要求液压力在单个方向上做功的场合。

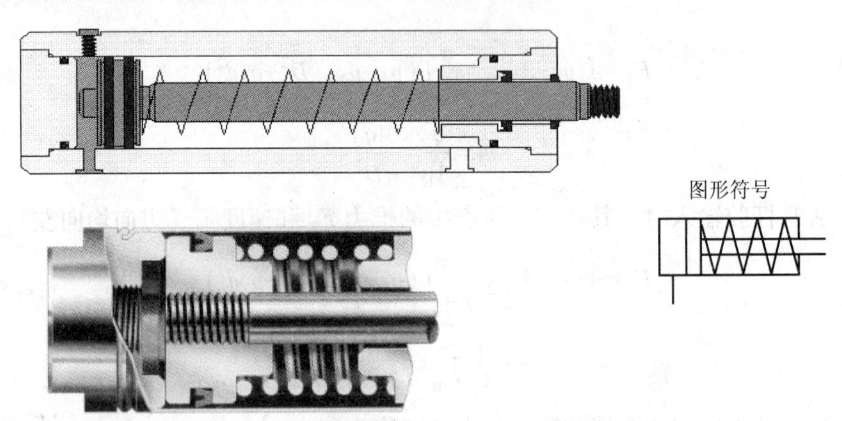

图 7-5　弹簧复位单作用活塞式液压缸结构示意图

柱塞缸也是一种单作用液压缸。图 7-6 所示为一种单杆柱塞缸，压力油进入缸筒时，柱塞带动运动部件向外伸出，但反向退回时必须依靠其他外力或自重才能实现，或将两个柱塞缸成对反向使用。

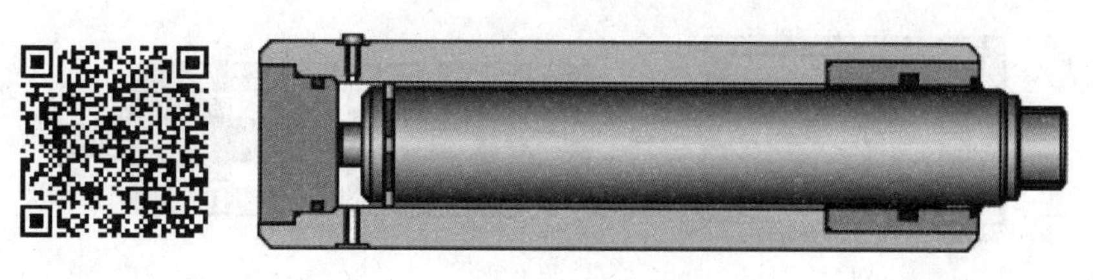

图 7-6　柱塞式液压缸结构示意图

柱塞缸的柱塞端面是承受油压的工作面，动力是通过柱塞传递的。由于柱塞运动时由缸盖上的导向套来导向，缸筒内壁和柱塞有一定的间隙而不用直接接触。因此，缸筒内壁不用加工或只做粗加工，从而给制造带来方便，也特别适用于行程较长的场合，此时必须保证导向套和密封装置部分内壁的精度。另外柱塞缸一般不宜水平安装，因为柱塞缸的柱塞一般较粗，水平放置会导致柱塞因自重而下垂，造成导向套和密封圈单向磨损，所以柱塞可以做成空心的。

7.1.2　其他类型的液压缸

1. 增压缸

增压液压缸又称增压器。在液压系统中，整个系统需要低压，而局部需要高压，为节省一个高压泵，常用增压缸与低压大流量泵配合作用，使输出油压变为高压。这样只有局部是高压，而整个液压系统调整压力较低，因此减少了功率损耗。

如图 7-7 所示的增压缸，当左腔输入压力为 P_1，推动面积为 A_1 的大活塞向右移动时，从面积为 A_2 的小活塞右侧输出压力为 P_2，$P_2=P_1A_1/A_2$，由此输出压力得到了提高。

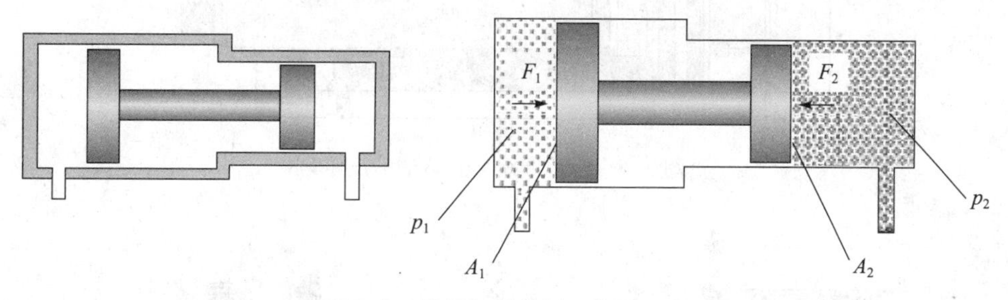

图 7-7　增压缸结构及工作原理图

2. 伸缩缸

伸缩缸又名多套缸，如图 7-8（a）所示，它是由两个或多个活塞缸套装而成的。这种液压缸在各级活塞依次伸出时可获得很长的行程，而当它们依次缩回后，又能使液压缸轴向尺寸很短，广泛用于起重运输车辆上。

伸缩缸也有单作用和双作用之分，前者靠外力实现回程，后者靠液压力实现回程。

3. 串联液压缸

当液压缸长度不受限制，但直径受到限制，无法满足输出力的大小要求时，可以采用多个液压缸串联构成的串联液压缸来获得较大的推力输出。如图 7-8（b）所示。

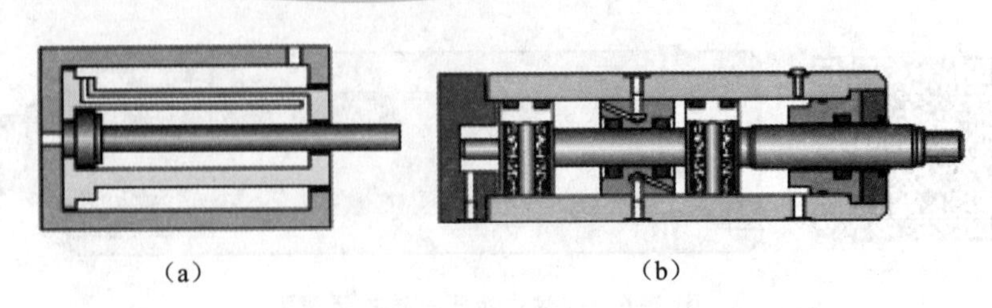
(a)　　(b)

图 7-8　伸缩缸和串联液压缸结构示意图

(a) 伸缩缸；(b) 串联液压缸

7.1.3　缓冲装置

在液压系统中，当运动速度较高时，由于负载及液压缸活塞杆本身的质量较大，造成运动时的动量很大，因而活塞运动到行程末端时，易与端盖发生很大的冲击。这种冲击不仅会引起液压缸的损坏，而且会引起各类阀、配管及相关机械部件的损坏，具有很大的危害性。所以在大型、高速或高精度的液压装置中，常在液压缸末端设置缓冲装置，使活塞在接近行程末端时，使回油阻力增加，从而减缓运动件的运动速度，避免活塞与液压缸端盖的撞击。

图 7-9 所示即为带缓冲装置的液压缸，它采用的缓冲装置是与缓冲气缸中的缓冲装置相类似的可调节流缓冲装置。其缓冲过程如图 7-10 所示。

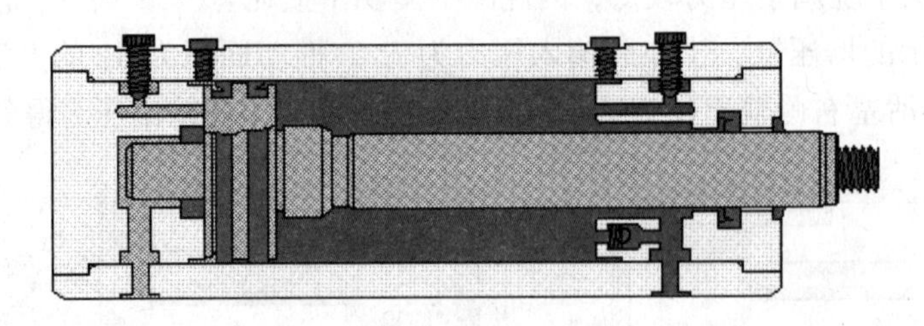

图 7-9　带可调缓冲装置的液压缸

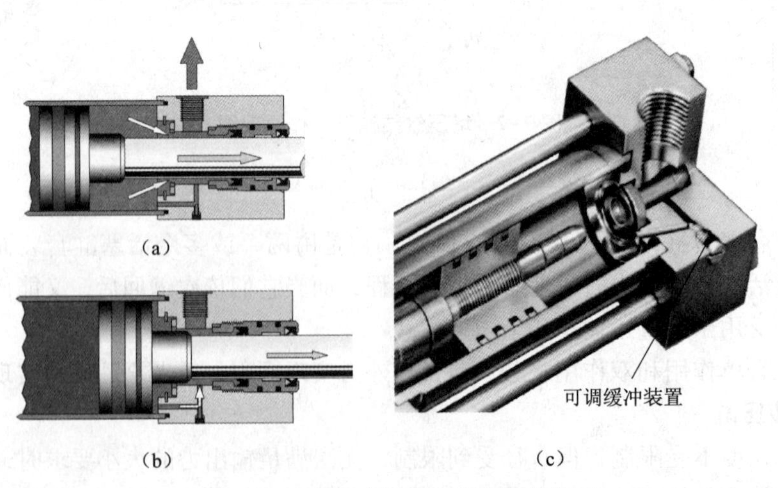

(a)　　(b)　　(c)

图 7-10　液压缸缓冲过程及剖面结构图

(a) 正常回油；(b) 节流回油；(c) 剖面结构

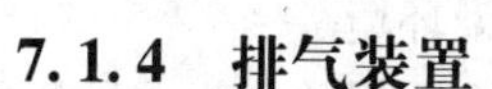

7.1.4 排气装置

液压缸运行前应将缸内的空气排净，否则运行时缸内气体被压缩，造成液压缸的抖动或爬行，并产生噪声。水平安装的液压缸进出油口最好向上，便于气体的排出，或在液压缸的最高部位设置排气装置。对于速度稳定性要求较高的液压缸和大型液压缸，则必须安装排气装置。

液压缸内混入空气主要有几方面原因：

（1）当液压系统长时间不工作，系统中的油液由于本身质量的作用而流出。这时容易使空气进入系统，并在运行时被带入液压缸。

（2）液压缸运行时残留的空气有时无法自行排出。

（3）由于系统密封不严由外部混入空气或油液中溶解的空气分离出来。

排气装置通常有两种，一种是在液压缸的最高部位开排气孔，并用管道连接排气阀进行排气；另一种是在液压缸的最高部位安装排气塞。这两种排气装置都是在液压缸排气时打开，排气完成后自动关闭。其工作过程如图 7-11 所示。

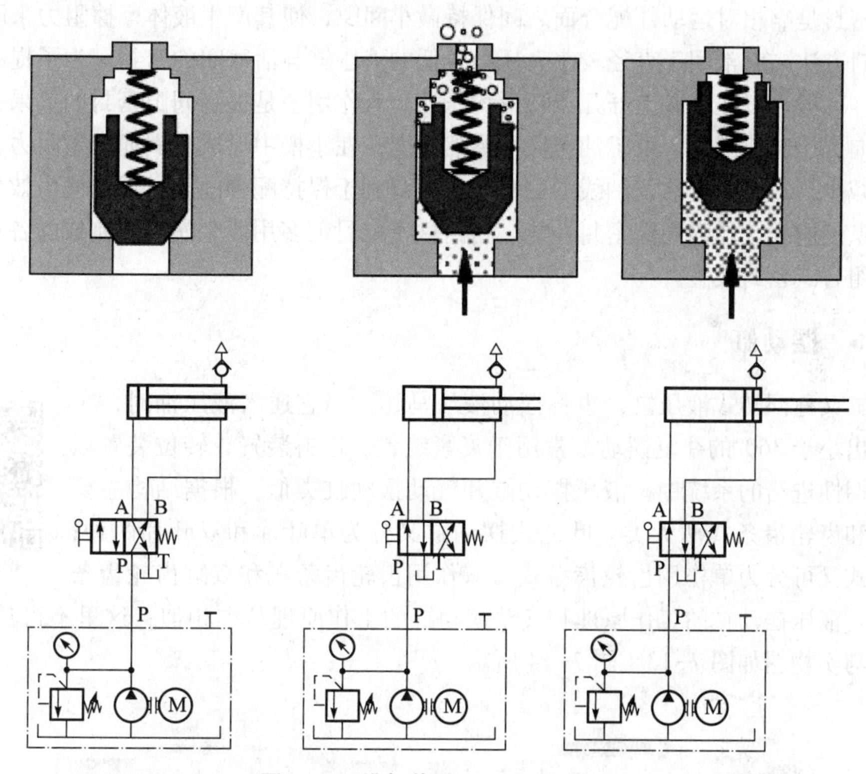

图 7-11　排气装置工作过程示意图

7.1.5 密封装置

液压缸高压腔中的油液向低压腔泄漏称为内泄漏；液压缸中的油液向外部泄漏称为外泄漏。由于液压缸存在内泄漏和外泄漏，使得液压缸的容积效率降低，从而影响液压缸的工作

性能，严重时使系统压力上不去甚至无法工作，并且外泄漏还会污染环境。

液压缸一般不允许外泄漏并要求内泄漏尽可能小，因此为了防止泄漏的产生，液压缸中需要密封的地方必须采取相应的密封措施。液压缸中需要密封的部位主要有活塞、活塞杆和端盖等处，如图7-12所示。常用的密封方法有间隙密封和密封件密封。

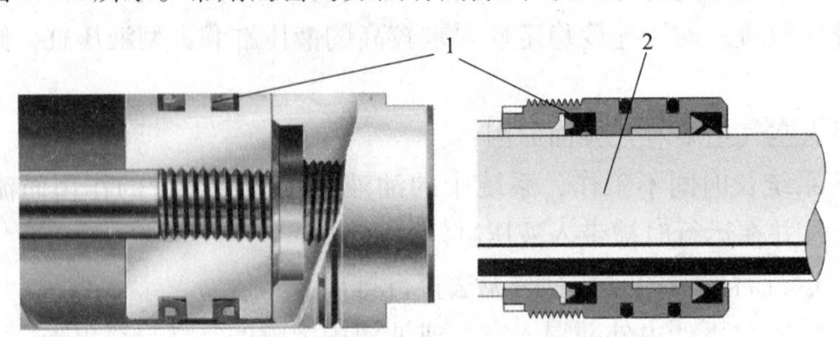

图7-12　液压缸密封圈及其安装位置

1—密封圈；2—活塞杆

间隙密封是靠相对运动件配合面之间保持微小间隙，使其产生液体摩擦阻力来防止泄漏的一种密封方法。它常用于直径较小、压力较低的液压缸与活塞间的密封。为了提高间隙密封的效果，一般可以在活塞上开几条环形均压槽。其作用一是提高间隙密封的效果，当油液从高压腔向低压腔泄漏时，由于油路截面突然改变，在小槽中形成旋涡而产生阻力，使油液的泄漏量减少；二是阻止活塞轴线的偏移，从而有利于保持配合间隙，保证润滑效果，减少活塞与缸壁的磨损，增强间隙密封性能。密封件密封目前多用非金属材料制成的各种形状的密封圈及组合式密封装置。

7.1.6　摆动缸

摆动缸又称回转式液压缸，也称摆动液压马达。当它通入液压油时，主轴可以输出小于360°的往复摆动，常用于夹紧装置、送料装置、转位装置以及需要周期性进给的系统中。液压摆动缸和气动摆动缸类似，根据结构主要有叶片式和齿轮齿条式两大类。叶片式摆动缸又分为单叶片和双叶片两种；齿轮齿条式又可分为单作用齿轮齿条式、双作用齿轮齿条式和双缸齿轮齿条式等几种。液压摆动缸的工作原理和气动摆动缸的工作原理基本相似，这里不再具体介绍。其结构图与实物图如图7-13、图7-14所示。

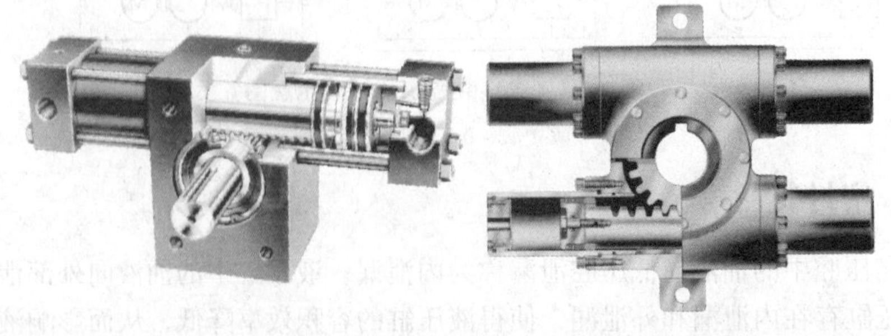

图7-13　齿轮齿条式摆动缸剖面结构图

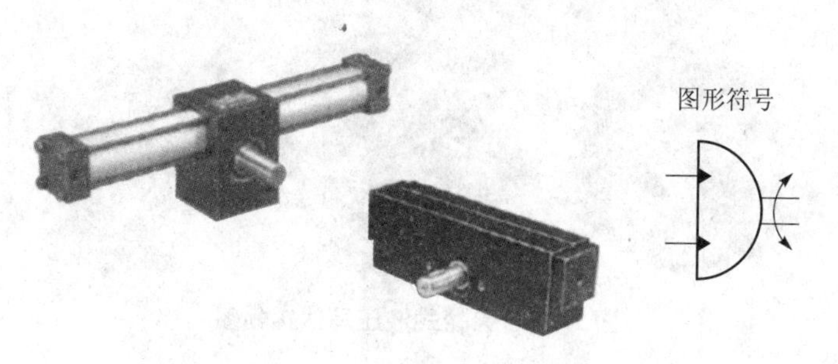

图 7-14 摆动缸实物图

7.2 液压马达

7.2.1 液压马达的分类

液压马达可实现连续的回转运动，输出转矩和转速，液压马达按其结构类型主要可分齿轮式、叶片式和柱塞式三大类；按额定转速可分为高速液压马达和低速液压马达两类。高速液压马达额定转速高于500 r/min，其特点为转速高，转动惯量小，便于启动和制动，调速和换向灵敏度高，但输出转矩较小，所以也称为高速小转矩液压马达；低速液压马达额定转速小于500 r/min，其主要特点是转速低（最低可达每分钟不到一转），排量大，体积大，可直接与工作机构相连，不需要减速装置，输出转矩大，它又称为低速大转矩液压马达。

从能量转换的观点来看，液压泵与液压马达是可逆工作的液压元件。向任何一种液压泵中输入液压油，就能使其进入液压马达的工作状态；反之，当液压马达的主轴在外力矩驱动下旋转时，它就进入了液压泵的工作状态。但由于它们的作用不同，对它们的性能要求也不同，所以同类型的液压泵和液压马达之间，一般仍存在很多区别。由于存在着这些差别，使得它们在结构上虽然相似，但不能可逆工作。液压马达的工作原理在本章不做具体分析，如有需要请参阅相关书籍。

1. 齿轮式液压马达

齿轮式液压马达的结构与齿轮式液压泵类似，比较简单，主要用于高转速、小转矩的场合，也用作笨重物体旋转的传动装置。由于笨重物体的惯性起到飞轮作用，可以补偿旋转的波动性，因此齿轮式液压马达在起重设备中应用比较多。但是齿轮式液压马达输出转矩和转速的脉动性较大，径向力不平衡，在低速及负荷变化时运转的稳定性较差。其实物图如图 7-15 所示。

2. 叶片式液压马达

叶片式液压马达是利用作用在转子叶片上的压力差工作的，其输出转矩与液压马达的排

图 7-15　齿轮式液压马达实物图

量及进、出油口压力差有关，转速由输入流量决定。叶片式液压马达的叶片一般径向放置，叶片底部应始终通有压力油。

叶片马达的最大特点是体积小、惯性小，因此动作灵敏，可适用于换向频率较高的场合。但是，这种液压马达工作时泄漏较大，机械特性较软，低速工作时不稳定，调速范围也不能很大。所以叶片式液压马达主要适用于高转速、小转矩和动作要求灵敏的场合，也可以用于对惯性要求较小的各种随动系统中。其工作原理及实物图如图 7-16 所示。

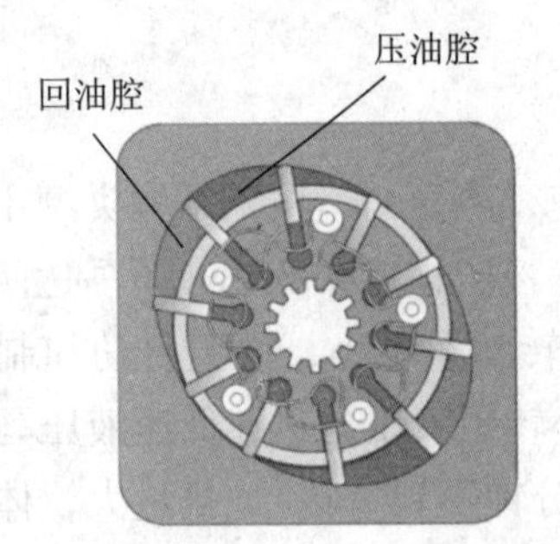

图 7-16　叶片式液压马达工作原理及实物图

3. 柱塞式液压马达

柱塞式液压马达按其柱塞的排列方式不同，可分为径向柱塞式液压马达和轴向柱塞式液压马达。柱塞泵和柱塞式液压马达的结构基本相同，工作原理是可逆的，一般的柱塞泵都可以用作液压马达。柱塞式液压马达由于排量较小，输出转矩不大，是一种高速、小转矩的液压马达。其实物图如图 7-17 所示。图形符号如图 7-18 所示。

图 7-17　柱塞式液压马达实物图

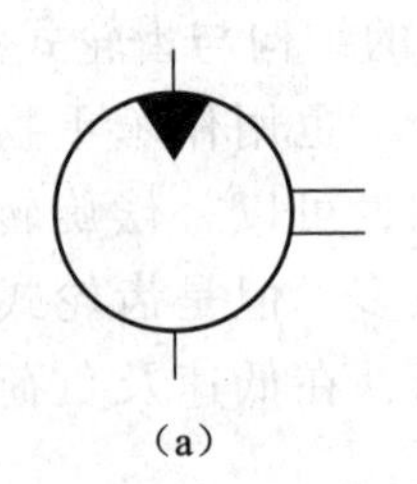
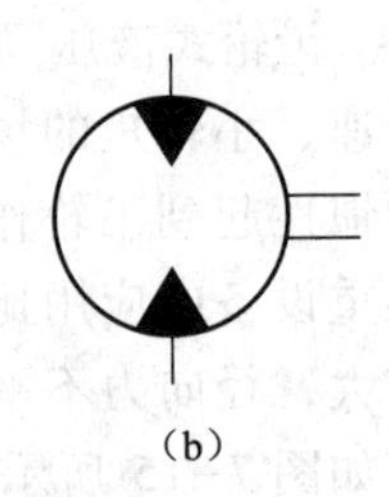

（a）　（b）

图 7-18　液压马达的图形符号

（a）单向液压马达；（b）双向液压马达

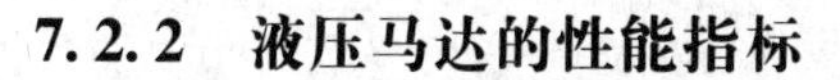

7.2.2　液压马达的性能指标

液压马达主要有以下几项性能指标：

1. 转矩和排量

液压马达在工作中输出的转矩大小是由负载转矩决定的。推动同样大小的负载，工作腔大的马达的压力要低于工作腔小的马达的压力，所以说工作腔的大小是液压马达工作能力的重要标志。

液压马达的排量是指在没有泄漏的情况下，马达轴转一转所需输入的油液体积，用V表示。液压马达排量的大小只决定于马达中密封工作腔的几何尺寸，与转速无关。根据排量的大小可以计算在给定压力下液压马达所能输出的转矩的大小，也可计算在给定的负载转矩下马达的工作压力的大小。

2. 机械效率和启动性能

液压泵是由电动机带动而旋转的，所以它的输入量是转矩和转速（角速度），输出量是液体的压力和流量。液压马达正好相反，其输入量是液体的压力和流量，输出量是转矩和转速（角速度）。

如果液压马达在能量转换过程中没有能量损失，则输入功率与输出功率相等。但由于有泄漏损失，液压马达的实际输入流量必须大于它的理论流量；由于有摩擦损失，液压马达的实际输出转矩必然小于它的理论转矩。

在同样的压力下，液压马达由静止到开始转动的启动状态的输出转矩要比运转中的转矩小，这给液压马达的启动造成了困难，所以启动性能对液压马达来说非常重要。

启动转矩降低的原因是在静止状态下的摩擦系数最大，在摩擦表面出现相对滑动后摩擦系数明显减小，这是机械摩擦的一般性质。对液压马达来说，更为主要的原因是静止状态时液压油在金属表面形成的润滑油膜被挤掉，启动时基本上成了金属表面之间的干摩擦。一旦马达开始转动，随着润滑油膜的建立，摩擦阻力立即下降，并随着滑动速度增大和油膜变厚而进一步降低。所以如果液压马达带载启动，必须注意所选择的液压马达的启动性能。

3. 转速和低速稳定性

液压马达的转速取决于供油的流量q和液压马达本身的排量V。由于液压马达内部有泄漏，并不是所有进入马达的液体都推动液压马达做功，一小部分液体因泄漏损失掉了，所以马达的实际转速要比理想情况低一些。在工程中，液压马达的转速和液压泵的转速都用r/min（转/分）表示。

当液压马达工作速度过低时，往往无法保持稳定的转速，而进入时转时停的不稳定工作状态，即所谓的爬行。为避免在低速时出现爬行，在选择低速液压马达时，低速稳定性也是一个很重要的指标。液压马达使用时应尽量高于其铭牌上标有的最低转速，一般来讲，低速大转矩液压马达的低速稳定性要比高速马达好。

4. 调速范围

当负载在从低速到高速很宽的速度范围内工作时，也就要求液压马达能在较大的速度范围内工作，否则就需要专门的变速机构，使传动系统变得复杂。液压马达的调速范围以允许的最大转速和最低稳定转速之比表示，即：$i=n_{max}/n_{min}$。显然，调速范围宽的液压马达应具

有良好的高速性能和低速稳定性。

7.2.3 使用液压马达的注意事项

（1）液压马达的泄油腔不允许有压力。液压系统的回油一般具有一定的压力，所以不允许将液压马达的泄油口与其他回油管路连接在一起，防止引起马达轴封损坏，导致漏油。

（2）液压马达在驱动大惯性负载时，不能简单地用关闭换向阀的方法使其停止。若用关闭换向阀使其停止，当液压马达突然停止时，由于惯性的作用，其回油管路上的压力会大幅升高，严重时会将管路上的薄弱环节冲击损坏或使液压马达的部件断裂失效。为此，应在马达的回油管路上设置合适的安全阀以保证系统正常工作。

（3）在启动液压马达时，若液压油黏度过低则会使整个液压马达的润滑性下降；黏度过高则会使马达有些部位得不到有效润滑。

（4）由于液压马达总存在一定的泄漏，因此用关闭液压马达的进出油口来保持制动状态是不可靠的。关闭进出油口的液压马达其转轴仍会有轻微的转动，所以需要长时间保持制动状态，应另行设置防止转动的制动器。

生产学习经验

1. 液压缸缸筒内表面一般要求尽量光滑，但如果表面粗糙度过低会造成与活塞间的完全密封，表面无法形成油膜，反而加剧了活塞与缸筒的磨损。

2. 液压缸承受的负载应尽量作用在液压缸活塞杆的轴线上，如果活塞杆受到过大的径向力可能造成活塞杆变形。

3. 水平放置的液压缸进出油口应尽量朝上，便于液压缸内气体的排出。

4. 摆动缸在高频工作时，其进出油口会产生压力冲击，当压力冲击较大时，必须考虑设置高灵敏度的溢流阀，以免造成摆动缸损坏。

5. 液压马达在运行过程中内部有频繁的高低压变化过程，如果进行入马达内的液压油含有空气，会在压力突变处产生气蚀现象，使马达很快损坏。

6. 在没有排气装置的液压回路中，在首次安装调试或换油时应在系统管路的最高处进行排气处理。排气时可以略微松开连接螺栓，让少量泄漏的油液将空气带走。当看见较多的油液渗出而有带出没有气泡的话，那么就可以重新拧紧螺栓连接。

7. 当液压缸活塞与缸筒之间采用间隙密封时，液压系统的压力不宜过大，负载也不能太大，否则容易产生大量泄漏，使系统效率大大降低。

本章小结

本章对液压系统中的各类执行元件的结构、工作原理及特点进行了系统的介绍，并对液压缸的缓冲、排气、密封装置以及液压马达的各项性能指标及使用注意事项做了简要的说明。

思考题

1. 总结各类液压缸的特点。

2. 查询相关资料或到企业进行实际调查，说明一到两种不同类型的液压缸在实际生产设备中的应用。

3. 查询相关资料或到企业进行实际调查，说明摆动缸、液压马达在实际生产中的应用。

习　题

1. 什么是液压执行元件？它可分为哪两大类，它们的区别在哪里？

2. 什么是活塞缸、柱塞缸和摆动缸？双活塞式液压缸和单活塞式液压缸有什么不同？

3. 什么是差动液压缸？为何通过差动连接可以提高活塞的伸出速度？

4. 液压缸中为何会混入空气？混入的空气应如何排除？

5. 什么是液压缸的内泄漏，什么是液压缸的外泄漏？液压缸需要进行密封的部位在哪里，常用的密封方法有哪些？

6. 液压马达的结构类型有哪几种，它们各有什么特点？

7. 液压马达按额定转速可分为哪两类？它们各有什么特点？

8. 液压马达主要有哪些性能指标？它们分别有什么意义？

9. 液压马达在使用时应注意哪些问题？

第8章 液压传动基本控制回路

【本章知识点】

1. 掌握液压回路的基本组成。
2. 掌握液压控制阀的分类、工作原理。
3. 完成常见液压传动控制回路的设计，理解其工作过程。

【背景知识】

液压传动控制系统和气压传动控制系统一样都是通过对执行元件运动方向、速度以及压力大小的控制和调节来实现系统的控制要求的。和气动系统一样，无论多么复杂的液压系统都是由一些基本的、常用的控制回路组成。了解这些回路的功能，熟悉回路中相关元件的作用和结构，对我们更好的分析、使用、维护或设计各种液压传动系统起着根本性的作用。

用图形符号来表示液压系统中的各个元件及其功能，并按设计需要进行组合以构成对一个实际控制问题的解决方案，这就是液压系统的回路图。液压回路图中元件的布局、编号方法以及回路绘制的基本原则与气动回路图的基本相同，这里不再一一赘述。但由于液压系统的传动介质液压油与气动系统中的传动介质压缩空气有着不同的特点，所以在液压回路在设计和分析上也存在着一些不同点，比如：

（1）液压油的黏性远远的高于压缩空气，所以不适合远距离传递能量，所以一般每台液压设备都应单独配备液压泵进行供能。为避免造成过大的压力损失和保证较高响应速度，液压控制回路也不宜过于复杂，或尽量采用电气控制。

（2）液压系统的工作压力要远远大于气动系统的工作压力，对元件和回路安全性的要求也应更加严格。

（3）气动系统中的排气可以直接排入大气，液压系统的回油则必须通过管路接回油箱，管路数量也相应增加。所以回路设计时应尽量简化，避免管路过于复杂。例如：气动系统中控制双作用气缸常用五通换向阀，一个换向阀有两个排气口，这样可以根据需要分别安装排气节流阀，方便对气缸运动速度的调节。而在液压系统中则基本上都采用四通换向阀，以减少回油管的数量，降低配管的复杂程度。

（4）液压油在中、低压下一般可以认为是不可压缩的，所以液压系统中对执行元件的定位准确性、速度稳定性等各方面的要求一般较高。对于回路中出现的气蚀、冲击、噪声等现象也不能忽略不计。

（5）液压油与压缩空气不同，它的黏度受温度的影响很大，这一点在液压系统设计时也是不能不考虑的。

（6）气动系统的压缩空气通过储气罐输出，压力波动小，在分析时我们可以将其看作为恒压源；在定量泵作为供能部件的液压系统中，由于液压泵输出流量恒定，则可以将其看作恒流源。两者的区别在进行回路分析和设计时是必须要注意的。

8.1 工件推出装置

如图 8-1 所示，通过按下一个按钮控制一双作用液压缸活塞杆伸出，将一传送装置送来的重型金属工件推到另一与其方向垂直的传送装置上进行进一步加工；按钮松开后，液压缸活塞缩回。

对于这个任务由于控制要求比较简单，我们可以采用纯液压控制方式，也可以采用电气控制方式。在完成此任务前，我们需要掌握液压阀等相关知识。

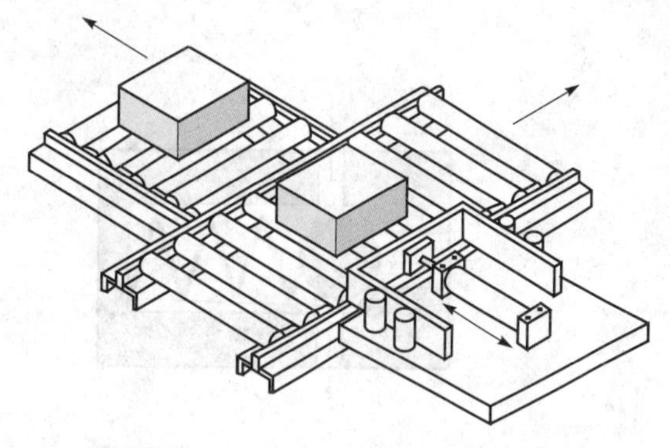

图 8-1　工件推出装置示意图

8.1.1　液压控制阀

1. 液压控制阀的结构特点

液压系统中的控制阀根据阀芯结构不同可分为座阀和滑阀两种，如图 8-2 所示。

座阀式结构的液压控制阀其阀芯大于管路直径，是从端面上对液流进行控制的；滑阀式结构的液压控制阀和气动系统中的滑阀一样是通过圆柱形阀芯在阀套内作轴向运动来实现控制作用的。

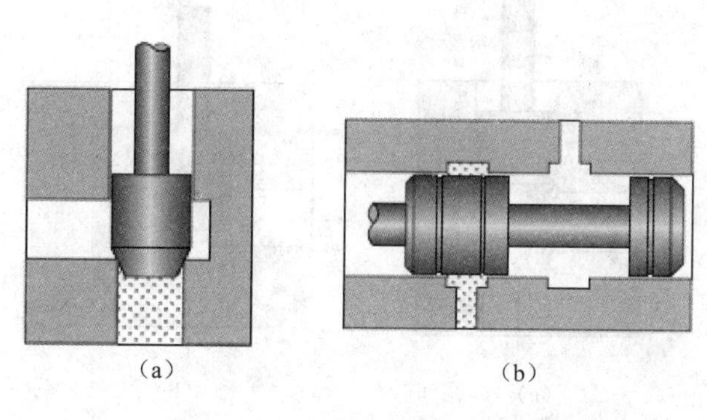

图 8-2　液压控制阀结构示意图

(a) 座阀；(b) 滑阀

1）座阀

(1) 分类。

座阀按阀芯形状不同，主要有球阀、锥阀两种，如图 8-3 所示。球阀制造比较简单，但液体流过时易产生振动和噪声；锥阀密封性能好，但安装精度要求较高。

(2) 操作力。

座阀式结构的液压控制阀可以保证关闭时的严密性，但由于背压的存在使得让阀芯运动所需的操作力也相应提高，有时我们可以通过如图 8-4 所示的采用压力平衡回路来减小操作力。

2）滑阀

一般滑阀的阀芯和阀套间都存在着很小的间隙，当间隙均匀且充满油液时，阀芯运动只要克服摩擦力和弹簧力（如果有的话）即可，操作力是很小的。但由于有间隙的存在，在高压时会造成油液的泄漏加剧，严重影响系统性能，所以滑阀式结构的液压控制阀不适合用于高压系统。

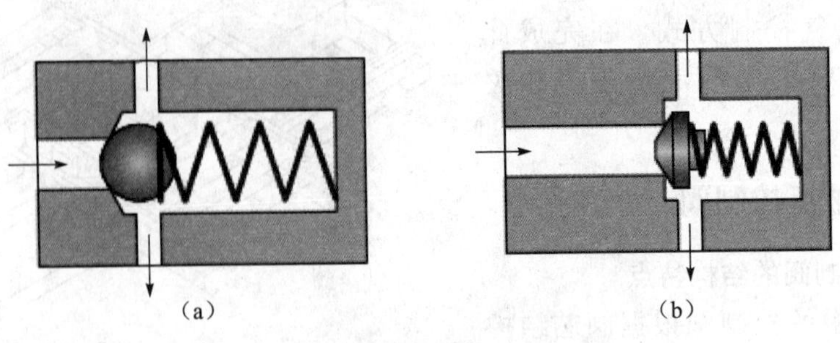

图 8-3　不同阀芯的座阀结构示意图

（a）球阀；（b）锥阀

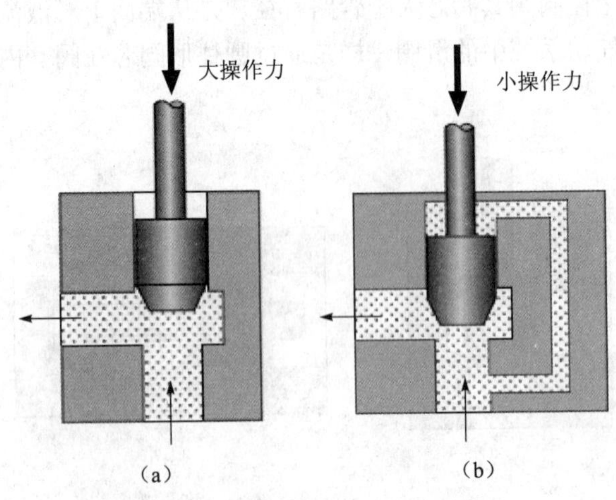

图 8-4　座阀操作力示意图

（a）无压力平衡回路；（b）有压力平衡回路

（1）液压卡紧现象。

滑阀的阀芯有时会出现阀芯移动困难或无法移动的现象，我们称之为液压卡紧现象。引起液压卡紧的原因一般有以下几点：

① 脏物卡入阀芯与阀套的间隙。

② 间隙过小，油温升高时造成阀芯膨胀而卡死。

③ 滑阀副几何形状误差和同心度变化，引起径向不平衡液压力。

其中径向不平衡液压力是造成液压卡死的最主要原因。当阀芯受到径向不平衡液压力作用而偏向一边时，将该处间隙的油液挤出。这样阀芯与阀套间的润滑油膜就会消失，阀芯与阀套间的摩擦成为干摩擦或半干摩擦，阀芯移动所需的操作力因而大大增加。滑阀停留的时间越长，液压卡紧力也就越大，可能造成操作力不足以克服卡紧阻力，而无法推动阀芯正常动作。

为了减小径向不平衡力，应严格控制阀芯和阀套的制造和装配精度。另一方面如图 8-5 所示在阀芯上开环形均压槽，也可以大大减小径向不平衡力。

（2）覆盖面。

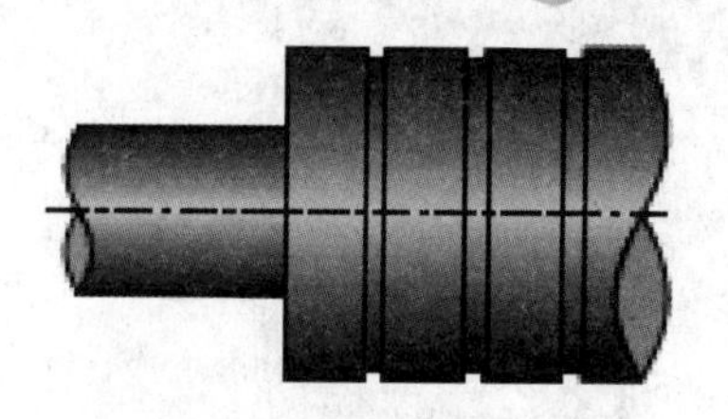

图 8-5　环形均压槽示意图

滑阀的开关特性由阀芯的覆盖面确定，阀芯的覆盖面如图 8-6 所示可分为正覆盖面、负覆盖面和零覆盖面。

正覆盖面的阀芯在关断接口时，各接口同时被阻断，不会出现压力的瞬间下降，但易出现开关冲击，启动冲击也较大；负覆盖面的阀芯在关断接口时，各接口瞬时内会互相接通，造成压力瞬时下降，但冲击相对较小；零覆盖面的阀芯通断接口快速，可以实现快速通断。

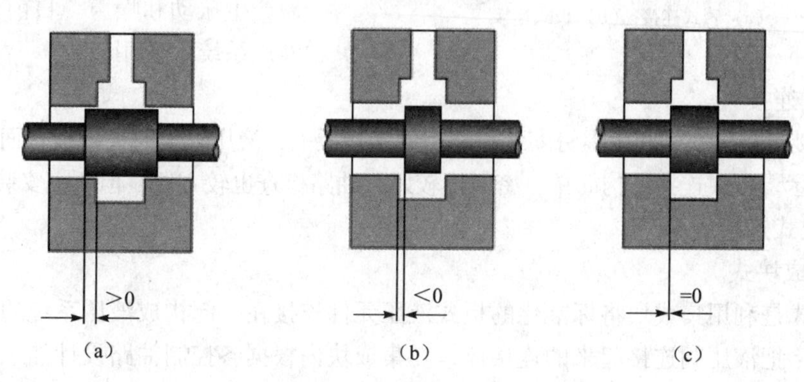

图 8-6　阀芯覆盖面示意图

（a）正覆盖面；（b）负覆盖面；（c）零覆盖面

（3）控制边缘。

阀芯的控制边缘如果十分平整会在接口通断切换时造成较强的压力冲击。这时我们可以如图 8-7 所示将工作边缘加工出一定的斜坡或多个轴向三角槽，让接口的通断有一个过渡阶段，来减小压力冲击。

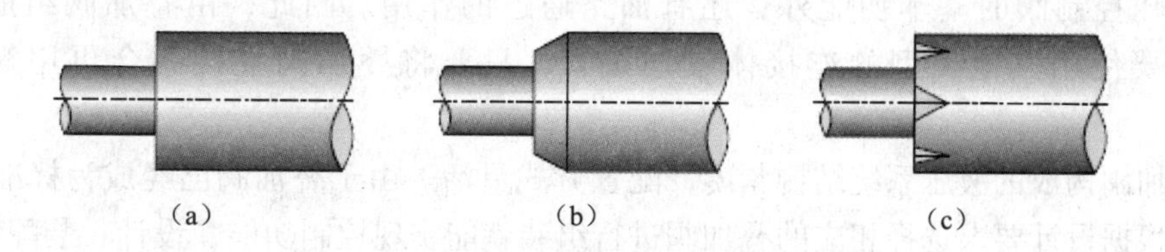

图 8-7　阀芯控制边缘示意图

（a）平整的控制边缘；（b）带斜坡的控制边缘；

（c）带轴向三角槽的控制边缘

2. 液压控制阀的连接方式

一个液压系统中各个液压控制阀的连接方式主要有：管式连接、板式连接、集成式连接，集成式又可分为集成块式、叠加阀式和插装阀式。

1）管式连接

管式连接就是将管式液压阀用管道互相连接起来，构成液压回路，如图 8-8（a）所示。

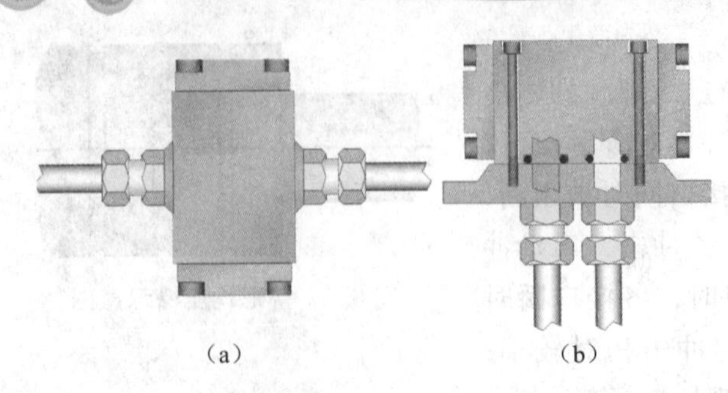

图 8-8　管式连接和板式连接方式示意图

（a）管式连接；（b）板式连接

在管式连接中，管道与控制阀一般采用螺纹管接头连接，流量大时则用法兰连接。

管式连接不需要其他专门的连接元件，系统中各阀之间油液运行线路明确，但由于结构分散，其所占空间大，管路交错，接头数量多，不便于装拆维修，易造成漏油和空气渗入，易产生振动和噪声。目前管式连接在液压系统中使用较少。

2）板式连接

板式连接就是将液压阀用螺钉安装在专门的连接板上，液压管道与连接板背面相连，如图 8-8（b）所示。板式连接结构简单，密封性较好，油路检查也较方便，但所需安装空间较大。

3）集成式连接

（1）集成块式。

集成块式是利用集成块将标准化的板式液压元件连接在一起构成液压系统的。集成块是一种代替管路把液压阀连接起来的连接体，在集成块内根据各控制油路设计加工出所需的油通道。集成块与装在周围的控制阀构成了可以完成一定的控制功能的集成块组。将多个集成块组叠加在一起就可构成一个完整的集成块式液压传动系统。

集成块式连接结构紧凑，装卸维修方便，可以根据控制需要选择相应的集成块组，被广泛用于各种液压系统中。这种方式的缺点是设计工作量大，加工复杂，已经组成的系统不能随意修改。

（2）叠加阀式。

叠加阀式是液压元件集成连接的另一种方式，它由叠加阀互相连接而成。叠加阀除了具有液压控制阀的基本功能外，还有油路通道的作用。因此，由叠加阀组成的液压系统不需要使用其他类型的连接体或连接管，只要将叠加阀直接叠合再用螺栓连接即可。

用叠加阀构成的液压系统结构紧凑，配置方式灵活。由于叠加阀已经成为标准化元件，所以可以根据设计要求选择相应的叠加阀进行组装就能实现控制功能，设计、装配快捷，装卸改造也很方便。采用无管连接方式也消除了油管和管接头引起的漏油、振动和噪声。这种方式的缺点是回路形式较少，通径较小，不能满足复杂回路和大功率液压系统的需要。如图 8-9（a）所示。

（3）插装锥阀式。

插装式锥阀又称为二通插装阀，它在高压大流量的液压系统中得到非常广泛的应用，其结构如图 8-9（b）所示。通过对二通插装阀的组合就可组成满足要求的复合阀。利用插装阀组成的液压系统结构最紧凑，通流能力强，密封性能好，阀芯动作灵敏，对污染不敏感，但故障查找和对系统改造比较困难。

二通插装阀结构如图 8-10 所示。

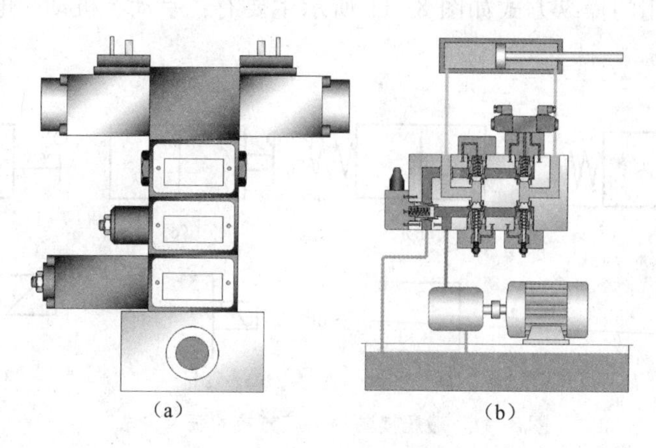

图 8-9　集成式连接方式示意图

（a）叠加阀式液压装置；（b）插装阀构成的液压系统

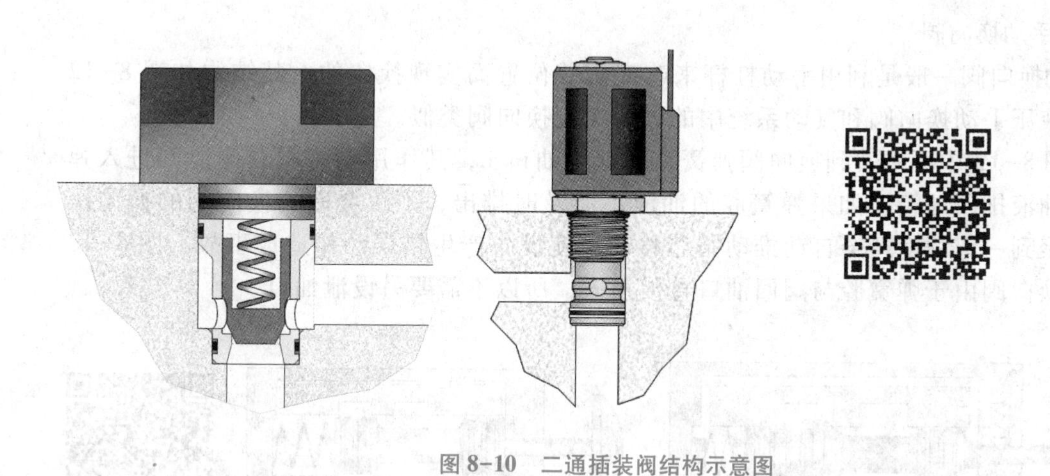

图 8-10　二通插装阀结构示意图

8.1.2　行程控制回路

和气动系统一样，在液压系统中行程控制回路是最基本的控制回路。只有在执行元件的运动的行程、方向符合要求的基础上我们才能进一步对速度和压力进行控制和调节。

实现行程控制的主要元件是方向控制阀。液压系统中用来控制油路的通断或改变油液流动方向，从而实现液压执行元件的动作要求或完成其他特殊功能的液压阀称为方向控制阀。它和气动系统中的方向控制阀一样主要分为单向阀和换向阀两类。

1. 换向阀

换向阀是利用其阀芯对于阀体的相对运动，来接通、关断或变换油流动方向，实现液压执行元件的启动、停止或换向控制。换向阀是液压系统中最主要的控制

元件。

液压换向阀常用的操纵方式如图 8-11 所示主要有：手动、机动、电磁动、液动和电液动。

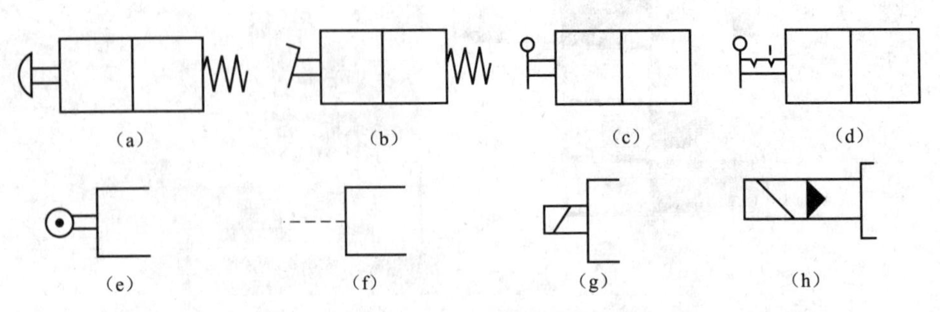

图 8-11　液压换向阀操控方式的表示方法

(a) 手动按钮，弹簧复位；(b) 脚踏式，弹簧复位；(c) 手柄式；(d) 带定位的手柄式；(d) 滚轮式机械操控；(f) 液动换向；(g) 电磁换向；(h) 电液换向

1）手动换向阀

手动换向阀一般是利用手动杠杆来改变阀芯位置而实现换向的，其结构如图 8-12 所示。液压手动换向阀和气动系统中的人力控制换向阀类似。

在图 8-12 中可以看到换向阀弹簧腔设有泄油口 L，其作用是将阀右侧泄漏进入弹簧腔的油液排回油箱。如果弹簧腔的油液不能及时排出，不仅会影响换向阀的换向操作，积聚到一定程度还会自动推动阀芯移动，使设备产生错误动作造成事故。图 8-13 所示的换向阀由于弹簧腔与阀回油口直接相通，所以不需要另设泄油口。

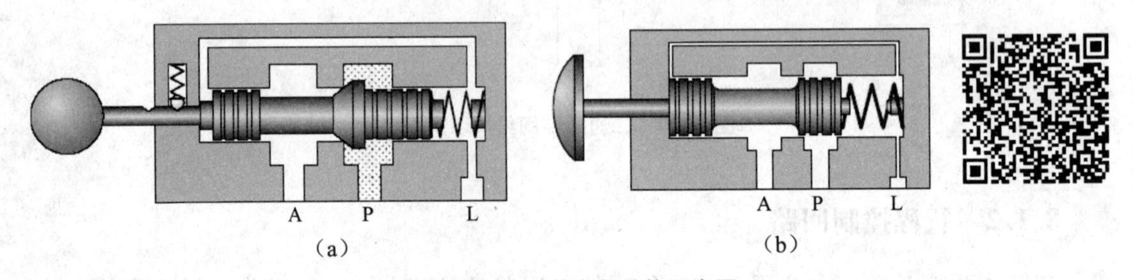

图 8-12　手动换向阀结构示意图

(a) 座阀式结构；(b) 滑阀式结构

2）机动换向阀

机动换向阀和气动系统中的机械控制换向阀一样是借助于安装在工作台上的挡铁或凸轮来迫使阀芯移动，从而达到改换油液流向的目的的。机动换向阀主要用来检测和控制机械运动部件的行程，所以又称为行程阀。

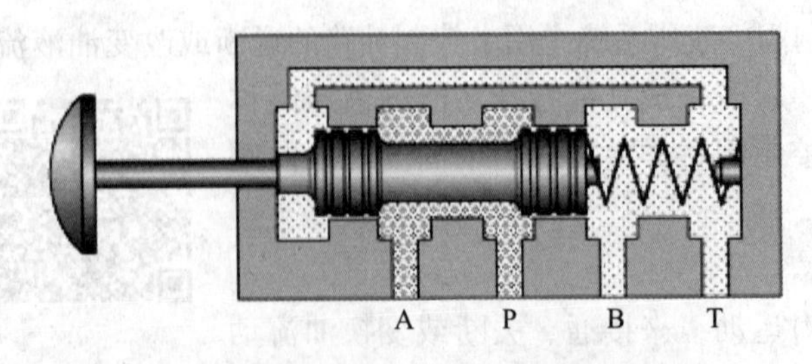

图 8-13　不带泄油口的二位四通换向阀

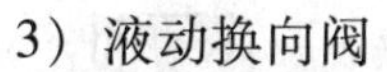

3）液动换向阀

液动换向阀是利用控制油路的压力来改变阀芯位置的换向阀，其工作原理和气动系统中的气压控制换向阀相似。液动换向阀如果换向过快会造成压力冲击，这时可以如图 8-14 所示通过在其液控口设置单向节流阀来降低其切换速度。

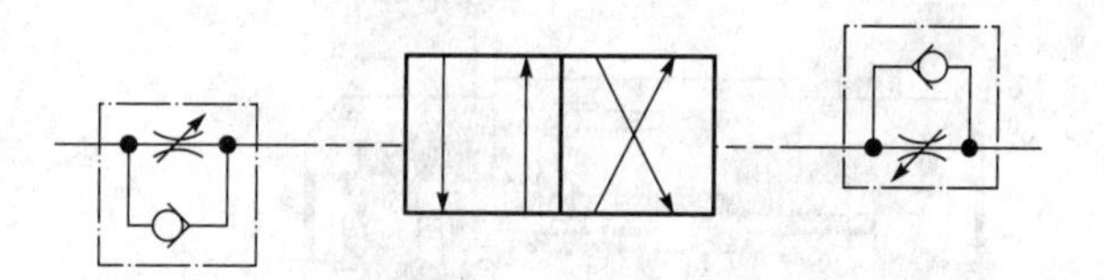

图 8-14　设置单向节流阀的液动换向阀

4）电磁换向阀

液压电磁换向阀和气动系统中的电磁换向阀一样也是利用电磁线圈的通电吸合与断电释放，直接推动阀芯运动来控制液流方向的。电磁换向阀结构如图 8-15 所示。

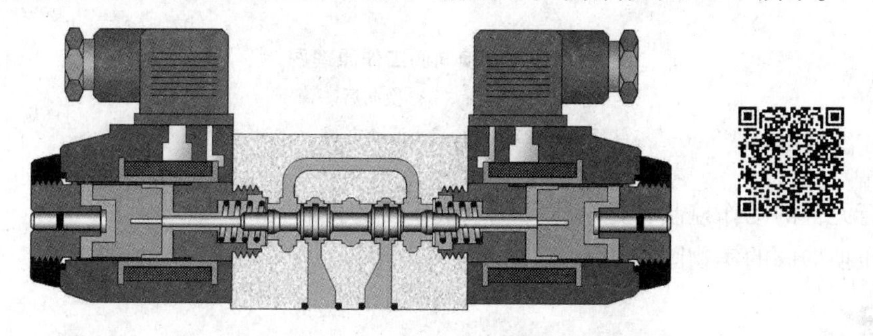

图 8-15　电磁换向阀工作原理图

电磁换向阀按电磁铁使用电源不同可分交流型、直流型和本整型（本机整流型）电磁换向阀。交流式起动力大，不需要专门的电源，吸合、释放快速，但在电源电压下降 15% 以上时，吸力会明显下降，影响工作可靠性；直流式工作可靠，冲击小，允许的切换频率高，体积小，寿命长，但需要专门的直流电源；本整型本身自带整流器，可将通入的交流电转换为直流电再供给直流电磁铁。

电磁换向阀按衔铁工作腔是否有油液还可以分为干式和湿式两种。干式电磁铁寿命短，易发热，易泄漏，所以目前大多采用湿式电磁铁。

5）电液换向阀

在大中型液压设备中，当通过换向阀的流量较大时，作用在换向阀芯上的摩擦力和液动力就比较大，直接用电磁铁来推动阀芯移动就会比较困难甚至无法实现，这时可以用电液换向阀来代替电磁换向阀。电液换向阀是由小型电磁换向阀（先导阀）和大型液动换向阀（主阀）两部分组合而成。电磁阀起先导作用，它利用电信号改变主阀阀芯两端控制液流的方向，控制液压流再去推动液动主阀阀芯改变位置实现换向。

由于电磁先导阀本身不需要通过很大的流量，所以可以比较容易实现电磁换向。而先导阀输出的液压油则可以产生很大的液压推力来推动主阀换向。所以液动主阀可以有很大的阀芯尺寸，允许通过较大的流量，这样就实现了用较小的电磁铁来控制较大的液流的目的。它的工作原理和气动系统中的先导式电磁换向阀类似。电液换向阀的结构如图 8-16 所示。

电磁换向阀和电液换向阀都是电气系统与液压系统之间的信号转换元件。它们能直接利用按钮开关、行程开关、接近开关、压力开关等电气元件发出的电信号实现液压系统的各种

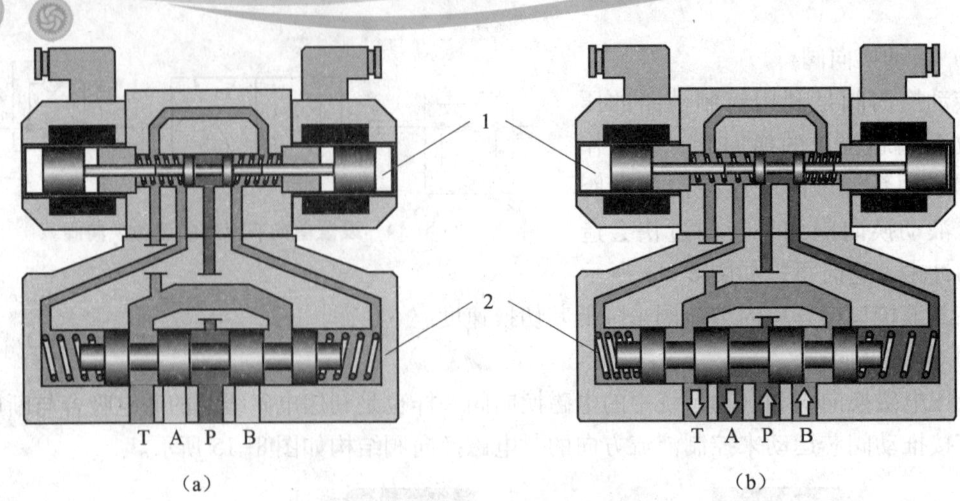

（a）　　　　　　　　　　　　（b）

图 8-16　电液换向阀工作原理图

（a）换向前；（b）换向后

1—电磁先导阀；2—液动主阀

操作及对执行元件的动作控制，是液压系统中最重要的控制元件。

各种液压换向阀的实物图如图 8-17 所示。

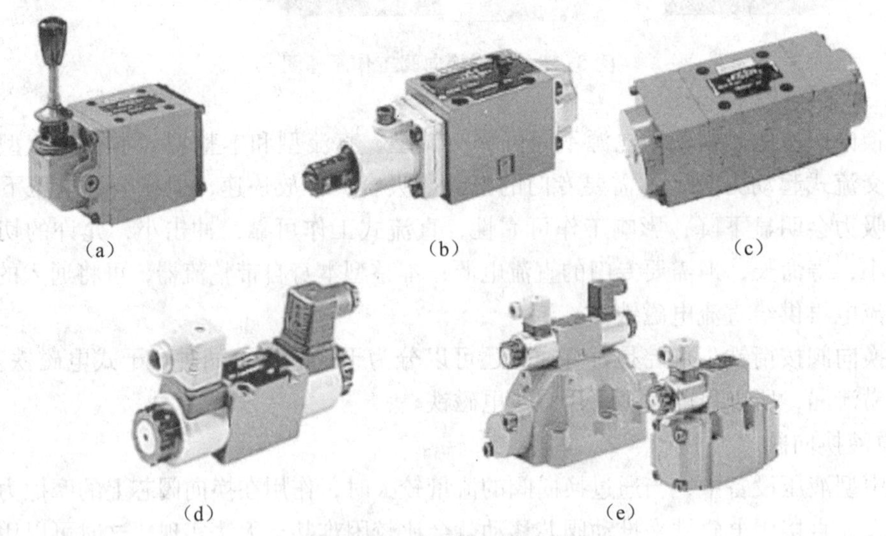
（a）　　（b）　　（c）

（d）　　（e）

图 8-17　液压换向阀实物图

（a）手动换向阀；（b）机动换向阀；（c）液动换向阀；（d）电磁换向阀；（e）电液换向阀

2. 液压换向阀的通口表示方法

换向阀各通道口的表示方法为：P—供油口；T—回油口；A、B—输出口；L—泄油口。

3. 换向阀的中位机能

液压系统中所用的三位换向阀，当阀芯处于中间位置时各油口的连通情况称为换向阀的中位机能。不同的中位机能，可以满足液压系统的不同要求，在设计液压回路时应根据不同的中位机能所具有的特性来选择换向阀。常用三位换向阀的中位机能如表 8-1 所示。

表 8-1　液压换向阀的中位机能

类型	O 型中位	M 型中位	H 型中位	Y 型中位	P 型中位
图形符号	A B P T	A B P T	A B P T	A B P T	A B P T
机能	中位时，换向阀各油口全部关闭，液压缸锁紧。液压泵不卸荷，并联的其他液压执行元件运动不受影响。从静止到启动较平稳，但换向冲击大。	中位时，液压缸锁紧，换向阀进出油口 P、T 相互导通，液压泵卸荷，不能并联其他执行元件。由于液压缸中充满油液，从静止到启动较平稳，但换向冲击大。	中位时，换向阀各油口互通，液压缸成浮动式。液压泵卸荷，其他执行元件不能并联使用。由于液压缸的油液流回油箱，从静止到启动有冲击，换向较平稳。	中位时，液压缸浮动，液压泵不卸荷，可并联其他执行元件，其运动不受影响。由于液压缸中油液流回油箱，启动有冲击，换向冲击介于 O 型和 H 型之间。	中位时，回油口 T 关闭，P 口和两液压缸口连通，形成差动回路。液压泵不卸荷，可并联其他执行元件。启动较平稳，由于液压缸两腔均通压力油，换向冲击最小。

在分析和选择三位换向阀的中位机能时，通常应考虑以下几个问题：

（1）是否需系统保压 对于中位 A、B 油口堵塞的换向阀，中位具有一定的保压作用。

（2）是否需系统卸荷 对于中位 P、T 导通的换向阀，可以实现系统卸荷。但此时如并联有其他工作元件，会使其无法得到足够压力，而不能正常动作。

（3）启动平稳性要求 在中位时，如液压缸某腔通过换向阀 A 或 B 口与油箱相通，会造成启动时液压缸该腔无足够的油液进行缓冲，而使启动平稳性变差。

（4）换向平稳性和换向精度要求 对于中位时与液压缸两腔相通的 A、B 口均堵塞的换向阀，换向时油液有突然的速度变化，易产生液压冲击，换向平稳性差，但换向精度则相对较高。相反如果换向阀与液压缸两腔相通的 A、B 油口均与 T 口相通，换向时具有一定的过渡作用，换向比较平稳，液压冲击小，但工作部件的制动效果差，换向精度低。

（5）是否需液压缸“浮动”和能在任意位置停止 如中位时换向阀与液压缸相连的 A、B 口相通，卧式液压缸就呈“浮动”状态，可以通过其他机械装置调整其活塞的位置。如果中位时换向阀 A、B 油口均堵塞则可以使液压缸活塞在任意位置停止。

8.1.3　工件推出装置控制回路设计

为了能在操作过程中更好的分析实验状态，我们可以在液压缸的左、右腔各安装一个压力表，其所测得压力分别为 P_1 和 P_2。

1. 液压控制回路

图 8-18 中的 0Z1 为由油箱、液压泵、电动机和装有压力表的溢流阀组成的泵站。该泵站所构成的液压源（除油箱外）在以后的各回路中，为简化起见，用▲表示，油箱用 ⊔ 表示。

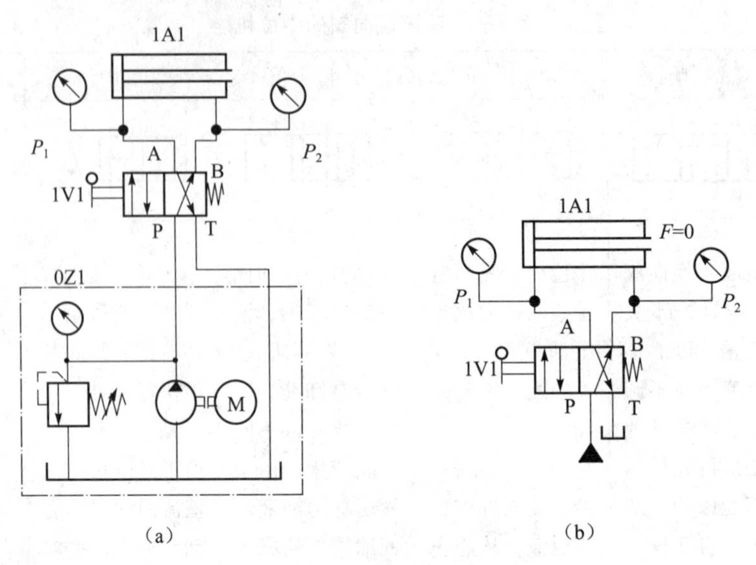

图 8-18　课题十四液压控制回路图

（a）完整画法；（b）简化画法

2. 电气控制回路

液压系统采用电气控制所用的电气元件与气动系统中所用的电气元件基本相同，这里不再一一赘述。这个课题可以如图 8-19 中的方式 1 所示不用中间继电器实现控制要求，也可以如方式 2 利用中间继电器来增加回路的功能可扩展性。

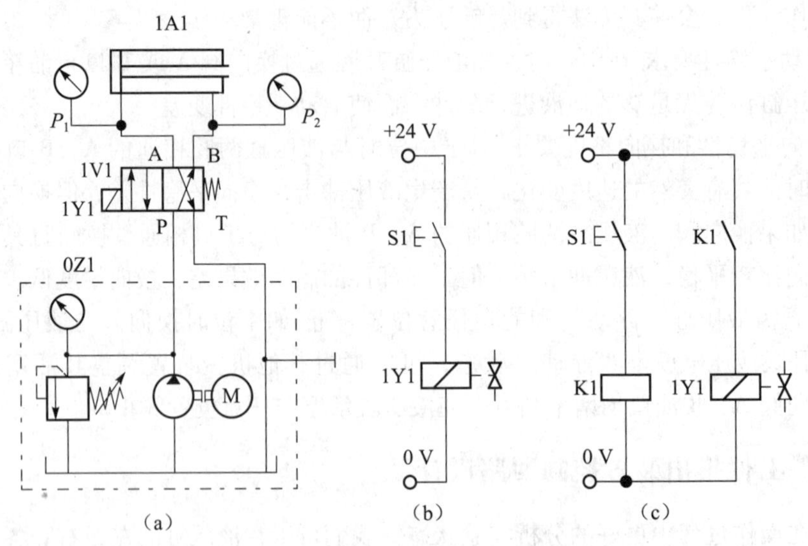

图 8-19　电气控制回路

（a）液压回路；（b）方式 1；（c）方式 2

3. 操作练习

（1）了解实际实验设备的连接和使用方法，掌握实验正确操作规范。

（2）根据实际实验设备情况，合理调节系统最高压力，确保实验安全。

（3）根据图 8-18 及图 8-19 所示回路进行连接并检查。

（4）连接无误后，打开液压泵电源，观察液压缸运行情况。

（5）记录液压缸活塞伸出时间和缩回时间，说明其与活塞有效作用面积之间的关系。

（6）记录液压缸活塞伸出、缩回时液压缸两腔压力值，说明压力大小与负载之间关系。

（7）对实验中出现的问题进行分析和解决。

（8）实验完成后，将各元件整理后放回原位。

注：在采用定量泵供油进行这个实验时，往往会发现液压缸空载伸出时的工作压力 P_1 和排油压力 P_2 均很小，而缩回时工作压力 P_2 和排油压力 P_1 都要高出许多。而在理论上，空载时不论是液压缸伸出还是返回，油压只要克服活塞、活塞杆与液压缸体间的摩擦力就能使活塞产生运动，压力值都应该很小，活塞缩回时压力值不应突然增大。

根据液压传动基本原理分析，液压缸活塞缩回时造成压力较高的原因有两个，一是在摩擦力一定时，缩回时活塞有效作用面积为 A_2（有杆腔）小于伸出时活塞有效作用面积 A_1（无杆腔）造成克服摩擦力所需的压力相对较高；二是由于液压缸缩回速度为 q/A_2（q 为泵排量），无杆腔排油流量为 qA_1/A_2；而液压缸活塞伸出速度为 q/A_1，有杆腔排油流量为 qA_2/A_1，液压缸缩回时和伸出时排油流量之比达到 A_1^2/A_2^2。这说明在液压缸活塞缩回时时，会有大量油液通过油管和换向阀流回油箱，油管和换向阀内通路如果通径较小就会对这种大流量的排油产生了一定的节流作用而形成背压，并使供油压力相应升高。

如果在这个课题中对液压泵进行节流控制，减少液压缸的供油量和排油量，可以发现液压缸活塞缩回时两腔压力明显下降，最后可以几乎接近于 0。说明后一原因是造成液压缸缩回时供油压力高的主要原因。这也说明在选择液压管路和液压元件通径时，不仅要考虑通过的最大供油流量，同时也要考虑排油时可能出现的最大流量。

8.2　纸箱抬升推出装置(3)

如图 8-20 所示，利用两个液压缸把已经装箱打包完成的纸箱从自动生产线上取下。按下一个按钮控制液压缸 1A1 活塞杆伸出，将送来的纸箱抬升到液压缸 2A1 前方；到位后液压缸 2A1 伸出，将纸箱推入滑槽；完成后，液压缸 1A1 和液压缸 2A1 活塞同时缩回，一个工作过程完成。为防止活塞运动速度过快使纸箱破损应对液压缸活塞杆伸出速度进行调节。

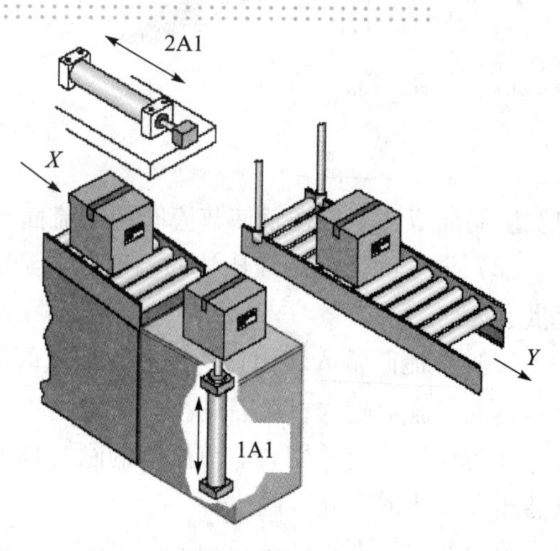

图 8-20　纸箱抬升推出装置示意图

在本任务中，两个气缸先后伸出再一起同时缩回。在设计线路中，后一个气缸的伸

出到位信号就是两个气缸一起缩回的起始信号。本任务采用电磁阀控制将使整个线路清晰简单。

由于在纸箱推动过程中，我们需要控制纸箱推出的速度，为此我们需要在线路中增加速度控制回来确保液压缸动作的速度。

我们可以知道液压缸活塞的运动速度 $v=q/A$，式中 q 为进入液压缸油液的流量，A 为液压缸活塞的有效作用面积。所以要改变执行部件的运动速度，可以通过两种方法实现，一是改变进入执行元件的液压油的流量；二是改变液压缸的有效作用面积。

液压缸的工作面积一般只能按照标准尺寸选择，任意改变是不现实的。所以在液压传动系统中，主要采用变量泵供油或采用定量泵和流量控制阀来进行执行元件的速度控制。采用变量泵调速称为容积调速；采用定量泵和流量控制阀调速称为节流调速；采用变量泵和流量控制阀调速称为容积节流调速。这里主要介绍节流调速回路。

在液压系统中，用来控制油液流量的阀统称为流量控制阀。流量控制阀是通过调节阀口的通流面积（节流口局部阻力）的大小或通过改变通流通道的长短来控制流量，实现工作机构的速度调节和控制的。节流阀、单向节流阀和调速阀是液压系统中最常用的流量控制阀。

8.2.1 节流阀

1. 普通节流阀

在液压传动系统中，节流阀是结构最简单的流量控制阀，被广泛应用于负载变化不大或对速度稳定性要求不高的液压传动系统中。节流阀节流口的形式有很多种，图 8-21 为几种常见的形式。

影响节流阀流量稳定性的因素主要有以下几点：

（1）节流口的堵塞。节流阀节流口由于开度较小，易被油液中的杂质影响发生局部堵塞。这样就使节流阀的通流面积变小，流量也随之发生改变。

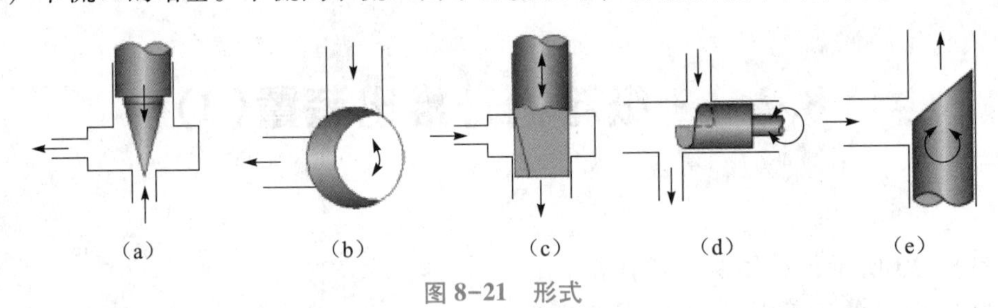

图 8-21　形式

（2）温度的影响。液压油的温度影响到油液的黏度，黏度增大，流量变小；黏度减小，流量变大。

（3）节流阀输入输出口的压差。节流阀两端的压差和通过它的流量有固定的比例关系。压差越大，流量越大；压差越小，流量越小。节流阀的刚性反映了节流阀抵抗负载变化的干扰，保持流量稳定的能力。节流阀的刚性越大，流量随压差变化的变化越小；刚性越小，流量随压差变化的变化就越大。

节流阀实务图如图 8-22 所示。

图 8-22　节流阀实物图

2. 单向节流阀

将节流阀与单向阀并联即构成了单向节流阀。如图 8-23 所示的单向节流阀当油液从 A 口流向 B 口时，起节流作用；当油液由 B 口流向 A 口时，单向阀打开，无节流作用。液压系统中的单向节流阀和气动系统中的单向节流阀一样可以单独调节执行部件某一个方向上的速度。其实物图如图 8-24 所示。

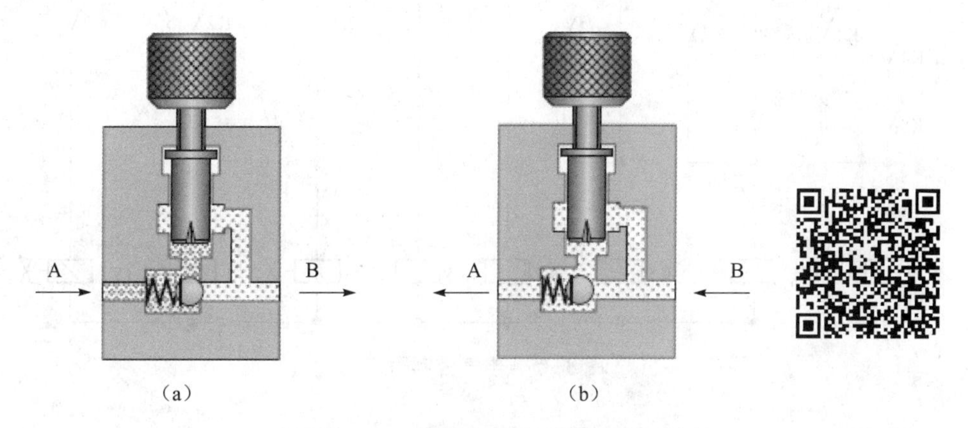

图 8-23　单向节流阀工作原理图

(a) 有节流作用；(b) 无节流作用

图 8-24　单向节流阀实物图

8.2.2 纸箱抬升推出装置（3）控制回路设计

1. 电气控制回路设计

这是一个典型的行程程序控制回路，其控制要求与气动部分中的纸箱抬升推出装置（1）、（2）相似，只是将两缸的缩回改为同时进行。由于使用场合不同，所需抬升推出力较大，所以本任务采用液压传动来实现。

2. 操作练习

（1）根据图8-25所示回路进行液压回路及电气回路连接并检查。

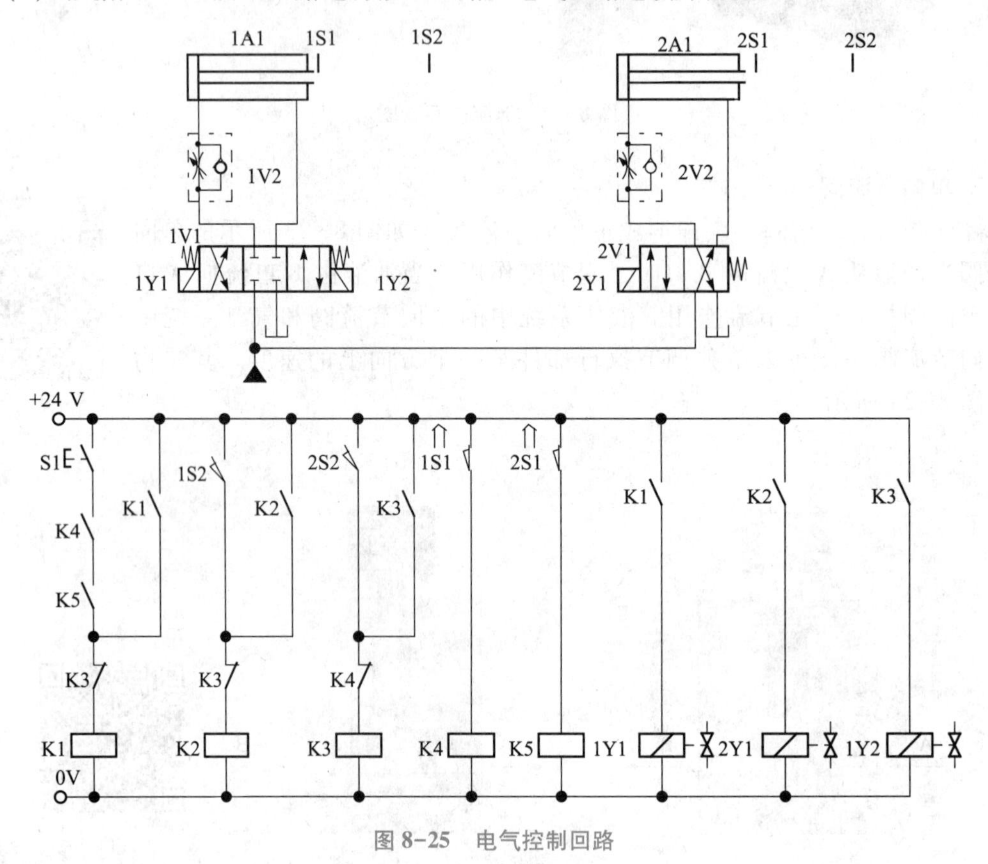

图8-25 电气控制回路

（2）连接无误后，打开液压泵及电源，观察液压缸运行情况。

（3）分析说明为何在液压回路中1V1不能采用M型或H型中位。

（4）对比纸箱抬升推出装置（1）电气控制回路图，说明两者之间存在哪些区别。

（5）说明与按钮S1串联的K4、K5常开触点有什么作用。

（6）对实验中出现的问题进行分析和解决。

（7）实验完成后，将各元件整理后放回原位。

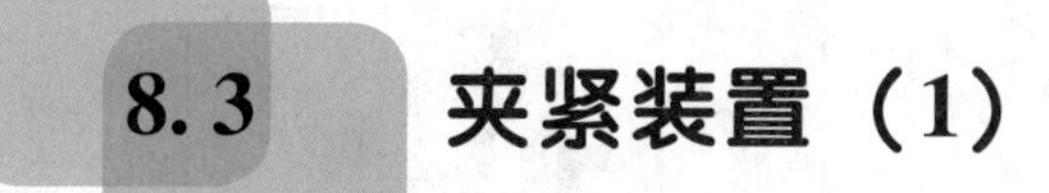

8.3 夹紧装置（1）

如图 8-26 所示的夹紧装置是利用一个双作用液压缸来对工件进行夹紧的。通过扳动一个带定位的手柄控制液压缸活塞杆伸出，对工件进行夹紧；工件加工完毕后，将手柄扳回，活塞杆缩回，工件被松开。为避免工件损坏，夹紧速度应可以调节。

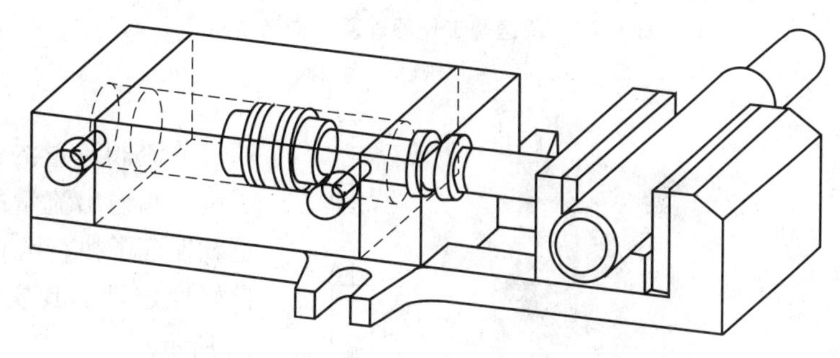

图 8-26　夹紧装置示意图

在夹紧装置中，我们需要对气缸的伸出速度进行调节，以免由于伸出速度过快产生冲击力而损坏工件。为此，在线路设计时我们需要采用速度调节回路在控制液压缸伸出的速度。

8.3.1　调速阀

在液压系统中，采用节流阀调速，在节流开口一定的条件下通过它的流量随负载和供油压力的变化而变化，无法保证执行元件运动的良好速度稳定性，速度负载特性较“软”，因此只适用于工作负载变化不大和速度稳定要求不高的场合。为克服这个缺点，获得执行元件稳定的运动速度，而且不产生爬行，就应采用调速阀。

调速阀是节流阀串接一个定差减压阀组合而成的。定差减压阀可以保证节流阀前后压差在负载变化时始终不变，这样通过节流阀的流量只由其开口大小决定。

如图 8-27 所示，调速阀是节流阀和定差减压阀串接构成的。设调速阀进油口的油液压力为 P_1，它作用于定差减压阀阀芯的左侧。经过节流阀输出的压力为 P_2，它作用在减压阀阀芯的右侧。这时作用在减压阀阀芯左、右两端的力分别为 P_1A 和 P_2A+F_s，其中 A 为阀芯端面的面积，F_s 为定差减压阀右侧弹簧的作用力。当阀芯处于平衡状态时（忽略摩擦力），则有 $P_2A+F_s= P_1A$，即：

$$\Delta P=P_1-P_2= F_s/A$$

由于定差减压阀弹簧的刚度较低，且工作过程中阀芯的移动量很少，可以认为 F_s 基本不变，所以可以认为调速阀内部的节流阀两端压差基本保持不变。这样不管调速阀进、出油口的压力如何变化，由于调速阀内的节流阀前后的压力差 ΔP 始终保持不变，所以也就保证了

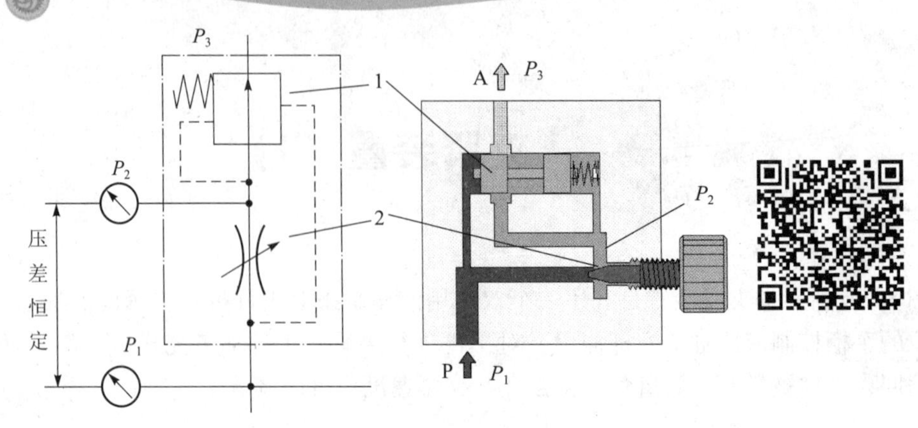

图 8-27　调速阀工作原理及结构示意图

1—定差减压阀；2—节流阀

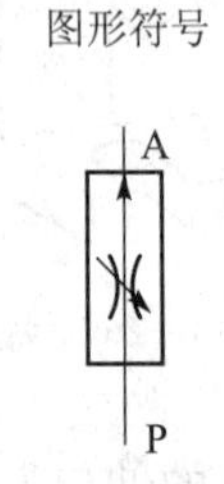

图 8-28　调速阀实物图

通过节流阀流量的恒定，即保证了调速阀输出流量的恒定，这样也就保证了执行元件运动速度的良好稳定性。其实物图如图 8-28 所示。

调速阀性能上的改进是以加大整个流量控制阀的工作压差为代价的，当压差过小时，减压阀的阀口全开，无法起到恒定压差的作用。所以要保证调速阀正常工作，工作压差一般最小需 5 bar，高压调速阀则需 10 bar。在选择调速阀时，还应注意调速阀的最小稳定流量应满足执行元件需要的最低速度要求，也就是说调速阀的最小稳定流量应小于执行元件所需的最小流量。

8.3.2　溢流阀

溢流阀在液压系统中最主要的作用是维持系统压力的恒定和限定最高压力，以及在节流调速系统中，和流量控制阀配合使用，调节进入系统的流量。几乎所有液压系统都要用到溢流阀，它是液压系统中最重要的压力控制阀。常用的溢流阀按其结构形式和基本动作方式可分直动式和先导式两种。

1. 溢流阀的工作原理

1）直动式溢流阀

如图 8-29 所示，直动式溢流阀是依靠系统中的压力油直接作用在阀芯上与弹簧力相平衡来控制阀芯的启闭动作的。当进油口 P 压力高于调压弹簧设定值时，阀芯右移，阀口打开，油液从排油口 T 排到油箱，系统压力下降。压力下降后，阀芯在弹簧作用下，再度左移，关闭阀口。通过这种方式，系统压力就能维持在一个恒定值上。

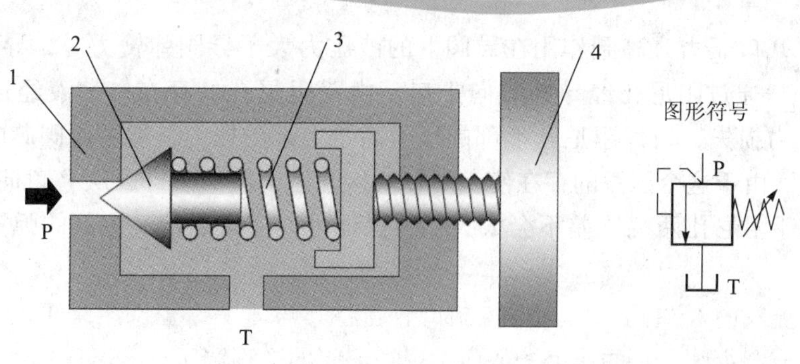

图 8-29　内控直动式溢流阀结构示意图

1—阀体；2—阀芯；3—调压弹簧；4—调节手轮

直动式溢流阀结构简单，动作灵敏，但由于弹簧的尺寸与系统的液压力相对应，而弹簧的尺寸受阀结构的限制，所以只适用于低压系统。其实物图如图 8-30 所示。

图 8-30　直动式溢流阀实物图

2）先导式溢流阀

如图 8-31 所示，在 K 口封闭的情况下，当压力油由 P 口进入，通过阻尼孔 2 后作用在导阀阀芯 4 上。当压力不高时，作用在导阀阀芯上的液压力不足以克服导阀弹簧 5 的作用力，导阀关闭。这时油液静止，主阀阀芯 1 下方和主阀弹簧 3 侧的压力相等。在主阀弹簧的作用下，主阀阀芯关闭，P 口与 T 口不能形成通路，没有溢流。

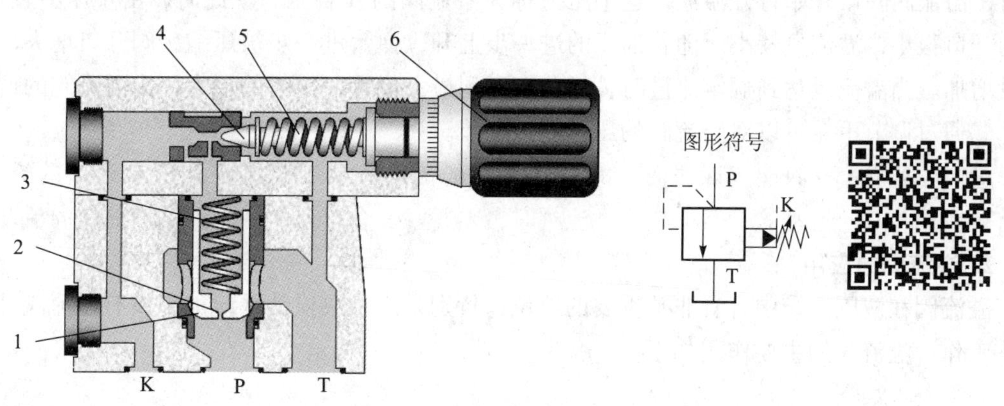

图 8-31　先导式溢流阀工作原理图

1—主阀阀芯；2—阻尼孔；3—主阀弹簧；4—导阀阀芯；5—导阀弹簧；6—调压手轮

当进油口P口压力升高到作用在导阀上的液压力大于导阀弹簧力时，导阀阀芯右移，油液就可从P口通过阻尼孔经导阀流向T口。由于阻尼孔的存在，油液经过阻尼孔时会产生一定的压力损失，所以阻尼孔下部的压力高于上部的压力，即主阀阀芯的下部压力大于上部的压力。由于这个压差的存在使主阀芯上移开启，使油液可以从P口向T口的流动，实现溢流。由于阻尼孔两端压差不会太大，为保证可以实现溢流，主阀的弹簧的刚度不能太大。

先导式溢流阀的K口是一个远程控制口。当将其与另一远程调压阀相连，那么就可以通过它调节溢流阀主阀上端的压力，从而实现溢流阀的远程调压。若通过二位二通电磁换向阀接油箱时，就能在电磁换向阀的控制下对系统进行卸荷。

先导式溢流阀由先导阀和主阀两部分组成，通过导阀的打开和关闭来控制主阀芯的启闭动作。压力油与导阀上弹簧作用力相平衡，由于导阀的阀芯一般为锥阀，受压面积很小，所以用一个刚度不大的弹簧就可以对高开启压力进行调节。主阀弹簧在系统压力很高时，也无须很大的力来与之平衡，所以可以用于中、高压系统。先导式溢流阀剖面结构及实物图如图8-32所示。

图8-32　先导式溢流阀剖面结构及实物图

溢流阀P口要与T口形成通路，P口必须有足够的压力顶开调压弹簧，而且根据压力的大小不同，P口与T口间开口的大小也是不同的。当油压对阀芯的作用力正好大于弹簧预紧力时，溢流阀阀口开始打开溢流，这个压力称为溢流阀的开启压力。此时，由于压力较低，阀的开口很小，溢流量较小。随着油压的进一步上升，弹簧进一步被压缩，阀开口增大，溢流量增加。当溢流量达到额定流量时，阀芯打开到最大位置，这时的压力称为溢流阀的调整压力。通过调节手轮可以对溢流阀的压力进行调节。

应当注意溢流阀只能实现油液从P口向T口的流动，不可能出现T口向P口的流动。如需要在油液双向流动的管路中装设溢流阀时，须并联一个单向阀来保证油液的反向流动。

2. 溢流阀的应用

溢流阀在液压系统中有着非常重要的地位，特别是定量泵供油系统如果没有溢流阀几乎无法工作。溢流阀的主要作用如下：

1）安全保护作用

安全保护作用是溢流阀最主要的作用。如图8-33（a）中的溢流阀1，它平时是关闭的，只有当油液压力超过规定的极限压力时才开启，起溢流和安全保护作用，避免液压系统

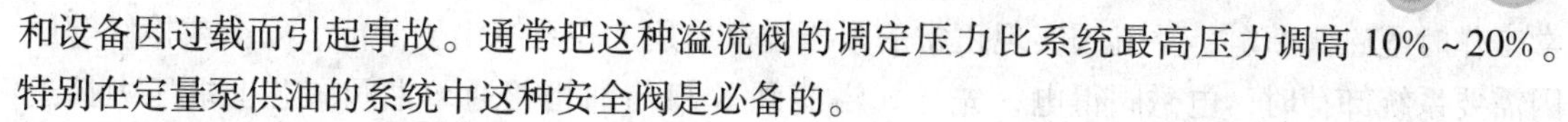

和设备因过载而引起事故。通常把这种溢流阀的调定压力比系统最高压力调高 10%～20%。特别在定量泵供油的系统中这种安全阀是必备的。

2）溢流作用

在定量泵供油系统中，不管采用何种流量阀进行节流调速，都要利用溢流阀进行分流。只有这样才能实现液压系统的流量调节和控制。在图 8-33（a）所示的回路中，随着节流阀开口的减小，节流阀进口压力相应升高，溢流阀 2 阀口开启量相应增大，更多的油液从溢流阀 2 流回油箱，节流阀的输出流量相应减少，实现节流调速作用。应当注意的是如果溢流阀调定压力过高，会造成只有节流阀开口调至很小时，溢流阀才开始溢流，而使节流调速效果变差。

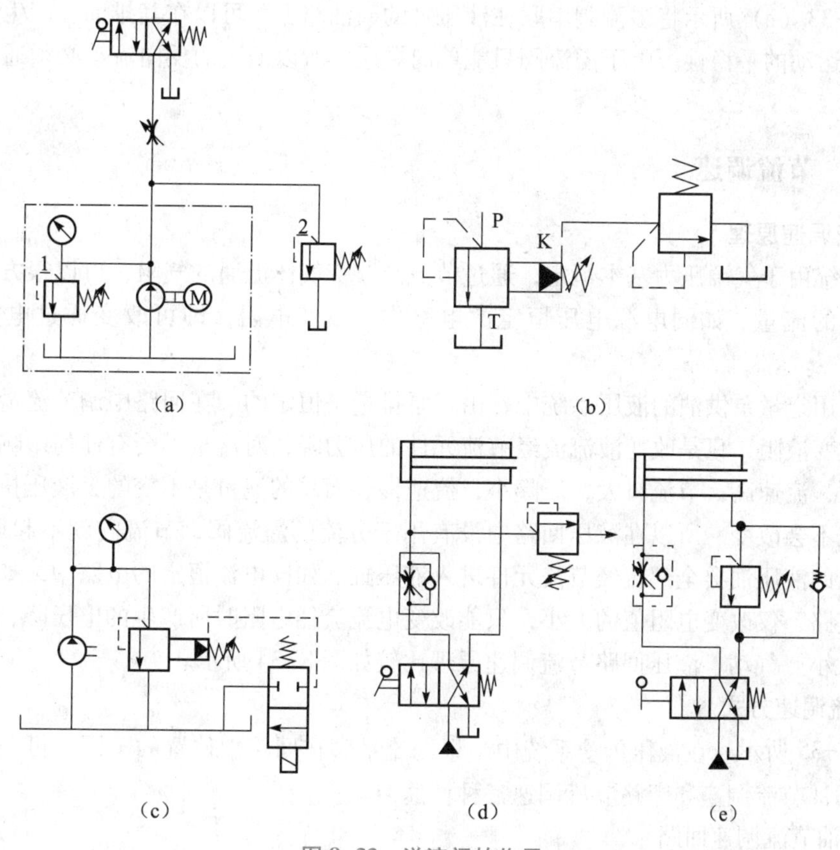

图 8-33　溢流阀的作用

图 8-33（a）中溢流阀 1 和溢流阀 2 虽然安装位置接近，由于其功能不同，调定的压力各不相同，其通流能力也不同，所以它们不可相互替代。

3）实现远程调压

如图 8-33（b）所示，将先导式溢流阀的外控口 K 接到调节比较方便的远程调压阀进口处。这样调节远程调压阀的弹簧力，就是调节先导溢流阀主阀阀芯上端的液压力，从而实现远程调压控制的目的。此时远程调压阀所调节的最大压力不能超过先导式溢流阀本身调定的压力。

4）用作卸荷阀

如图 8-33（c）所示，将先导溢流阀与二位二通电磁阀配合使用，可实现系统卸荷。正

常工作时电磁阀断电，溢流阀实现正常的限压溢流作用。在系统出于节能、安全或检修等原因需要系统卸荷时，电磁阀得电，先导式溢流阀K口与油箱相通，主阀阀芯上端压力接近于零，主阀口完全打开。由于溢流阀主阀弹簧较软，溢流阀P口压力可以很低，系统实现卸荷。

5）用作顺序阀

如图8-33（d）所示将溢流阀的回油口T改为输出压力油的出口，这样就可以作顺序阀用，实现在压力控制下的顺序动作。在使用时应注意所用溢流阀的T口能否承受高压，否则可能会造成元件的损坏和发生危险。

6）用于产生背压

如图8-33（e）所示将溢流阀串联在液压缸的回油路上，可以在其排油腔产生背压，提高执行元件运动的平稳性。由于溢流阀只能单向导通，所以油液的反向流动必须通过并联单向阀来解决。

8.3.3 节流调速

1. 节流调速原理

气动系统由于气源压力基本恒定，通过节流阀改变气体流通的气阻，可以很方便地改变通过节流阀的流量。如同电源电压恒定的电路中，改变电阻，即可改变通过电阻的电流一样。

但在采用定量泵供油的液压系统中，由于泵排量是恒定的，在回路中调节流量阀的节流口的大小改变液阻，只是改变液流流经节流元件的压力降，对流量不会有任何影响。节流口小，压降大，流速高；节流口大，压降小，流速慢，而总的流量是不变的，液压执行元件的运动速度也不会改变。所以在液压回路中没有用于分流的溢流阀，节流阀就不起调速作用，液压泵输出的液压油会全部流经节流元件进入液压缸。如同电流恒定的电路中，如果没有并联的分流支路，仅改变电阻值的大小，只能改变电流流经电阻时所产生的电压降，而不能改变电流的大小。气动、液压回路节流调速原理比较如图8-34所示。

2. 节流调速方式

如图8-35所示，在液压传动系统中，根据流量阀在回路中位置的不同，可分为进油节流调速、回油节流调速和旁路节流调速三种调速回路。

1）进油节流调速回路

如图8-35（a）所示，在进油节流调速回路中液压泵输出油液的一部分经节流阀进入液压缸工作腔，推动活塞运动，其余的油液由溢流阀排回油箱。节流阀直接调节进入液压缸的油液流量，达到控制液压缸运动速度的目的。

2）回油节流调速回路

如图8-35（b）所示，回油节流则是借助节流阀控制液压缸排油腔的油液排出流量。由于液压缸进油流量受到回油路上的排出流量的限制，因此，用节流阀调节了排油流量也就间接地调节了液压缸的进油流量，多余的油液仍经溢流阀流回油箱。

3）进油节流和排油节流比较

（1）速度刚性和最大承载能力。

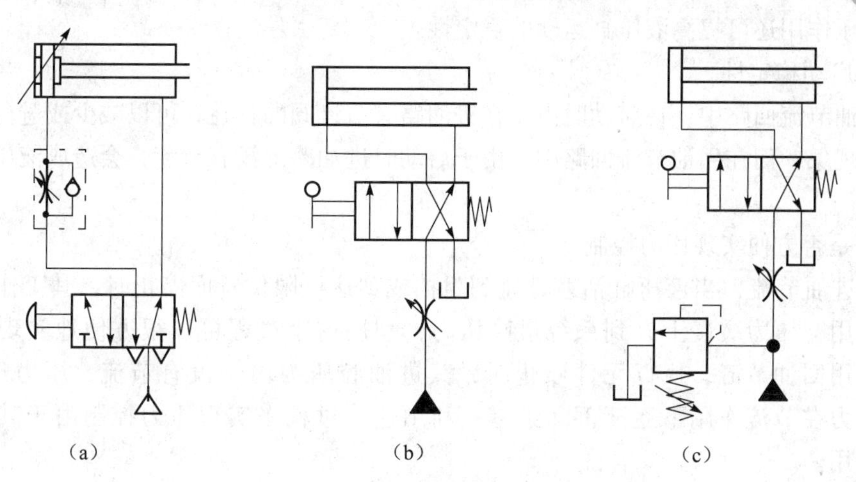

图 8-34　气动、液压回路节流调速原理比较

（a）气动回路的节流调速；（b）液压回路的节流调速（无溢流阀分流）；
（c）液压回路的节流调速（有溢流阀分流）

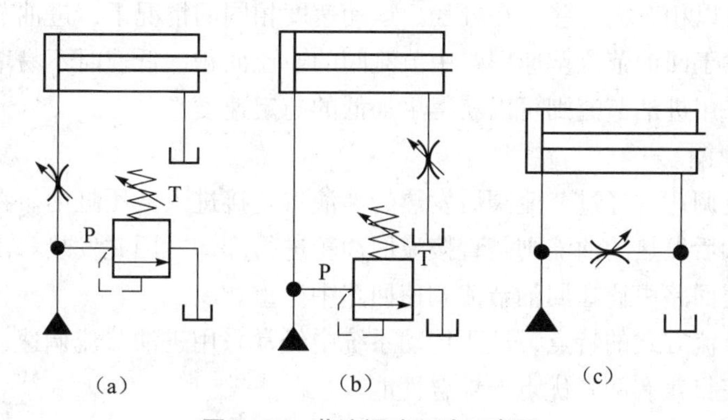

图 8-35　节流调速回路示意图

（a）进油节流；（b）回油节流；（c）旁路节流

不论采用进油节流和回油节流调速，速度都会随负载变化也变化，它们的速度刚性、最大承载能力基本相同。

（2）功率损失和效率。

进油节流和回油节流这两种调速回路都存在由节流造成的节流损失和油液通过溢流阀排走造成的溢流损失两部分功率损失，所以这两种调速回路的效率都较低。两种调速方式的功率损失基本相同，但在回油节流回路中，由于节流阀的背压作用，相同负载时液压缸的工作腔和回油腔的压力都比进油节流的高，这样会使节流功率损失大大提高，并使泄漏增大，因而实际效率比进油节流调速回路低。

（3）承受负值负载能力和运动稳定性。

采用进油节流，当负载的方向与液压缸活塞运动方向相同时（负值负载）可能会出现活塞不受节流阀控制的前冲现象；采用回油节流，由于回油路上有节流阀的存在，在液压缸回油腔会形成一定的背压，在出现负值负载时，可防止执行元件的前冲。回油节流回路中节

流阀的背压作用还可提高液压缸运动的稳定性。

（4）启动稳定性。

在进油节流回路中，在启动时由于在进油路有节流阀的存在，可以减少或避免液压缸活塞的前冲现象；而在回油节流回路中，由于启动时进油路上没有节流，会造成液压缸活塞的前冲。

（5）是否方便实现压力控制。

采用进油节流，当液压缸活塞杆碰到阻挡或到达极限位置而停止时，其工作腔由于受到节流作用，压力缓慢上升到系统最高压力，利用这个过程可以很方便地实现压力顺序控制。采用回油节流，执行元件停止时，其进油腔压力由于没有节流，压力迅速上升，回油腔压力在节流作用下逐渐下降到零。利用这一过程来实现压力控制由于其可靠性差一般不采用。

（6）最低稳定速度。

采用相同的液压缸，要获得相同的伸出速度，进油节流由于其进油腔（无杆腔）活塞有效作用面积大于回油节流的排油腔（有杆腔）的活塞有效作用面积，所以进油节流时通过节流阀的流量可以相对大一些。在缸径、运动速度相同的情况下，进油节流调速回路中节流阀的通流面积大于回油节流调速回路中节流阀的通流面积，低速时不易堵塞。在相同的最小稳定流量下，采用进油节流则可以获得更加低的稳定速度。

（7）发热和泄漏。

采用进油节流调速，经过节流阀后发热的油液将直接进入液压缸内。在回油节流调速回路中，经过节流阀后发热的油液则是直接流回油箱进行冷却。因此发热和由此造成的泄漏现象在进油节流调速回路中比在回油节流调速回路中严重。

综合这两种节流方式的特点，液压传动系统中经常采用进油节流调速，并在回油路上加背压阀的办法来获得兼有两者优点的综合性能。

4）旁路节流调速回路

如图8-33（c）所示，在旁路节流调速回路中，节流阀并联在液压泵供油路和液压缸回油路上，液压泵输出的流量一部分经节流阀流回油箱，一部分进入液压缸推动活塞杆动作。在定量泵供油的液压系统中，节流阀开口越大，通过节流阀的流量越大，则进入液压缸的流量就越小，其运动速度就越慢；反之通过节流阀的流量越小，进入液压缸的流量就越大，其运动速度就越快。因此旁路节流通过调节液压泵流回油箱的流量，实现了调速作用，而不需要溢流阀再进行分流。

旁路节流调速方式由于不存在功率的溢流损失，效率高于进油节流和排油节流，但负载特性很软，低速承载能力弱，运动速度稳定性差。所以旁路节流调速只适用于高速、重载，对速度平稳性要求不高的场合，有时也可用于要求进给速度随负载增大自动减小的场合。

采用调速阀调速一样可以构成进油节流、回油节流和旁路节流三种节流调速回路，适用于执行元件负载变化大，而运动速度稳定性要求又较高的场合。但由于采用调速阀增加了在定差减压阀上的能量损失，所以其功率损耗要大于采用节流阀的节流调速回路。

8.3.4　夹紧装置（1）控制回路设计

1. 液压控制回路

在这个任务中由于控制要求比较简单，所以采用液压控制。为了能对进油节流调速和回油节流调速方式进行比较，可以分别采用这两种节流方式对活塞杆伸出进行速度控制。

2. 操作练习

（1）根据图 8-36 所示回路进行液压回路连接并检查。

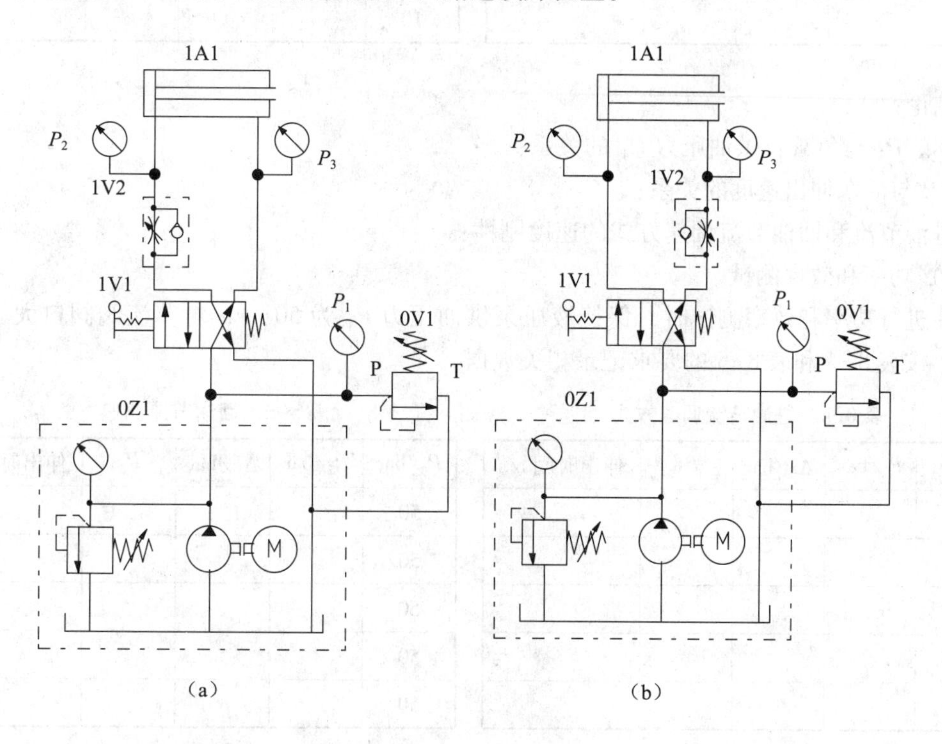

图 8-36　课题十六液压控制回路图

（a）进油节流方式；（b）回油节流方式

（2）连接无误后，打开液压泵及电源，观察液压缸运行情况。

（3）根据表 8-2、表 8-3 要求进行相关数据测试并做好记录。

（4）根据表 8-4、表 8-5 要求进行相关数据测试并做好记录。

（5）根据测得数据以相关结论对进油节流和回油节流调速方式进行比较。

（6）对实验中出现的问题进行分析和解决。

（7）实验完成后，将各元件整理后放回原位。

3. 数据测试及记录

1）速度刚性测试

由于实验中难以对负载的大小进行调节，所以通过改变液压泵供油压力来对两种节流方式的速度刚性进行测试。不同的供油压力 P_1 可以通过调节溢流阀 0V1 来获得。表 8-2 和表 8-3 中所测 P_1、P_2、P_3 均为液压缸活塞伸出过程中的压力值，ΔP 为节流阀两端压差。

表 8-2　进油节流调速方式

P_1/bar	P_2/bar	ΔP/bar	P_3	伸出时间 t/s
50				
40				
30				
20				
10				

表 8-3　回油节流调速方式

P_1/bar	P_2/bar	ΔP/bar	P_3	伸出时间 t/s
50				
40				
30				
20				
10				

结论：

P_2、P_3 与负载及供油压力 P_1 的关系：

ΔP 与活塞伸出速度的关系：

进油节流和回油节流调速方式的速度刚性：

2）功率和效率测试

在进行功率和效率测试时，保持液压泵供油压力 P_1 为 50 bar，对节流阀阀口大小进行调节，按表 8-4 和表 8-5 的要求记录相关数据。

表 8-4　进油节流调速方式

P_1/bar	P_2/bar	ΔP/bar	P_3	伸出时间 t/s
50				
50				
50				
50				
50				

表 8-5　回油节流调速方式

P_1/bar	P_2/bar	ΔP/bar	P_3	伸出时间 t/s
50				
50				
50				
50				
50				

液压泵输出功率为供油压力 P_1 和泵额定排量 q 的乘积。进油节流方式下，液压缸的输出功率为 P_2vA_1；回油节流方式下，液压缸的输出功率为 $P_2vA_1-P_3vA_2$。其中，v 为伸出速度，可以根据表中的伸出时间 t 求得，A_1、A_2 为液压缸无杆腔和有杆腔活塞有效作用面积。功率损耗为液压泵输出功率与液压缸输出功率的差值，效率为液压缸输出功率与液压泵输出功率的比值。

结论：

节流口大小与活塞运动速度的关系：

进油节流功率损耗与效率：

回油节流功率损耗及效率：

注：为减小时间测量的人为误差，应调节节流阀使液压缸活塞完全伸出时间大于 5 s。在实验时还应注意只有溢流阀 0V1 导通开始溢流后，节流阀才具有调速作用。所以在节流阀的阀口完全打开到逐渐关闭的过程中，会有一段范围节流阀对活塞速度没有影响，所有数据不应在这个区间进行测量。

8.4　小型液压钻孔设备

如图8-37所示的小型钻孔设备的钻头的升降由一个双作用液压缸控制。按下启动按钮S1后液压缸活塞杆伸出，钻头快速下降，到达加工位置后（由行程开关1S2控制），减速缓慢下降，对工件进行钻孔加工。加工完毕后，通过按下另一个按钮S2控制液压缸活塞回缩。

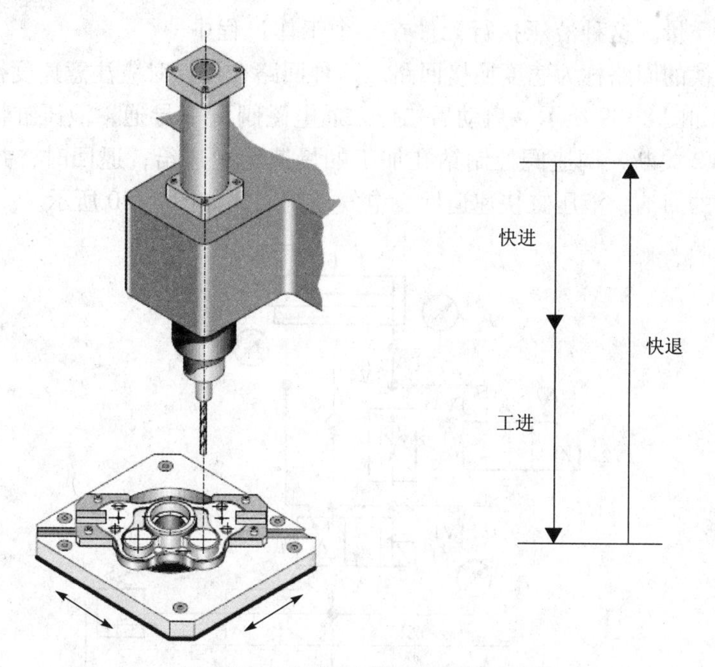

图8-37　小型液压钻孔设备示意图

为保证钻孔质量，要求钻孔时钻头下降速度稳定且可以根据要求调节。

由于小型钻孔机在钻头下降过程中需要有一段快速下降动作，快到钻孔面时才以一定缓慢的速率下降进行钻孔动作，所以在设计线路中我们需要考虑这一个特定的动作过程。在实际应用中，这一特定的动作也是提高生产效率的保障。

8.4.1　两种速度控制回路并联

在实际生产过程中，为了提高效率我们常常需要在一段行程中加快完成的速度。那么，在此过程中，我们可以采用两段速度来完成。即在初始阶段快速动作，到了一定行程后调速（减速）完成最后的行程。为此，我们在设计控制回路时，可以采用两种速度控制回路并联的方式，如图8-38所示。

当图8-38中电磁阀1Y1得电时，由于电磁阀处于左位，液压直接通过电磁阀，此时节

流阀没有起作用。线路所连接的液压缸以全速动作。

当电磁阀1Y1不得电，电磁阀处于右位，节流阀起作用。线路所连的液压缸以设定的速度动作。

通过电磁阀得电与否从而实现两种速度的控制目的。

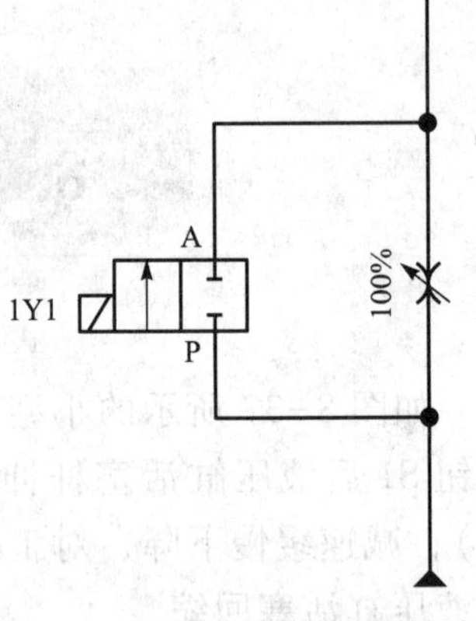

图8-38 两种速度的控制线路

8.4.2 小型液压钻孔设备控制线路设计

这是一个典型的机械加工中常用的快进—工进—快退回路，即设备在加工前快速进给；开始加工时慢速稳定进给（工进）；加工完毕，快速退回。这种工作过程的目的是使设备在不加工时有较高运动速度，以提高效率；加工时有稳定的速度保证加工质量。这种液压执行元件在一个工作过程中存在不同速度变换的回路称为速度换接回路。这种回路在设计时应注意速度换接的平稳性。

其液压回路如图8-39所示。启动后二位二通电磁阀1V2导通，液压缸快进；到达加工位置（1S2），1V2关断，调速阀控制钻孔加工的慢速稳定进给；退回时，并联的单向阀用于回缩时液压缸的回油，液压缸快速退回。电气控制回路如图8-40所示。

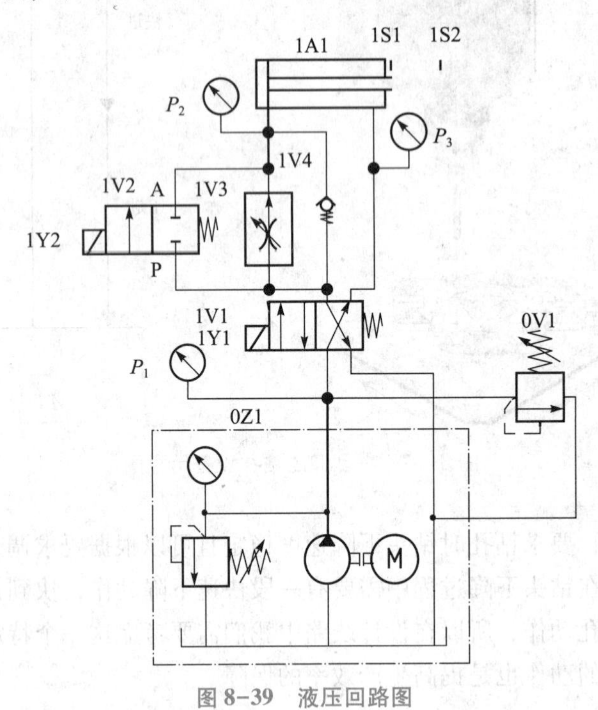

图8-39 液压回路图

1. 电气控制回路

2. 操作练习

（1）根据图8-39和图8-40进行液压回路和电气控制回路连接并检查。

（2）连接无误后，打开液压泵及电源，观察液压缸运行情况。

（3）测量液压缸快进速度、工进速度和快退速度。

（4）调节调速阀阀口开度，观察速度变化情况。

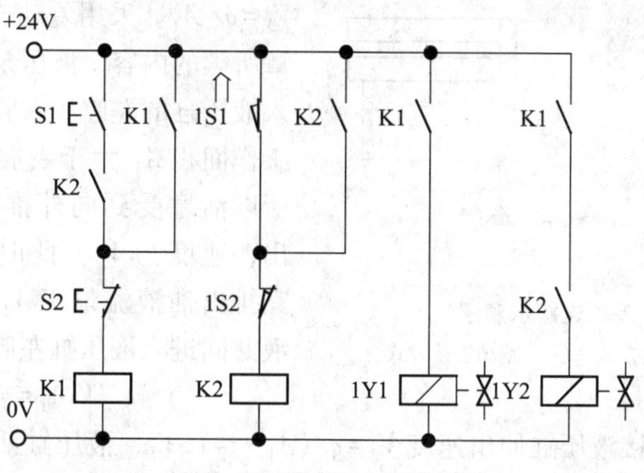

图 8-40　电气控制回路图

（5）调节调速阀阀口开度，观察调速阀两端压差有无变化，并分析说明其原因。

（6）调节溢流阀 0V1，改变供油压力，观察对工进速度的影响，并分析说明其原因。

（7）对实验中出现的问题进行分析和解决。

（8）实验完成后，将各元件整理后放回原位。

8.5　专用刨削设备

如图 8-41 所示为一由小流量泵供油的专用刨削设备。该设备由一个双作用液压缸带动刀架作往复运动，对金属工件进行刨削加工。按下启动按钮后，液压缸活塞伸出带动刀架高速快进；当刀架运动到加工位置（行程开关 1S1），液压缸慢速工进，对工件刨削加工。当刀架运动到行程末端时（行程开关 1S2），液压缸带动刀架高速返回。

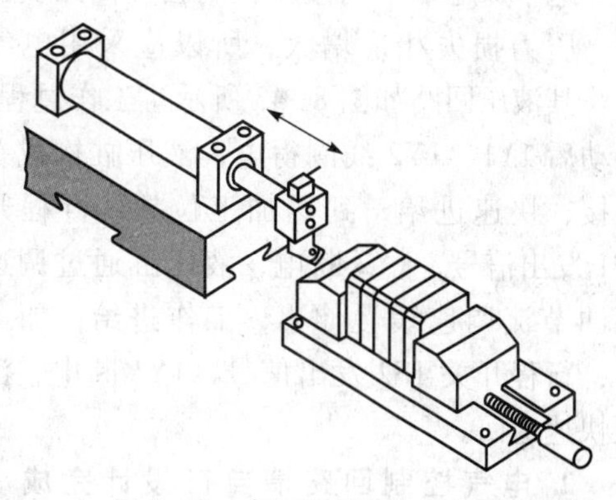
图 8-41　专用刨削设备示意图

这个任务的液压回路也是一个快、慢速换接回路。但对于这种小流量泵供油的液压系统，即使不进行节流控制，快进速度也无法达到设计要求。这时我们常用差动连接方式来提高液压缸的快进速度。

8.5.1　差动控制原理

如图 8-42 所示。假设单出杆双作用液压缸无杆腔活塞有效工作面积为 A_1，有杆腔有效工作面积为 A_2，定量泵的排量为 q，则采用工作进给连接方式时液压缸活塞杆伸出速度为

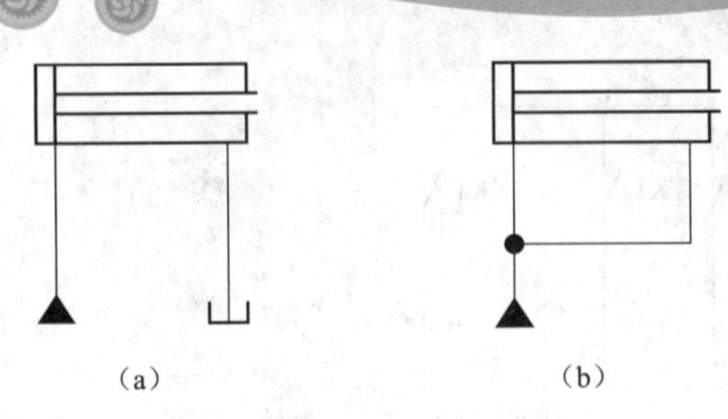

图 8-42　差动连接示意图

(a) 工作进给连接方式；(b) 差动连接方式

$V_1=q/A_1$。采用差动连接，根据我们在第7章所学的内容，液压泵输出的压力油同时进入液压缸的左腔和右腔，并且由于左腔有效工作面积 A_1 大于右腔的有效工作面积 A_2，所以活塞受到向外推出的力大，活塞杆伸出，速度为 V_2。此时，液压缸右腔排油，其排出油液流量 V_2A_2，它和液压泵排出油液共同进入液压缸左腔，即：

$$V_2A_1=q+V_2A_2。$$

由此可得差动连接液压缸伸出速度 $V_2=q/(A_1-A_2)>V_1$，液压缸活塞运动速度在没有增加泵流量的情况下得到了提高。若有 $A_1=2A_2$，则 $V_2=q/A_2$，则液压缸的快速伸出速度和液压缸快速缩回速度相等。

根据上述分析，可以看到工作进给时，液压缸有效工作面积为 A_1，差动连接实际有效工作面积为 A_1-A_2，说明差动连接回路的实质是利用减小液压缸的有效工作面积来实现快速运动的。由于在相同工作压力下，其有效工作面积减小了，带载能力要小于工进连接方式时的带载能力，所以一般只适用于轻载或空载，要求速度较高的场合。当负载过大时，不仅液压系统功率损耗会大大增加，还会使大量油液从溢流阀流回油箱而达不到快进的目的。

8.5.2　专用刨削设备控制回路设计

1. 控制回路

这个课题如采用液压控制会使回路变得复杂，压力损失相应增大，所以应采用电气控制。其液压回路如图 8-43 所示。工作过程为：启动后 1Y1、1Y2 线圈得电，液压缸构成差动连接，快速进给；到达加工位置，行程开关 1S1 发出信号，1Y2 断电，液压缸通过调速阀回油节流调速缓慢伸出，工作进给；加工完毕，行程开关 1S2 发出信号，1Y1 断电，液压缸快速退回。

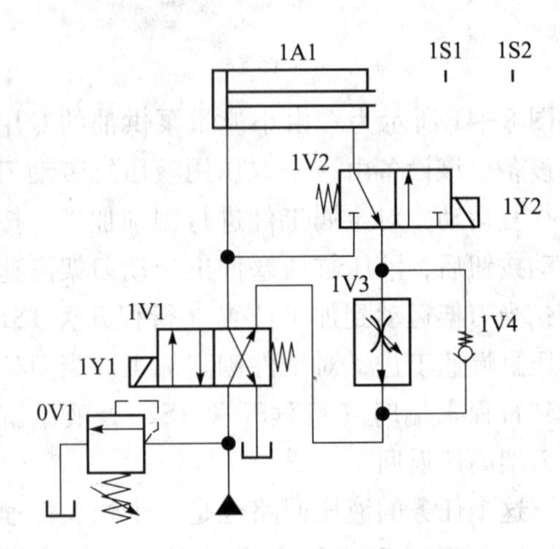

图 8-43　课题十八液压回路

2. 电气控制回路请自行设计完成（如图 8-44 所示）

3. 操作练习

(1) 根据课题要求设计电气控制回路

(2) 根据图 8-43 所示液压回路和图 8-44 电气控制回路进行连接并检查。

(3) 连接无误后，打开液压泵及电源，观察液压缸运行情况。

(4) 测量液压缸快进速度、工进速度和快退速度。

(5) 调节调速阀阀口开度，观察速度变化情况。

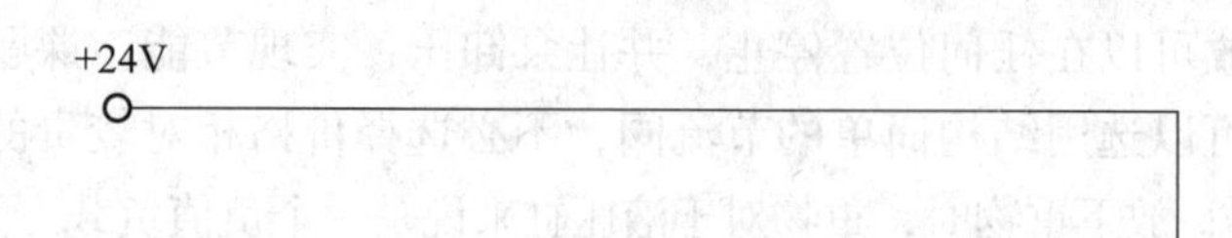

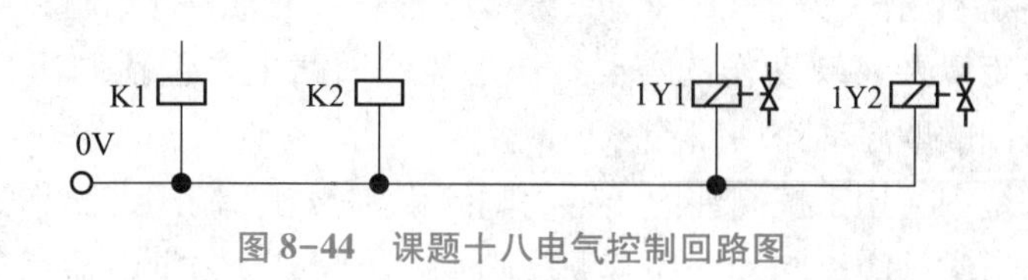

图 8-44　课题十八电气控制回路图

（6）观察差动连接时液压缸左、右腔压力情况以及工进时液压缸左、右腔压力情况，分析并说明压力出现差异的原因。

（7）对实验中出现的问题进行分析和解决。

（8）实验完成后，将各元件整理后放回原位。

8.6　液压起重机

如图 8-45 所示为一小型车载液压起重机。重物的吊起和放下通过一个双作用液压缸的活塞杆伸出和缩回来实现。为保证能平稳的吊起和放下重物，对液压缸活塞的运动进行节流调速。

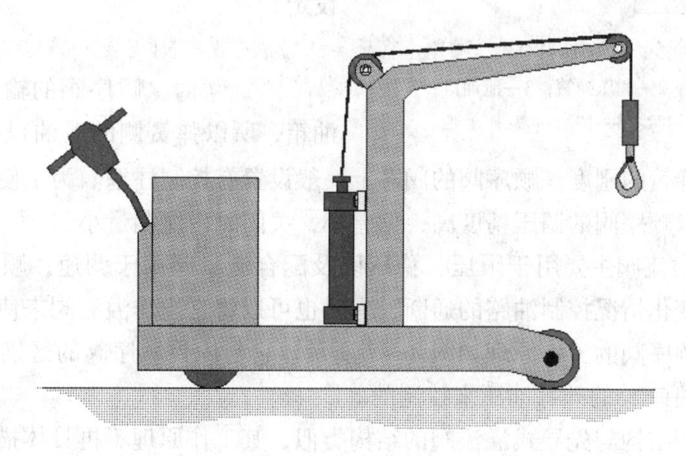

图 8-45　液压起重机示意图

这个任务的控制要求比较简单，在这里我们采用液压控制的方式来实现。换向阀选用 M

型中位，使得重物吊放可以在任何位置停止，并让泵卸压，实现节能。课题对速度稳定性没有严格的要求，所以可以选用结构简单的节流阀，不必选择价格相对较贵的调速阀。

在液压缸活塞伸出，放下重物时，重物对于液压缸来说是一个负值负载。为防止活塞不受节流控制，快速冲出，可以利用顺序阀产生的平衡力来支承负载。这种回路我们称为平衡回路。

8.6.1 压力控制回路

压力控制回路是利用压力控制阀来对系统整体或局部压力进行控制和调节，以满足液压执行元件对力、转矩以及实现动作的需要。压力控制回路主要包括调压、减压、增压、平衡、卸荷、压力控制的顺序动作回路等多种回路。

在液压传动系统中，用于控制油液压力的阀统称为压力控制阀，简称为压力阀。常用的压力控制阀除前面所学的溢流阀外，还有顺序阀、减压阀、压力继电器等多种基本类型。

1. 顺序阀

顺序阀是用来控制液压系统中各执行元件动作的先后顺序的。顺序阀按结构的不同可分为直动式和先导式，按压力控制方式不同可分为外控式和内控式。

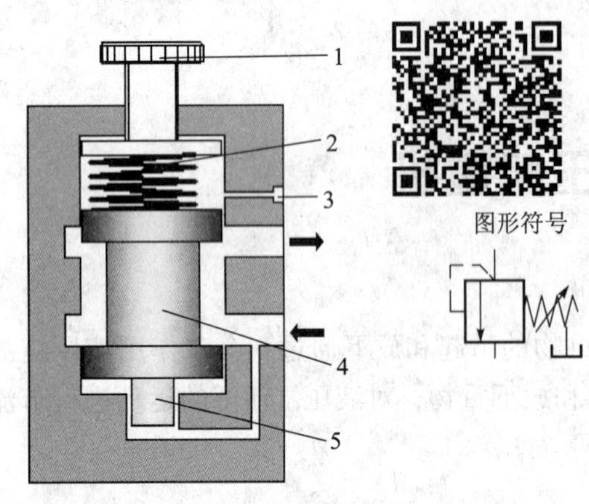

图 8-46 直动式内控顺序阀工作原理图

1—调节手轮；2—调压弹簧；3—泄油口；4—阀芯；5—控制柱塞

1）顺序阀的工作原理

如图 8-46 所示的直动式内控顺序阀的工作原理和直动式溢流阀相似。当进口油液压力较小，阀芯 4 在调压弹簧 2 作用下处于下端位置，进油口和出油口互不相通。当作用在阀芯下方的油液压力大于弹簧预紧力时，阀芯上移，进、出油口导通，油液可以从出油口流出，去控制其他执行元件动作。通过调节手轮 1 可以对调压弹簧的预紧力进行设定。

动式顺序阀与直动式溢流阀的区别在于：

（1）结构。顺序阀的输出油液不直接回油箱，所以弹簧侧的泄油口必须单独接回油箱。为减小调节弹簧的刚度，顺序阀的阀芯上一般设置有控制柱塞。为了使执行元件准确实现顺序动作，要求顺序阀的调压精度高，偏差小，关闭时内泄漏量小。

（2）作用。溢流阀主要用于限压、稳压以及配合流量阀用于调速；顺序阀则主要用来根据系统压力的变化情况控制油路的通断，有时也可以将它当作溢流阀来使用。

直动式外控顺序阀的工作原理如图 8-47 所示。它与内控顺序阀的区别在于阀芯的开闭是利用通入控制油口 K 的外部油压来控制的。

先导式顺序阀结构与先导式溢流阀的结构类似，其工作原理不再具体描述。顺序阀的实物图如图 8-48 所示。

2）顺序阀的应用

（1）用于产生平衡力，防止液压缸活塞在负值负载作用下出现前冲。在有负值负载的

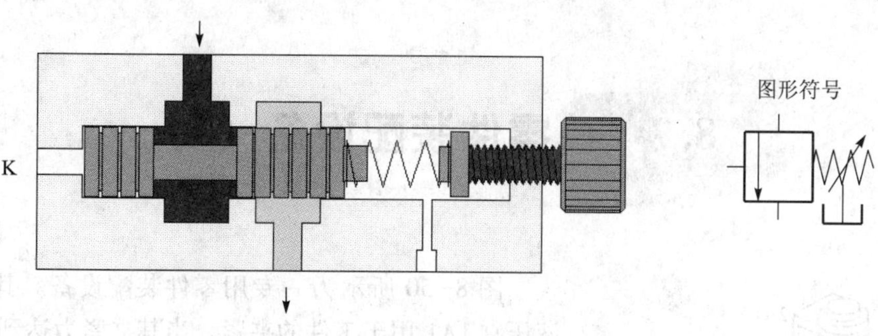

图 8-47 直动式外控顺序阀工作原理图

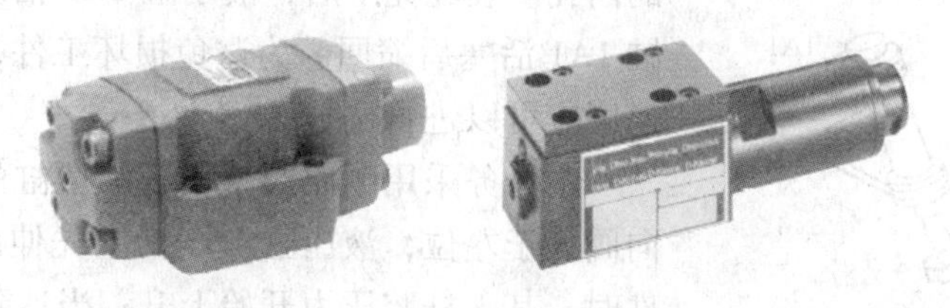

图 8-48 顺序阀实物图

回路中，通过顺序阀使液压缸的排油腔形成与该负载平衡的背压力，可以防止活塞的前冲现象。

（2）控制多个执行元件的顺序动作。将图 8-33（d）中的溢流阀改为顺序阀，即是由顺序阀控制实现顺序动作的工作方式。

（3）使液压系统的某一部分保持一定的压力，起背压作用。

（4）用作普通溢流阀。

8.6.2 液压起重机控制回路设计

1. 液压控制回路图（见图 8-49）

2. 操作练习

（1）根据图 8-49 进行液压回路连接并检查。

（2）连接无误后，打开液压泵及电源，观察液压缸运行情况。

（3）调节节流阀观察其阀口开度对液压缸运动速度的影响。

（4）调节溢流阀观察其对液压缸运动速度的影响。

（5）调节顺序阀观察其对液压缸运动速度的影响。

（6）分析说明调节节流阀、溢流阀、顺序阀对液压缸运动速度产生影响的原因。

（7）对实验中出现的问题进行分析和解决。

（8）实验完成后，将各元件整理后放回原位。

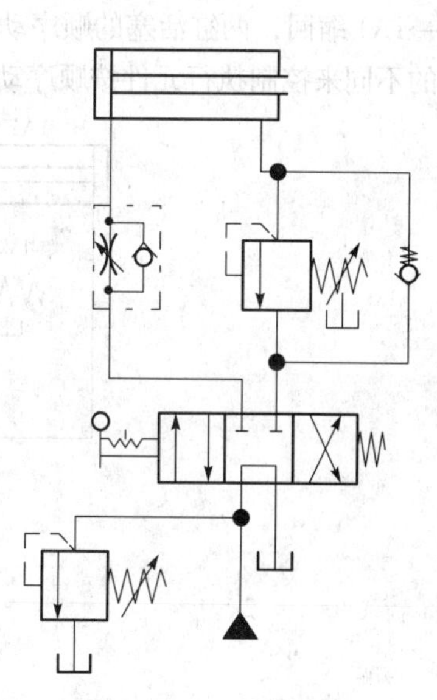

图 8-49 液压控制回路图

8.7 零件装配设备（1）

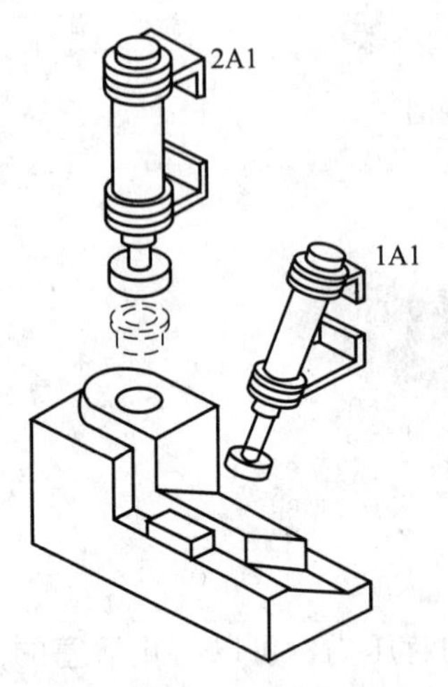

图 8-50 零件装配设备示意图

图 8-50 所示为一专用零件装配设备。其中双作用液压缸 1A1 用于工件的夹紧。当其夹紧力达到 30 bar 时，双作用液压缸 2A1 活塞伸出，将一圆形工件压装入零件的内孔。装配完毕后，液压缸 2A1 活塞首先缩回，液压缸 1A1 活塞后缩回。为避免损坏工件，两个液压缸伸出速度应可以进行调节。

本任务采用顺序阀来实现液压缸的顺序动作。当换向阀处于左位，液压缸 1A1 活塞先伸出；当开始夹紧零件时，其无杆腔压力开始上升；当达到顺序阀 2V1 调定值时，顺序阀导通，液压缸 2A1 活塞伸出。这样就实现了两个液压缸活塞在压力控制下的先后顺序伸出，就可以确保零件只有处于夹紧状态，装配过程才能进行。返回的顺序控制与此类似，请自行分析其动作过程。

8.7.1 压力控制的顺序动作回路

在这个任务中液压缸的伸出动作顺序为：1A1 伸出→2A1 伸出；缩回动作顺序为：2A1 缩回→1A1 缩回，两缸活塞的顺序动作均可在压力信号控制下实现。这种利用液压系统工作时压力的不同来控制执行元件按顺序动作的回路称为压力控制的顺序动作回路，如图 8-51 所示。

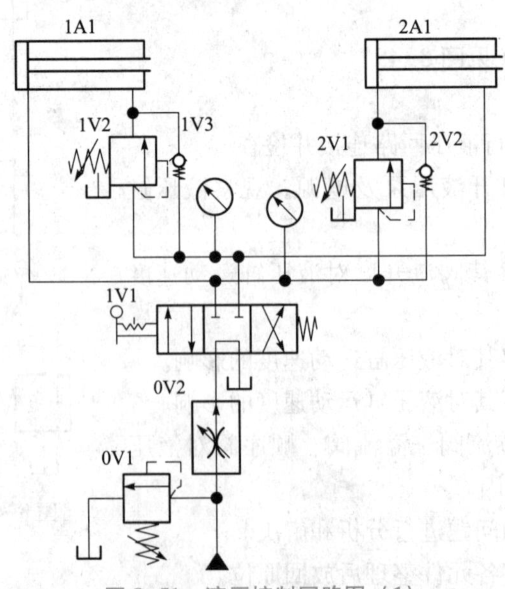

图 8-51 液压控制回路图（1）

8.7.2 零件装配设备（1）控制回路设计

为了便于实验时顺序阀的调节和压力显示，在其进油口应安装压力表。

回路在液压泵输出口安装一个调速阀，对两个液压缸进行进油节流调速，以满足任务中的调速要求。通过调速阀可以获得相当稳定的运动速度，保证装配质量；还可以避免活塞运动到达终端位置时液压缸工作腔压力上升过快，造成顺序阀来不及响应，减少了夹紧和装配时对工件的损伤。

在设定溢流阀的压力时，一定要调高一些，保证调速阀正常工作所需的压差。

我们还可以通过在两个液压缸的无杆腔各安装一个单向节流阀，来对两个液压缸的运动速度分别进行调节。但如按图 8-52 方式进行连接，在实际应用却会发生问题。

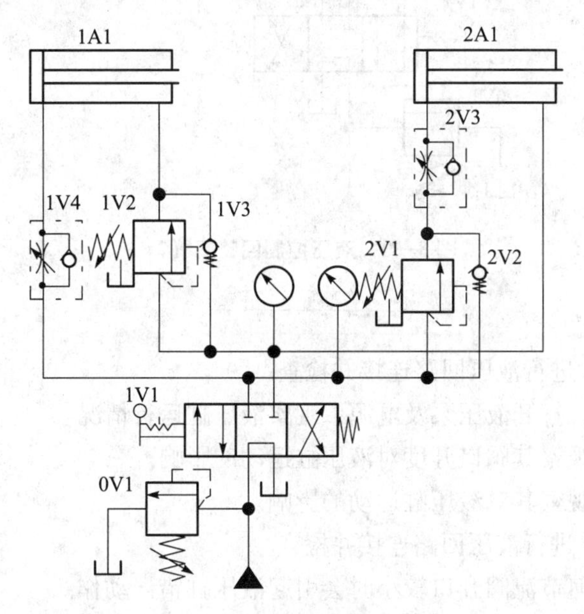

图 8-52 错误液压控制回路图

如图 8-52 所示，由于需要液压缸运动速度可调，因此溢流阀 0V1 必然处于打开状态，系统最高压力也就被它所限定。顺序阀 2V1 的开启压力不可能大于这个压力值，这样在液压缸 1A1 伸出时，2V1 也已经导通，使液压缸 2A1 同时伸出，而无法实现压力控制下的先后伸出。

从任务要求角度来看，这个回路也是错误的。任务中要求液压缸 1A1 对零件的夹紧力（液压缸左腔压力）达到设定值时，液压缸 2A1 活塞才能伸出。图中顺序阀实际检测的却是节流阀 1V4 进油口的压力，并非液压缸左腔压力（即夹紧力）。所以我们应将顺序阀 2V1 改为外控式，如图 8-53 所示将 2V1 的外控口与液压缸 1A1 左腔相连，使该阀能真正根据夹紧力大小来实现通断。这个回路不仅可以对两个液压缸伸出速度进行单独调节，它的另一个优点就是：换向阀 1V1 处于中位时，液压泵的输出油液可以不通过调速阀直接流回油箱，液压泵可以实现卸荷，不仅降低了系统的能耗，也减小了系统的温升，延长了液压泵的使用寿命。

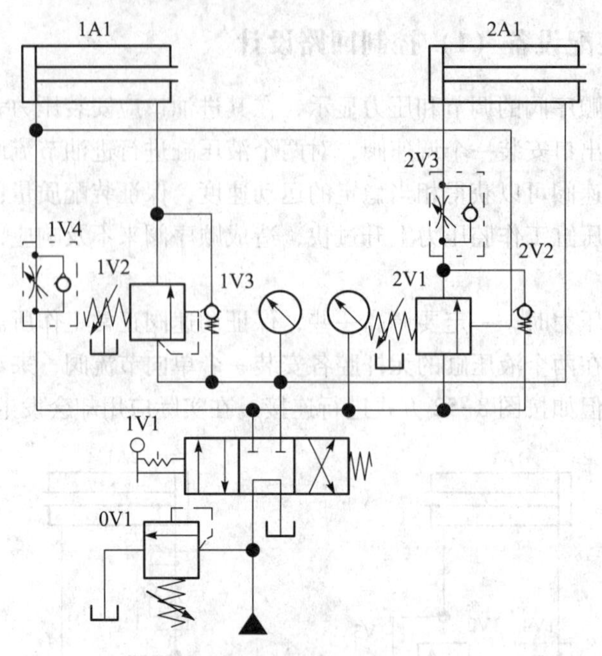

图 8-53　液压控制回路图（2）

1. 操作练习

（1）根据图 8-52 进行液压回路连接并检查。

（2）连接无误后，打开液压泵及电源，观察液压缸运行情况。

（3）调节溢流阀观察其阀口开度对液压缸运动的影响。

（4）调节顺序阀观察其对液压缸运动的影响。

（5）根据图 8-53 进行液压回路连接并检查。

（6）分析说明为何节流阀开口较小时会引起液压缸错误动作。

（7）根据图 8-53 进行液压回路连接并检查。

（8）调节节流阀观察其对液压缸动作有无影响并分析其原因。

（9）对实验中出现的问题进行分析和解决。

（10）实验完成后，将各元件整理后放回原位。

8.8　零件装配设备（2）

图 8-50 所示为一专用零件装配设备。其中双作用液压缸 1A1 用于工件的夹紧。当其夹紧力达到 30bar 时，双作用液压缸 2A1 活塞伸出，将一圆形工件装入零件的内孔。装配完毕后，液压缸 2A1 活塞首先缩回，液压缸 1A1 活塞后缩回。

为避免损坏工件，两个液压缸伸出速度应可以进行调节。该设备通过一个按钮启动，并由另一个按钮控制两个液压缸活塞的缩回。要求采用压力继电器完成控制要求。

我们可以根据上一任务可以知道，我们采用顺序阀来控制两个液压缸的动作。除了采用顺序阀外，我们还可以使用压力继电器在控制两个液压缸来实现零件装配。

8.8.1　压力继电器

压力继电器是一种将油液的压力信号转换成电信号的控制元件。它由压力-位移转换部件和微动开关两部分组成。当油液的压力达到压力继电器的调定压力时，使其内部电气触点发生通断变化，发出电信号，来控制电磁换向阀、继电器等电气元件动作，实现油路换向、卸压、顺序动作等。

1. 压力继电器的分类和工作原理

按压力-位移转换部件的结构，压力继电器可分为柱塞式、弹簧管式、膜片式和波纹管式四种类型。其中柱塞式压力继电器是最常用的。

如图 8-54 所示，不论哪种类型的压力继电器都是利用油液压力来克服弹簧力，使微动开关触点闭合，发出电信号的。改变弹簧的预压缩量就能调节压力继电器的动作压力。这里就不再对压力继电器的工作原理进行具体描述。其剖面结构及实物图如图 8-55 所示。

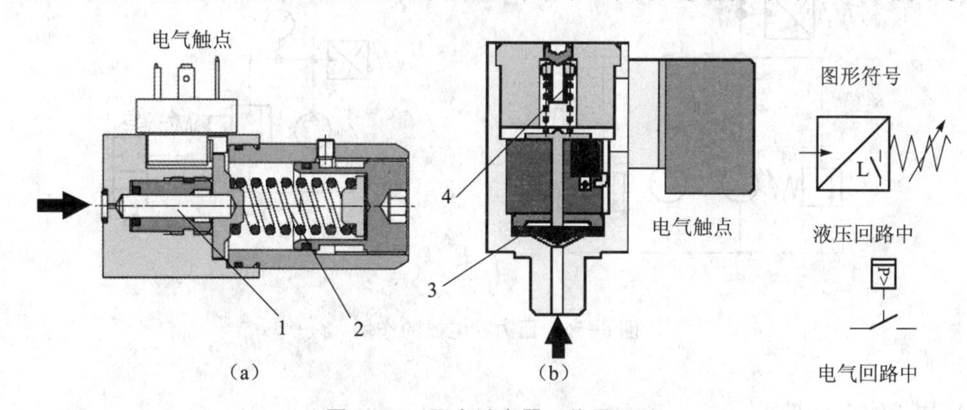

图 8-54　压力继电器工作原理图

（a）柱塞式压力继电器；（b）膜片式压力继电器

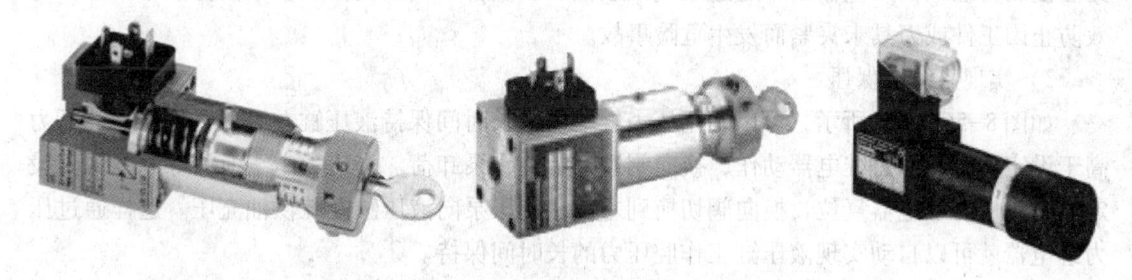

图 8-55　压力继电器剖面结构及实物图

2. 压力继电器的应用

压力继电器是利用液体压力信号来通断电气触点的液电转换元件，对于液压系统的电气控制有着非常重要的作用。除此之外它所发出的电信号还可以应用在其他需使用电气信号进

行控制的地方。

压力继电器在液压传动控制系统中主要有以下应用：

1）用于控制执行元件，实现顺序动作

如图 8-56（a）所示，我们利用压力继电器可以实现在压力控制下的液压缸顺序动作。通过让前一个执行元件动作完成时产生的压力信号，来使压力继电器发出信号，控制下一个执行元件动作，这样就实现了压力控制下的顺序动作。

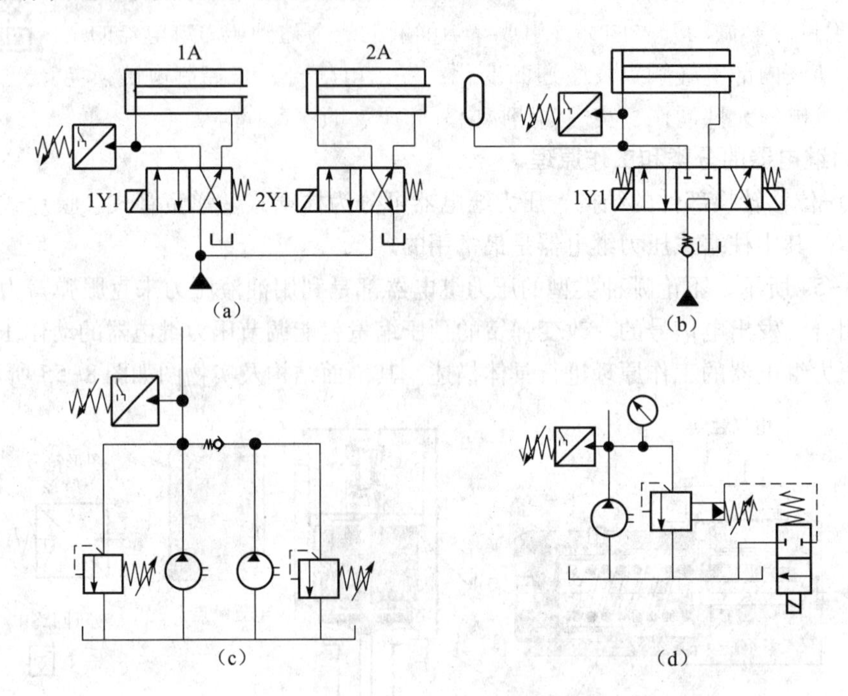

图 8-56　压力继电器的作用

2）用于安全保护

在机床设备上，利用压力继电器对工件或刀具夹紧力进行检测，只要夹紧压力不够，就无法使压力继电器产生输出。通过电气联锁让加工设备不继续动作或发出报警信号，可以有效防止因工件或刀具未夹紧而发生危险事故。

3）实现系统的保压

如图 8-56（b）所示，可以利用压力继电器来长时间保持液压缸左腔压力。当左腔压力高于设定值时，压力继电器动作，换向阀进入中位，泵卸荷。当压力由于泄漏等原因低于设定值时，压力继电器复位，换向阀切换到左位，液压泵向液压缸左腔供油充压。这样通过压力继电器就可以自动实现液压缸工作腔压力的长时间保持。

4）控制液压泵的启停或卸荷

利用压力继电器我们还可以控制液压泵的启动、停止和卸荷。

在图 8-56（c）所示的双泵供油系统中，当空载时，高压泵、低压泵双泵同时向液压缸供油，液压缸快进；开始加工时，系统压力上升，压力继电器发出信号关闭低压泵，减少进入液压缸的流量，使液压缸工进并降低了功率损耗。

图 8-56（d）所示回路则是利用压力继电器控制二位二通换向阀动作来对液压泵卸荷。

8.8.2　零件装配设备（2）控制回路设计

1. 液压控制回路

我们仍然可以采用两个单向节流阀分别对液压缸 1A1 和 2A1 活塞的伸出速度进行调节。应注意换向阀 2V1 在夹紧过程中处于中位，如 2V1 采用 M 形中位或 H 形中位则会使泵卸荷而无法产生足够的夹紧力。

液压回路请根据控制要求自行设计完成（见图 8-57）。

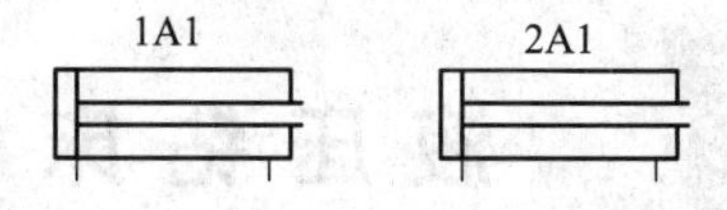

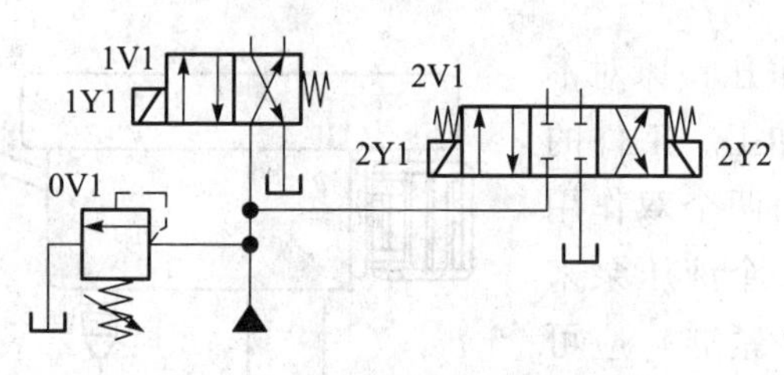

图 8-57　液压回路

2. 电气控制回路

该任务的电气控制回路图请自行设计完成，如图 8-58 所示。

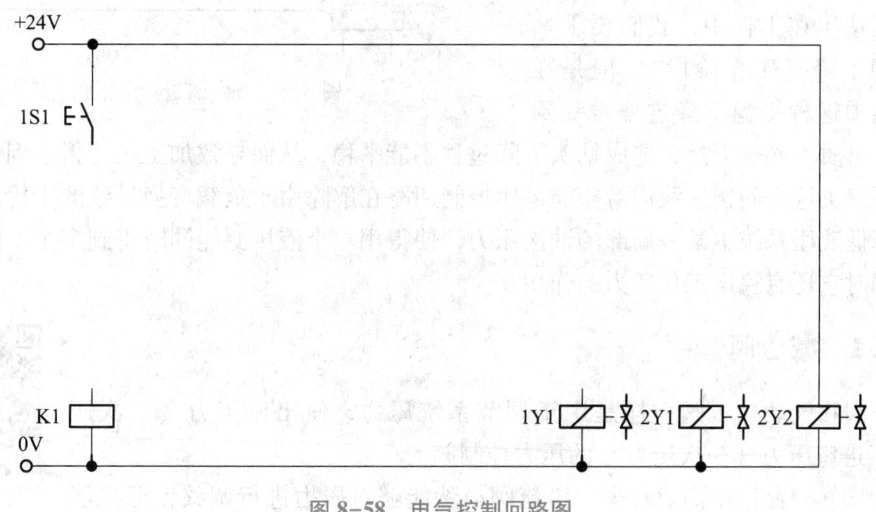

图 8-58　电气控制回路图

3. 操作练习

（1）根据控制要求完成液压回路图和电气控制回路图。

（2）根据图 8-57 和图 8-58 进行液压回路和电气回路连接并检查。

（3）连接无误后，打开液压泵及电源，观察液压缸运行情况。

（4）调节压力继电器观察其对液压缸运动的影响。

（5）将换向阀 2V1 改为 M 形中位，观察两个液压缸运动是否正常。如不正常分析原因。

（6）将压力继电器装在单向节流阀的进油口，调节节流阀开度，观察两液压缸动作是否正常。如不正常请分析其原因。

（7）对实验中出现的问题进行分析和解决。

（8）实验完成后，将各元件整理后放回原位。

8.9 液压钻床

如图 8-59 所示，用液压钻床对不同材料的工件进行钻孔加工。工件的夹紧和钻头的升降分别由两个双作用液压缸驱动，它们由同一个液压泵来供油。夹紧用液压缸（夹紧缸）应可根据工件材料和形状的不同调整夹紧力，夹紧速度也可以调节。钻头下降速度应稳定，不受负载大小的变化或供油压力的波动影响。

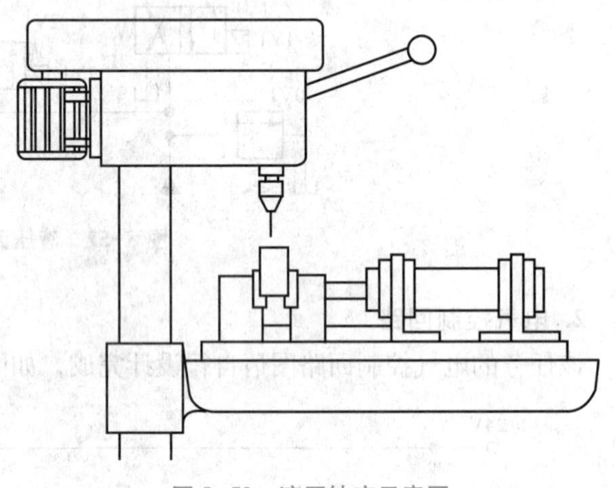

图 8-59　液压钻床示意图

液压钻床在工作中，我们要求钻头能平稳下降（工作阶段）。但是在实际使用中这种平稳下降过程常受到加工工件材质不同等干扰，造成钻头下降过程不能平稳，从而导致加工工艺得不到保证。

为了解决这个问题，我们希望能采用控制回路在解除由于负载变换导致的干扰。减压阀它能够降低液压系统中某一局部的油液压力，使得用一个液压源能同时得到多个不同的压力输出，同时它还有稳定工作压力的作用。

8.9.1　减压阀

减压阀和气动减压阀一样是用于调节系统压力，使出口压力（二次压力）低于进口压力（一次压力）的压力控制阀。

减压阀和溢流阀不同点在于：溢流阀虽然能够对压力进行调整，但只能限定系统最高压力，而无法在一个泵源的条件下使系统不同部分获得不同的压力；而利用减压阀能将液压系统分成不同压力的油路，以满足在一个泵源条件下各油路对不同工作压力的需要。

1. 减压阀的分类和工作原理

根据减压阀所控制的压力不同，它可分为定值减压阀、定差减压阀和定比减压阀。其中定值减压阀在液压系统中应用最为广泛，因此也简称为减压阀。

1）定值减压阀

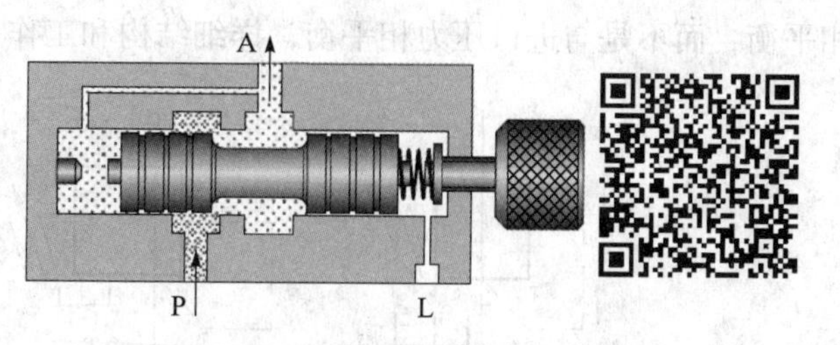

图 8-60　直动式减压阀工作原理图

定值减压阀能将其出口压力维持在一个定值，常用的有直动式减压阀、先导式减压阀和溢流减压阀。图形符号如图 8-62 所示。剖面结构及实物图如图 8-63 所示。

图 8-60 所示为直动式减压阀的工作原理。当其出口压力未达到调压弹簧的预设值时，阀芯处于最左端，阀口全开。随着出口压力逐渐上升并达到设定值时，阀芯右移，阀口开度逐渐减小直至完全关闭。如果忽略其他次要因素，仅考虑作用在阀芯上的液压力和弹簧力相平衡的条件，则可以认为减压阀出口压力不会超过通过弹簧预设的调定值。

减压阀的稳压过程为：当减压阀输入压力变大，出口压力随之增大，阀芯也相应右移，使阀口开度减小，阀口处压降增加，出口压力回到调定值；当减压阀输入压力变小，出口压力减小，阀芯相应左移，使阀口开度增大，阀口处压降减小，出口压力也会回到调定值。通过这种输出压力的反馈作用，可以使其输出压力保持稳定。

直动式减压阀与直动式顺序阀的结构相似，它们的差别在于：

① 减压阀的控制压力来自出口侧，顺序阀的控制压力来自进油口。

② 减压阀口常开，即在减压阀的出口压力未达到设定值时，阀口全开。而顺序阀在进口未达到设定值时，其阀口为关闭状态。

采用直动式减压阀的减压回路如果由于外部原因造成减压阀输出口压力继续升高，此时由于减压阀阀口已经关闭，减压阀将失去减压作用。这时由于减压阀输出口的高压无法马上泄走，可能会造成设备或元件的损坏。在这种情况下可以在减压阀的输出口并联一个溢流阀来泄走这部分高压或采用溢流减压阀代替直动减压阀。

从图 8-61 所示的溢流减压阀的工作原理图上看，它就相当于在直动式减压阀出口处并联一个溢流阀所构成的组合阀。正常工作时，回油口 T 关断，其工作状态与图 8-60 所示的减压阀的完全一致。达到设定压力值时，溢流减压阀阀芯右移将阀口关闭。但当输出口出现超过设定值的高压时，其阀芯可以继续右移，使输出油口 A 与回油口 T 导通，让输出油口的高压从 T 口泄走，从而使出口压力迅速下降回到设定值。

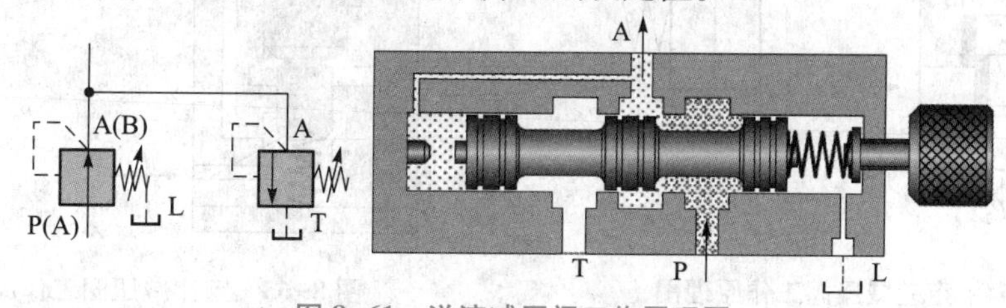

图 8-61　溢流减压阀工作原理图

直动式减压阀和溢流减压阀都是用弹簧力与油液压力直接平衡，也就是意味着工作压力越高，弹簧刚度就要越大，所以在中、高压系统中更常用的是先导式减压阀。先导式减压阀和先导式溢流阀一样都是由导阀和主阀两部分构成，但减压阀导阀的弹簧力是与出口的压力相平衡，而不是与进口压力相平衡，详细结构和工作原理本章不再赘述。

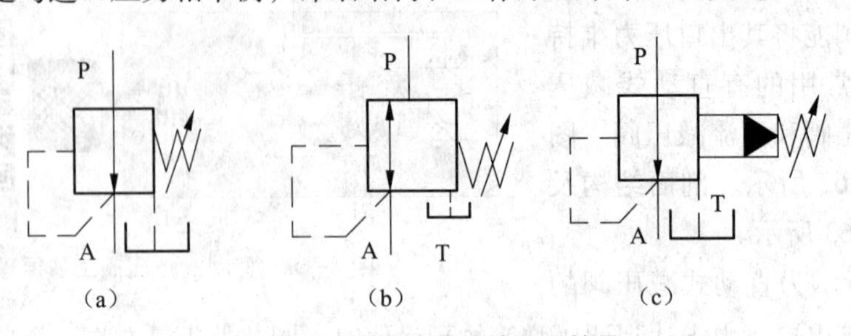

图 8-62　定值减压阀的图形符号

（a）直动式减压阀；（b）溢流减压阀；（c）先导式减压阀

图 8-63　定值减压阀剖面结构及实物图

2）定差减压阀

如图 8-64 所示的定差减压阀进油口与出油口间的压差与预先调定的弹簧力相平衡，使其基本保持不变，即 $\Delta P = P_1 - P_2 =$ 常数。

3）定比减压阀

如图 8-65 所示的定比减压阀利用其阀芯两端的面积差可以实现进、出油口压力比值的基本恒定，即 $P_2/P_1 = A_1/A_2 =$ 常数。

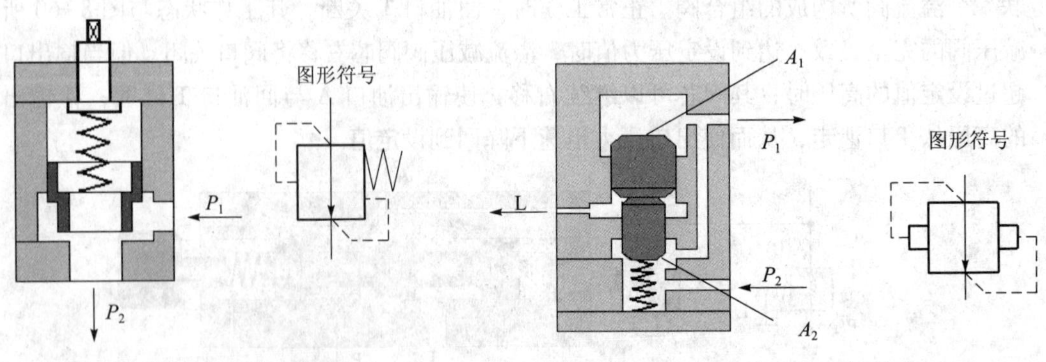

图 8-64　定差减压阀工作原理图　　　图 8-65　定比减压阀工作原理图

2. 减压阀的应用

减压阀主要适用于下面一些情况：

（1）降低液压泵输出油的压力，供给低压回路使用。

（2）在供油压力不稳定的回路中串接减压阀来进行稳压，避免一次压力波动对执行元件工作产生影响。

（3）根据不同的需要，将液压系统分成若干不同压力回路，以满足控制油路、辅助油路或各种执行元件不同工作压力的需要。

（4）利用溢流减压阀的特性来减小压力冲击。

8.9.2　液压钻床控制回路设计

1. 液压控制回路

在这个任务中夹紧缸 1A1 的工作压力应可以根据工件不同进行调节，这种使系统的某一局部油路具有较低的稳定压力的回路称为减压回路。在减压回路中的调速元件应放在减压阀的上面，以免减压阀的泄漏对执行元件速度产生影响，液压控制回路如图 8-66 所示。

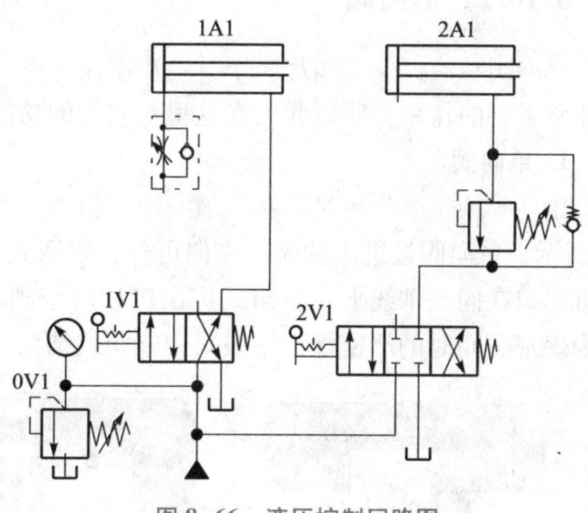

图 8-66　液压控制回路图

2. 操作练习

（1）根据控制要求完成液压回路图。

（2）根据图 8-66 进行液压回路连接并检查。

（3）连接无误后，打开液压泵及电源，观察液压缸运行情况。

（4）分析并说明各控制元件在回路中的作用

（5）分别对夹紧速度、夹紧力及钻头升降速度进行调节，观察它们能否满足控制要求。

（6）如果控制钻头升降的液压缸所需压力小于夹紧力，应如何回路改动。

（7）对实验中出现的问题进行分析和解决。

（8）实验完成后，将各元件整理后放回原位。

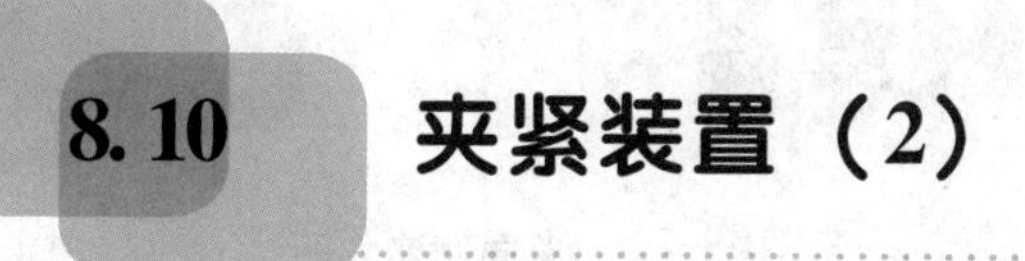

8.10　夹紧装置（2）

如图 8-26 所示的夹紧装置是利用一个双作用液压缸来对工件进行夹紧的。在加工过程中为防止工件松脱造成事故应保持足够的夹紧力。为避免工件损坏，夹紧速度应可以调节。

本任务和任务 8.3 不同，主要研究的是如何在较长时间保持系统局部压力的恒定，这种

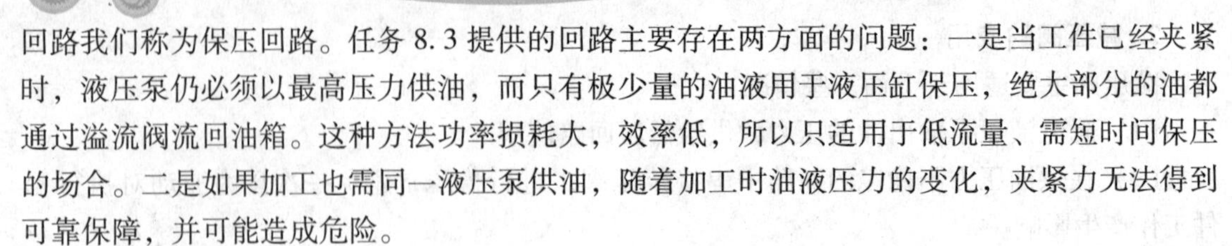

回路我们称为保压回路。任务 8.3 提供的回路主要存在两方面的问题：一是当工件已经夹紧时，液压泵仍必须以最高压力供油，而只有极少量的油液用于液压缸保压，绝大部分的油都通过溢流阀流回油箱。这种方法功率损耗大，效率低，所以只适用于低流量、需短时间保压的场合。二是如果加工也需同一液压泵供油，随着加工时油液压力的变化，夹紧力无法得到可靠保障，并可能造成危险。

为了解决这些实际问题，我们需要对任务 8.3 的控制回路做出相应的改动来解决保持压力的问题。

8.10.1　单向阀

单向阀和液控单向阀都属于方向控制阀，不是压力控制阀。但它们在压力控制回路中有着非常重要的作用，所以我们在这里对它们的功能和应用进行介绍。

1. 单向阀

单向阀的主要作用是控制油液的流动方向，使其只能单向流动。如图 8-67 所示，单向阀按进出油流动方向可分为直通式和直角式两种。直通式单向阀进出口在同一轴线上；直角式进出口相对于阀芯来说是直角布置的。单向阀为保证关闭时的严密性，一般采用座阀式结构。其实物图如图 8-68 所示。

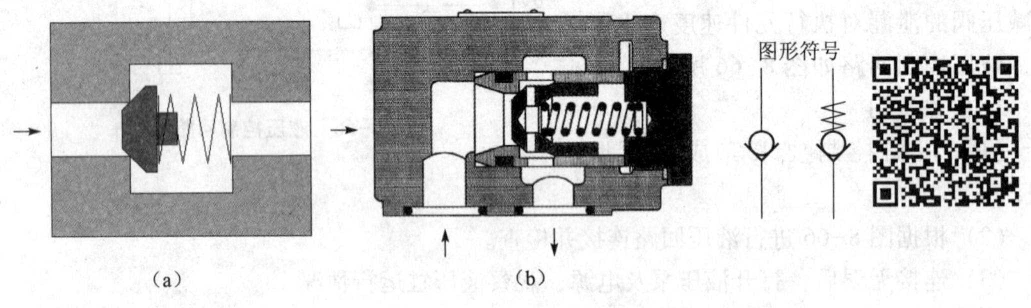

(a)　　(b)

图 8-67　单向阀工作原理图

(a) 直通式；(b) 直角式

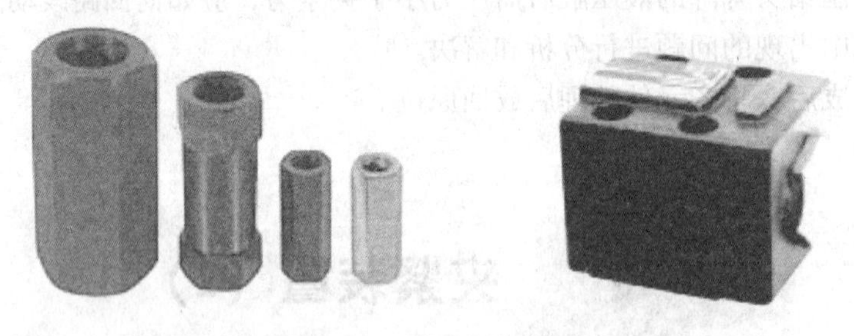

图 8-68　单向阀实物图

单向阀中的弹簧主要用以克服阀芯的摩擦阻力和惯性力，使单向阀工作可靠，所以普通单向阀的弹簧刚度一般都选得较小（在图形符号中可以不画出），以免油液流动时产生较大的压降。

如图 6-69 所示，在液压系统中单向阀的主要有以下应用：

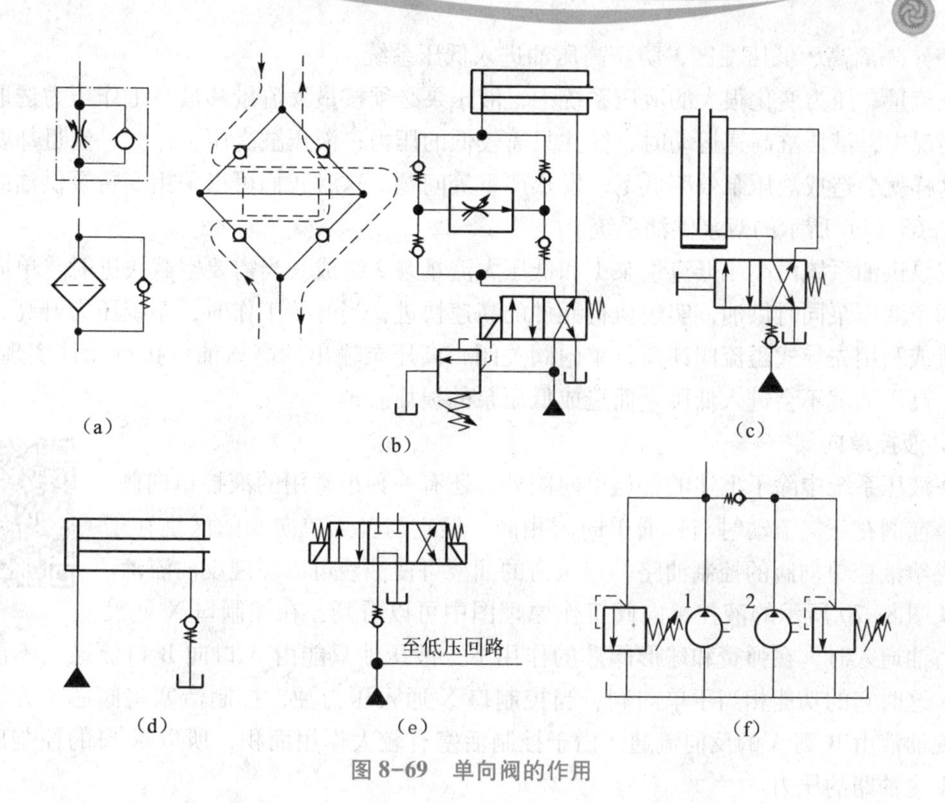

图 8-69　单向阀的作用

（1）如图 8-69（a）所示，与其他控制阀并联使用，使之在单方向起作用；与过滤器并联作为旁通阀，在过滤器上积累杂质过多时打开，防止过滤器损坏。

（2）选择液流方向，使压力油或回油只能按单向阀所限定的方向流动，构成特定的回路。

如图 8-69（a）所示利用四个单向阀构成的桥式回路，类似于电路中的桥式整流电路，可以使得在液流方向改变时，通过中间的控制阀使液流方向始终为从左到右一个方向。图示中的桥式调速回路，由于液压缸左腔进油、回油流量均被同一调速阀所限定，所以可以实现活塞伸缩速度的一致。

（3）如图 8-69（c）所示，将单向阀安装于泵的出口处，防止系统压力突然升高反向传给泵，造成泵反转或损坏，并且在液压泵停止工作时，可以保持液压缸的位置。在有蓄能器的系统中这个单向阀是必需的。

（4）将单向阀用做背压阀。

单向阀中的弹簧主要是用来克服阀芯的摩擦阻力和惯性力，使单向阀工作灵敏可靠，所以普通单向阀的弹簧刚度都选得较小，以免油液流动时产生较大的压力降。若将单向阀中弹簧换成较大刚度的弹簧，就可将其置于回油路中作背压阀使用。

如图 8-69（d）所示，在液压缸的回油路上串入单向阀，利用单向阀弹簧产生的背压，可以提高执行元件运动的稳定性。这样还可以防止管路拆开时油箱中的油液经回油管外流。

在图 8-69（e）所示的回路中，如泵出口没有串联单向阀，换向阀一旦切换到中位，油泵就直接与油箱相连，泵卸荷。这样液压系统中同一泵源的其他低压回路将不能获得足够的压力而无法工作。而串入单向阀，液压泵输出的油液要克服单向阀中的弹簧力才能流回油箱，这样在单向阀的下方就保持一定的背压力，从而保证低压回路的正常工作。

（5）隔离高、低压油区，防止高压油进入低压系统。

在流量、压力变化很大的液压系统中，液压泵必须按最大流量和最高工作压力选取。而实际工况中，液压缸高速运动时，往往只需较低的压力；液压缸高压工作时，流量却要求很小。这样就会造成液压泵效率低下，发热严重等问题。这时我们可以采用变量泵供油或采用如图 8-69（f）所示的双泵供油系统。

双泵供油系统由高压低流量泵 1 和低压大流量泵 2 组成。当需要空载快进时，单向阀导通，两个液压泵同时供油，实现执行元件的高速快进；当开始工作时，系统压力升高，低压泵溢流或利用先导式溢流阀卸荷，单向阀关闭，高压泵输出的高压油供执行元件实现工进。这样，高压油就不会进入低压泵而造成低压泵的损坏。

2. 液控单向阀

在液压系统中除了上述的普通单向阀外，还有一种很常用的液控单向阀。液控单向阀在正向流动时与普通单向阀相同。但它与普通单向阀的区别在于通过供给液控单向阀的控制油路一定压力的油液可使油液可以实现反向流动。

从图 8-70 所示的液控单向阀工作原理图中可以看到：在控制口 X 处没有压力油通入时，在弹簧和球形阀芯的作用下，液压油只能由 A 口向 B 口流通，不能反向流动，这时它的功能相当于单向阀；当控制口 X 通入压力油，控制活塞将阀芯顶开，则可以实现油液由 B 到 A 的反向流通。由于控制活塞有较大作用面积，所以 X 口的控制压力可以小于主油路的压力。

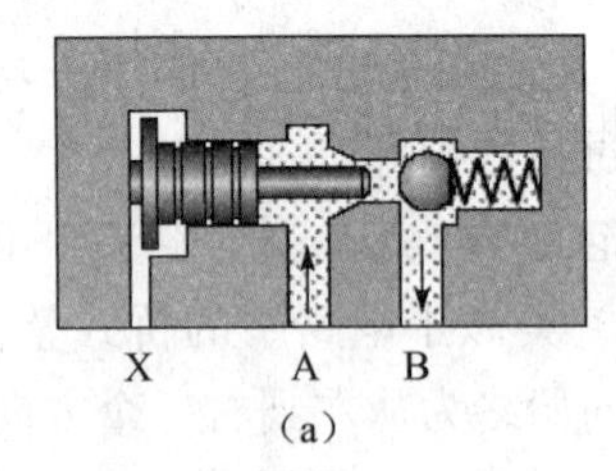

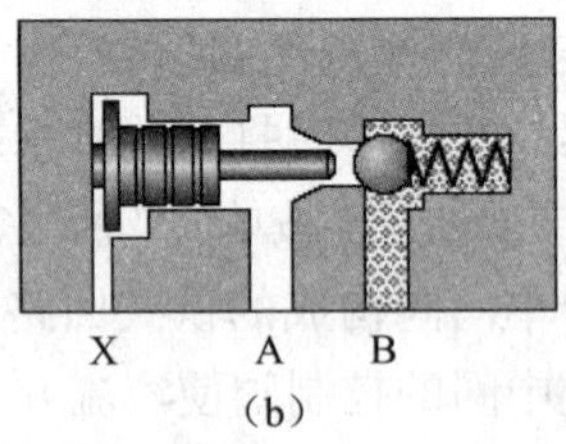

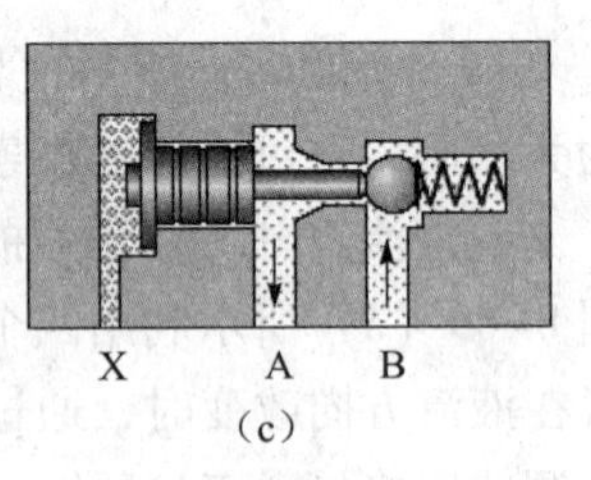

图 8-70　液控单向阀工作原理图

（a）正向导通；（b）反向关断；（c）反向导通

图 8-71　外泄式液控单向阀工作原理图

图 8-70 所示的液控单向阀的控制活塞右腔与 A 口所在工作腔相通称为内泄式液控单向阀。这种液控单向阀的结构比较简单，制造比较方便，但受结构限制，其控制活塞直径不可能比阀芯直径大很多，所以反向开启所需的控制压力较大。采用外泄式液控单向阀可以减小 A 腔压力对反向开启控制压力的影响。如图 8-71 所示，外泄式液控单向阀在控制活塞侧增加了一个单独的泄油口 L，减小了 A 腔压力在控制活塞上的作用面积，这样用很小的控制压力就可以实现液控单向阀的反向开启。液控单向阀实物图如图 8-72 所示。

要保证带有液控单向阀的液压缸正常动作，液控单向阀的控制油口必须有足够的压力。如图 8-73（a）所示的液压回路中，在液压缸活塞缩回时，由于重力负载较大，液压缸向下

图 8-72　液控单向阀实物图

运动速度较快，液压泵供油不足，使供油路短时压力过低甚至出现负压。液控单向阀控制油口与进油口相连，由于压力不足，单向阀关闭。单向阀的关闭，使液压缸突然停止，进油路压力上升，单向阀再次开启，液压缸活塞快速下降，导致进油路油压再次下降，单向阀再次关闭，液压缸突然停止……如此过程不断重复，导致液压缸振荡下行。解决此类问题可以采取的办法主要有：在回油路中如图 8-73（b）所示设置背压；或采用外泄式液控单向阀；或在液压缸与液控单向阀控制油口间增加其他控制阀，提高控制油口压力。

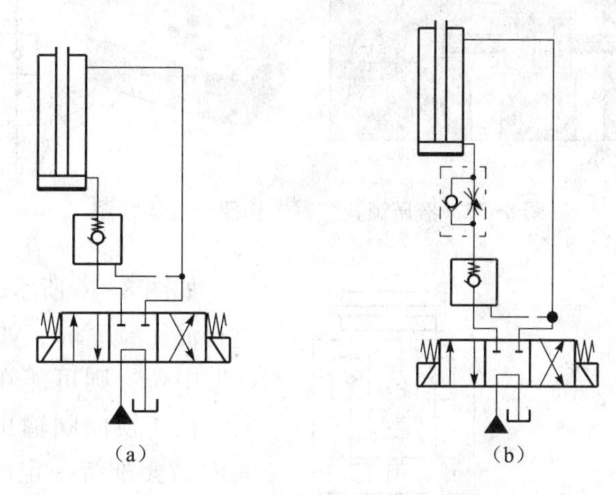

图 8-73　液控单向阀正常运行条件

如图 8-74 所示，液控单向阀主要有以下应用：

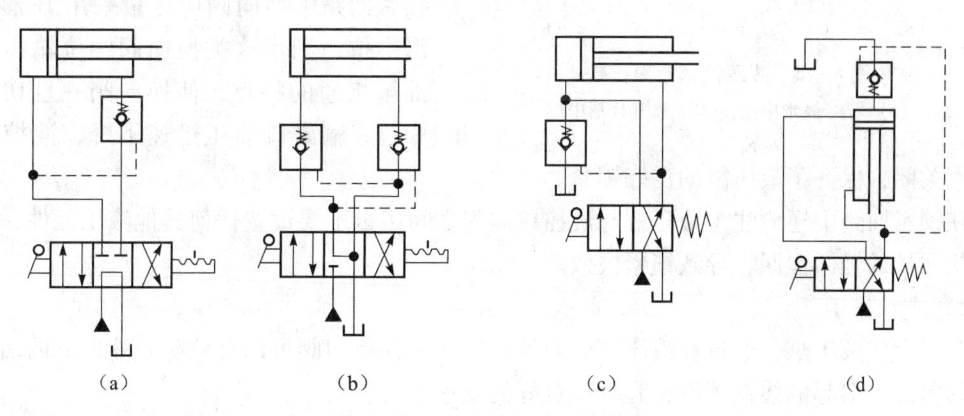

图 8-74　液控单向阀的作用

1）保持压力

由于滑阀式换向阀都有间隙泄漏现象，所以当与液压缸相通的A、B油口封闭时，液压缸只能短时间保压。如图8-74（a）所示在油路上串入液控单向阀，利用其座阀结构关闭时的严密性，可以实现较长时间的保压。

2）实现液压缸的锁紧

如图8-74（b）所示的回路中，当换向阀处于中位时，两个液控单向阀关闭，严密封闭液压缸两腔的油液，液压缸活塞不会因外力而产生移动，从而实现比较精确的定位。这种让液压缸能在任何位置停止，并且不会因外力作用而发生位置移动的回路称为锁紧回路。采用两个液控单向阀所构成的液压锁紧装置，在实际液压系统中得到广泛的应用，所以有的液压元件生产厂家将其组合成为一个元件，称为双向液压锁。如图8-75所示。

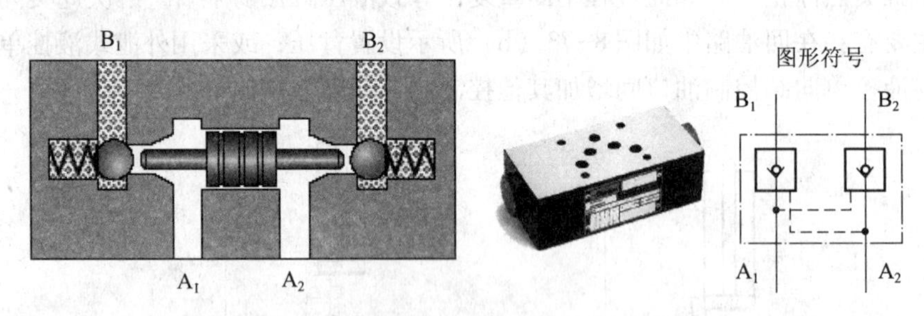

图8-75　液压锁紧装置工作原理及实物图

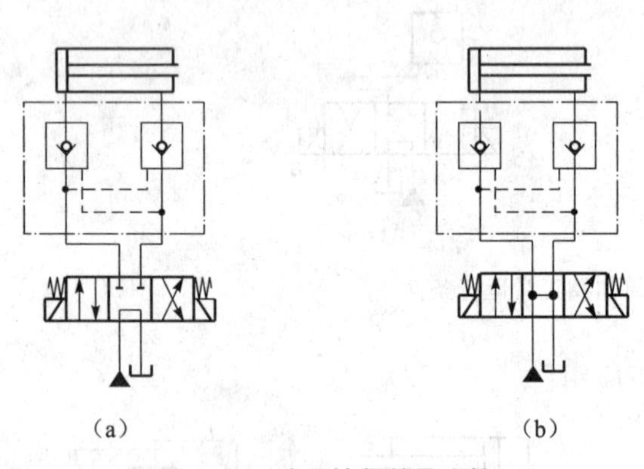

图8-76　液压锁紧效果比较

（a）采用M形中位；（b）采用H形中位

如图8-76所示，在利用液控单向阀进行液压锁紧时，如换向阀采用M形或O形中位，则可能在换向阀切换到中位时，由于换向阀输出口截止，在一段时间内仍会维持一定的压力。这样会造成液控单向阀不能彻底关闭，导致液压缸定位不准确。所以在使用液控单向阀的锁紧回路中换向阀应尽量采用H形或Y形中位，利用这类换向阀中位输出口与油箱相通的特点，使换向阀一旦切换到中位，输出口油压迅速下降，液控单向阀彻底关闭，保证了液压缸的良好锁紧。

在锁紧回路中还应注意液压缸与液控单向阀之间尽量不要设置任何其他液压元件，避免因这些元件的轻微泄漏，导致锁紧失效。

3）支承作用

对于立式液压缸，通过在液压缸的回油腔串入液控单向阀可以有效防止液压缸的活塞因滑阀的泄漏而引起的缓慢下滑，起到了良好的支承作用。

4）大流量排油

如果液压缸两腔的有效工作面积相差较大，当活塞缩回时，液压缸无杆腔的排油流量会

骤然增大。此时回油路可能会产生较强的节流作用，限制活塞的运动速度。如图8-74（c）所示在液压缸回油路加设液控单向阀，在液压缸活塞返回时，控制压力将液控单向阀打开，使液压缸左腔油液通过单向阀直接排回油箱，实现大流量排油。液控单向阀在这里的作用相当于气动系统中的快速排气阀。

5）用作充油阀

立式液压缸的活塞在负载和自重的作用下高速下降，液压泵供油量可能来不及补充液压缸上腔形成的容积。这样就会使上腔产生负压，而产生空穴。在图8-74（d）所示的回路中，在液压缸上腔加设一个液控单向阀，就可以利用活塞快速运动时产生的负压将油箱中的油液吸入液压缸无杆腔，保证其充满油液，实现补油的功能。

8.10.2　夹紧装置（2）控制回路设计

如图8-77所示，在本任务中我们采用三种不同的方案进行保压，以便对它们的保压效果进行比较。

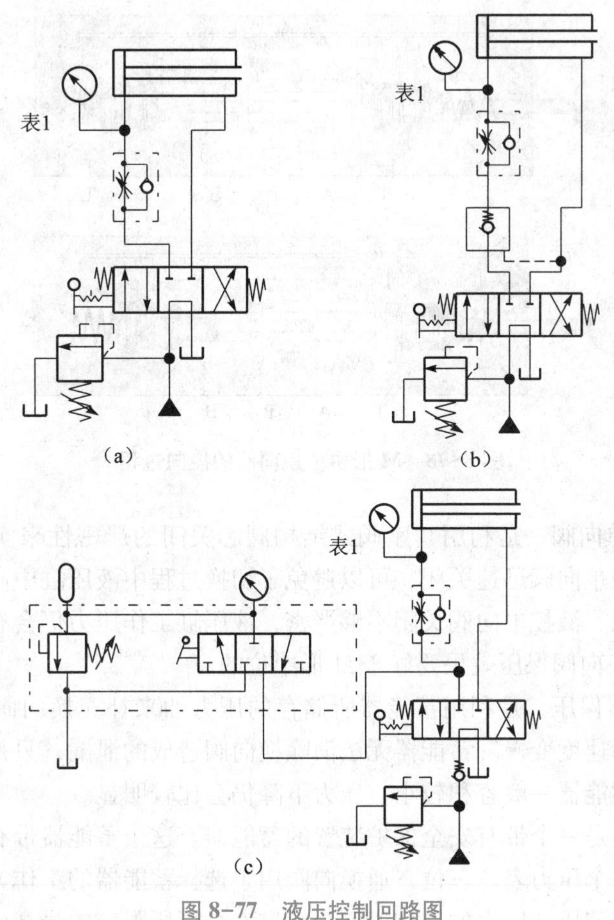

图8-77　液压控制回路图

（a）方案1；（b）方案2；（c）方案3

（1）利用中位截止的换向阀，如M形中位或O形中位的换向阀，利用其中位截止功能封闭液压缸中油液，实现夹紧压力的保持。

（2）利用液控单向阀实现保压。

（3）利用蓄能器来进行保压。

为避免因夹紧速度过快，造成工件的损坏，所以回路中采用一个单向节流阀对液压缸的伸出速度进行节流控制。为方便实验现象的观察，在液压缸无杆腔应装有压力表，并且回路中换向阀采用手动操控换向。

1. 回路分析

（1）采用滑阀式结构的换向阀，即使处于中位截止状态，由于滑阀的间隙泄漏，压力无法长时间保持。此外换向阀阀芯覆盖面对保压效果也有明显影响。图 8-78 所示的 M 形中位三位四通换向阀由于阀芯为负覆盖面，在从左位切换到中位时，其过渡阶段为 P、T、A、B 四个油口互通，造成此过程中液压缸无杆腔的高压油液迅速流回油箱，无杆腔压力迅速下降。切换得快，过渡过程维持时间短，压力下降幅值小；切换得慢，过渡过程维持时间长，压力下降幅值大。如采用正覆盖面的阀芯这个问题就可以得到解决。

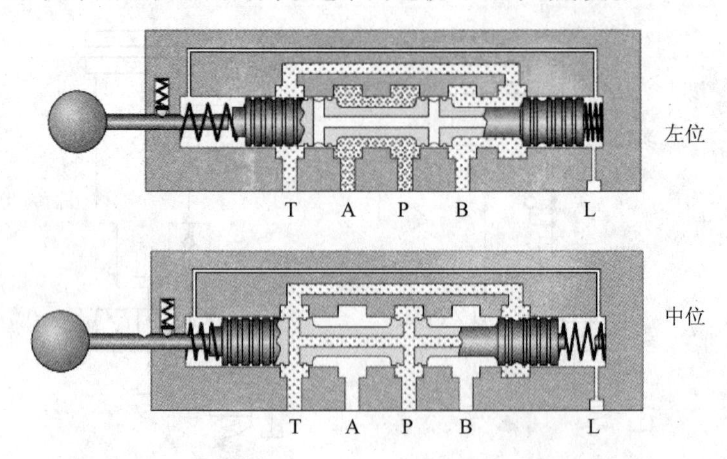

图 8-78　M 形中位换向阀的换向过程

（2）采用液控单向阀，是利用其座阀式结构阀芯关闭的严密性来实现保压的。在换向阀切换到中位时液控单向阀迅速关闭，可以避免了切换过程中液压缸中高压油的泄漏。但由于实验压力一般较低，液控单向阀关闭不够严密，液压缸工作压力仍会有所下降。另外采用 Y 形或 H 形中位的换向阀保压效果要好于 M 形中位的。

（3）采用蓄能器保压，是利用蓄能器所储存的压力油来补充换向阀由于泄漏造成的压力下降，使压力下降速度变慢。蓄能器无法消除换向阀造成的泄漏，只是减小了泄漏对压力值的影响。实验用蓄能器一般容积较小，压力下降仍会比较明显。

方案 3 中选用的是一个带有安全保护装置的蓄能器。这个蓄能器带有一个三位三通换向阀、一个安全阀、一个压力表。三位三通换向阀用于选择蓄能器的工作方式。安全阀的作用在于保证蓄能器储存液压油压力的最高值不会超过安全阀所限定的最高值。在使用蓄能器时应注意泵出口应设置一个单向阀，防止在停泵时，蓄能器中储存的压力油倒灌进泵，使泵倒转并造成泵的损坏。

2. 操作练习

（1）根据图 8-77 方案 1 进行液压回路连接并检查。

（2）连接无误后，打开液压泵及电源，观察液压缸运行情况。

（3）观察换向阀不同切换速度下压力保持的效果，并分析原因。

（4）根据图 8-77 方案 2 进行液压回路连接并检查。

（5）连接无误后，打开液压泵及电源，观察液压缸运行情况。

（6）观察换向阀不同切换速度下压力保持的效果，并分析原因。

（7）改用 Y 形中位或 H 形中位换向阀，观察保压效果是否有所提高，并分析其原因。

（8）根据图 8-77 方案 3 进行液压回路连接并检查。

（9）连接无误后，打开液压泵及电源，观察液压缸运行情况。

（10）观察换向阀不同切换速度下压力保持的效果，并分析原因。

（11）对 3 种保压方案进行比较，说明其各自的特点。

（12）对实验中出现的问题进行分析和解决。

（13）实验完成后，将各元件整理后放回原位。

液压伺服系统是由液压动力机构和反馈机构组成的闭环控制系统，分为机械液压伺服系统和电气液压伺服系统（简称电液伺服系统）两类。其中，机械液压伺服系统应用较早，主要用于飞机的舵面控制和机床仿型装置上。随着电液伺服阀的出现，电液伺服系统在自动化领域占有重要位置。很多大功率快速响应的位置控制和力控制都应用电液伺服系统，如飞机、导弹的舵机控制系统，船舶的舵机系统，雷达、大炮的随动系统，轧钢机械的液压压下系统，机械手控制和各种科学试验装置（飞行模拟转台、振动试验台）等。

液压伺服系统的优点可归纳成下列几点：

（1）液压执行机构的动作快，换向迅速。就流量——速度的传递函数而言，基本上是一个固有频率很大的振荡环节，而且随着流量的加大和参数的最佳匹配可以使固有频率增大到和电液伺服阀的固有频率相比。电液伺服阀的固有频率一般在 100 Hz 以上，因而液压执行机构的频率响应是很快的，而且易于高速启动、制动和换向。液压执行机构与机电系统执行机构相比，固有频率通常较高。

（2）液压执行机构的体积和质量远小于相同功率的机电执行机构的体积和质量。因为随着功率的增加液压执行机构（如阀、液压缸或马达）的体积和质量的增加远比机电执行机构增加的慢，这是因为前者主要靠增大液体流量和压力来增加功率，虽然动力机构的体积和质量也会因此增加一些，但却可以采用高强度和轻金属材料来减少体积和质量。

（3）液压执行机构传动平稳、抗干扰能力强，特别是低速性能好，而机电系统的传递平稳性较差，而且易受到电磁波等各种外干扰的影响。

（4）液压执行机构的调速范围广，功率增益高。

液压伺服系统的缺点可归纳成下列几点：

（1）液压信号传递速度慢不易进行校正，而电信号则是按光速来传递信息，而且易于综合和校正。但是电液伺服系统由于在功率级以前采用了电信号，因而不存在这一缺点，而且在某种意义讲，这种系统具备了电、液两类伺服的优点。

（2）液压伺服系统的结构复杂、加工精度高，因而成本高。

（3）液体的体积弹性模数随温度和混入油中的空气含量变化而变化。当温度变化时对系统性能有显著影响。与此相反，温度对气体的体积弹性模数影响很小，因此对气动控制系统的工作性能影响不大。温度对液体的黏度影响很大，低温时摩擦损失增大；高温时泄漏增加，并容易产生气穴现象。

（4）漏油是液压系统的弱点，它不仅污染环境，而且容易引发火灾。液压油易受污染，并可造成执行机构堵塞。

本章小结

本章主要介绍了液压传动控制系统中常用方向、流量、压力控制元件的结构、工作原理和主要应用，并结合这些元件介绍了行程控制回路、速度控制回路、压力控制回路等多种基本控制回路的构成、功能和实现方法。

习　题

1. 液压回路在设计和分析上与气动回路主要有什么不同点？

2. 什么是座阀式和滑阀式结构，它们各有什么特点？

3. 液压控制阀主要有哪些连接方式，它们各有什么特点？

4. 液压换向阀有哪些操控方式？电液换向阀是如何实现换向的？

5. 什么是换向阀的中位机能？常用的 M 形、O 形、H 形、P 形及 Y 形中位各有什么样的中位机能？

6. 在选择换向阀的中位类型时，主要应考虑哪些因素？

7. 在工件推出装置的液压回路中，液压缸活塞伸出速度和缩回速度的关系是怎样的？为何活塞空载返回时的工作压力会远远高于活塞空载伸出时的工作压力？

8. 液压传动系统中常用的调速方式有哪些？

9. 什么是流量控制阀？液压系统中常用的流量控制阀有哪些，它们在功能上有什么不同？

10. 在定量泵供油的液压系统中，为何没有溢流阀就会使流量阀起不到调速作用？

11. 比较进油节流、回油节流以及旁路节流三种节流调速方式，说明它们各自的优

缺点。

12. 调速阀的工作原理是怎样的？它是如何保证执行元件速度的稳定性的？

13. 请结合直动式和先导式溢流阀的结构特点，说明为何直动式溢流阀只适合用于低压系统，先导式溢流阀可以用于中、高压系统。

14. 溢流阀主要有哪些作用？分析如图 8-79 所示的回路可以获得多少个不同的压力等级，并且是如何实现的？

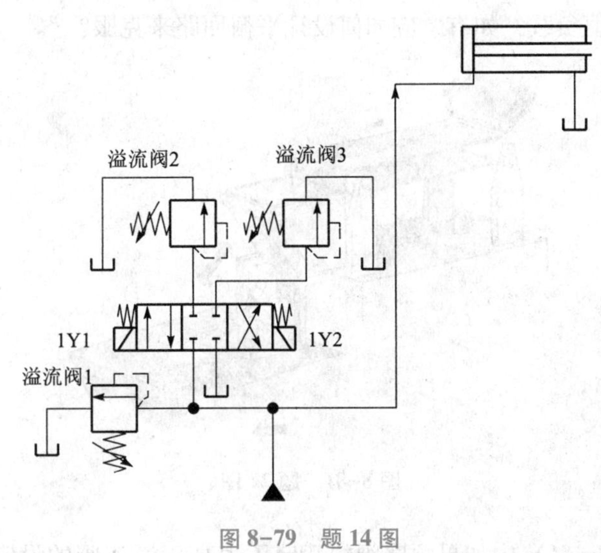

图 8-79　题 14 图

15. 请问如图 8-80 所示的两个速度换接回路是如何实现二种不同速度的换接的？

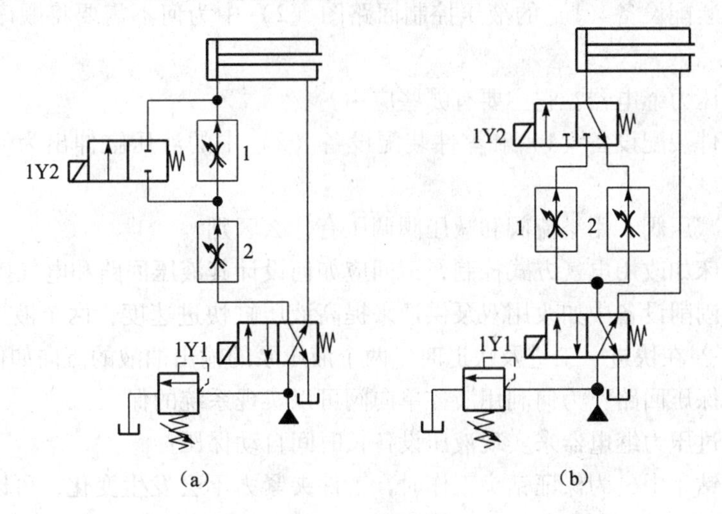

图 8-80　题 15 图

16. 在小型液压钻孔设备中为什么采用调速阀而不采用节流阀调速？如果考虑钻头及活塞自重作为负值负载对伸出速度的影响，应如何改造回路？

17. 如果改为回油节流，小型液压钻孔设备的液压回路和电气控制回路应怎样进行设计？

18. 如何利用差动连接构成快进-工进-快退回路？

19. 什么是压力控制阀？液压系统中常用的压力控制阀有哪些？

20. 直动式顺序阀和直动式溢流阀主要有哪些区别？

21. 什么是平衡回路？除了顺序阀可以产生平衡力外，还有哪些元件也可以用来产生平衡力？

22. 如图 8-81 所示为一液压控制的装卸料翻斗，请问在液压缸活塞带动翻斗装料和卸料时，有没有出现负值负载？如有，应如何设计平衡回路来克服？

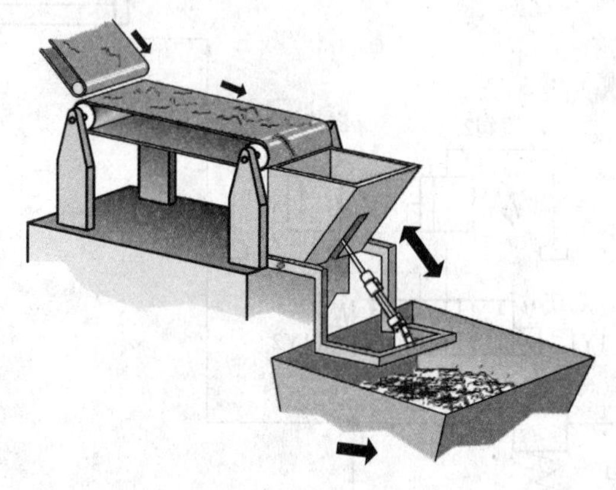

图 8-81 题 22 图

23. 零件装配设备（1）中如果顺序阀的开启压力高于溢流阀的设定压力，会出现什么现象？

24. 在零件装配设备（1）的液压控制回路图（2）中为何不需要将顺序阀 1V2 改为外控式？

25. 什么是压力继电器？它主要有哪些应用？

26. 请问零件装配设备（1）和零件装配设备（2）中的液压缸伸出为何不能改为回油节流调速？

27. 什么是减压阀，用溢流阀和减压阀调压有什么区别？

28. 液压钻床如改用电气方式控制，请问应如何设计其液压回路和电气控制回路？

29. 在专用刨削设备中如改用双泵供油来提高液压缸快进速度，两个液压泵的最高压力应如何进行调节？在快进、工进及快退时，两个液压泵的输出油液的流向如何？

30. 什么是保压回路？为何利用液控单向阀可以实现系统的保压？

31. 如何通过压力继电器来实现液压设备长时间自动保压？

32. 在液压钻床中，为保证钻头工作时，工件夹紧力不会发生变化，可以在夹紧回路中加入液控单向阀进行保压，请问应对回路如何进行改动？

33. 采用双出杆液压缸、差动连接和桥式调速回路都能使液压缸活塞伸缩速度相同，请问它们分别是如何实现的？

34. 总结液压系统中常用的方向控制阀、流量控制阀、压力控制阀有哪些，分别有什么作用？

第9章 液压传动的应用实例

【本章知识点】

1. 液压传动应用实例分析
2. 各类液压元件在实际设备中的应用

【背景知识】

液压传动作为一门非常重要的控制和传动技术，由于其所具有的高效、大功率、高精度等特点在现代工业各个行业中日益得到广泛的应用。本章在前一章所学液压基本回路的基础上，介绍几个液压传动控制系统的应用实例。

9.1 液压采样机

采样机是煤矿企业用于商品煤采样的机械，要求从火车及煤堆上采取煤样，然后对其进行分析，以确定它的各种特性。采样时，火车以一定速度从采样机旁通过，采样机在每个采样点经过时对煤样进行采集。采样机的主要工作部分均采用液压传动。

采样机的工作过程为：首先由液压马达驱动采样臂伸至车厢边；接着由水平液压缸驱动采样臂前伸到第一个采样点；垂直液压缸同时驱动采样手下降到煤堆中进行采样；采样完毕后，水平液压缸和垂直液压缸同时动作，手臂上升并缩回；最后液压马达带动采样臂旋转，卸掉煤样。

重复上述过程再对第二、第三个采样点的煤样进行采集。

采样机的液压系统原理图如图 9-1 所示。

这个采样机液压系统比较简单，它采用的是电气控制方式，主要由行程开关控制各个动作切换。

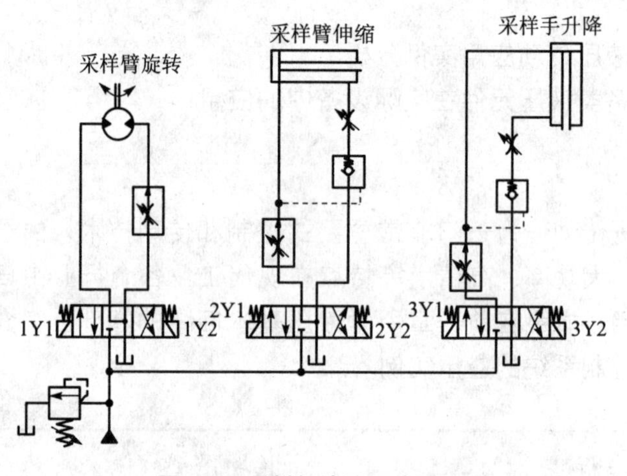

图 9-1　采样机液压回路图

9.2 轴承压装机液压系统

图 9-2 所示的是用于铁道轮对轴承压装的液压回路。这个回路的最大特点一是采用压力继电器对全过程进行自动控制，而不是采用行程控制，这样可以充分保证轴承夹紧和压装所要达到的压力要求；二是采用液压锁紧装置，使轮对锁紧后再压装，充分保证压装质量；

三是采用卸荷回路，减小高压时的换向冲击，并保护压力继电器。

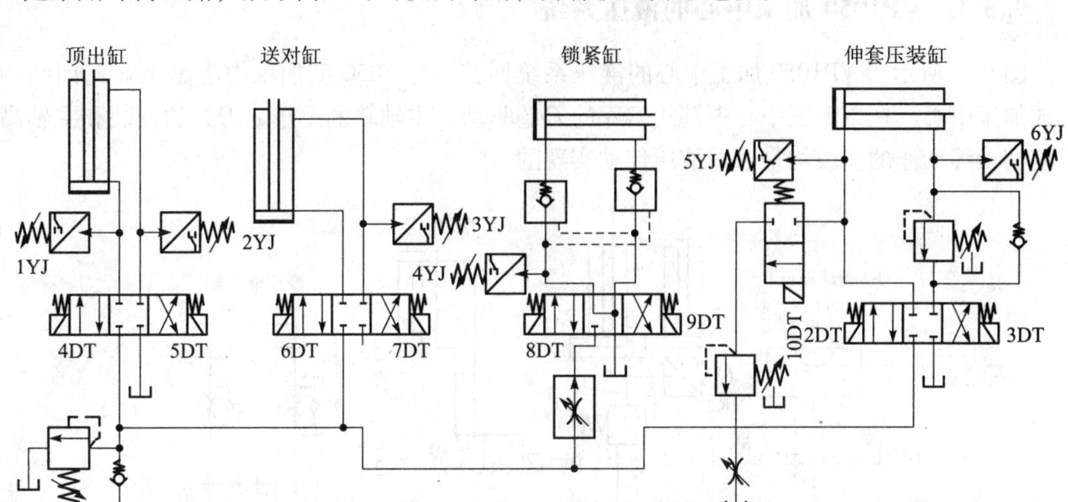

图 9-2　轴承压装机液压回路图

轴承压装机的工作过程如下：

启动后，推入轮对，电磁线圈 4DT 得电，顶出缸顶起轮对；延时后使 6DT 得电，送对缸伸出使 V 形导轨翻转；到位后压力继电器 1YJ 发出信号，使 2DT、8DT 得电，4DT、6DT 断电，伸套压装缸伸出定位，因有回油背压，压装杆不动；在调速阀作用下，锁紧缸在伸套定位后将轮对锁紧，并由压力继电器 4YJ 发出信号使 8DT 断电，保证锁紧可靠；锁紧后系统压力升高，克服顺序阀的背压，压装杆伸出进行压装；完成后，压力升高使压力继电器 5YJ 发出信号，10DT 通电而释压，同时 2DT 断电；3DT、9DT 延时通电后伸套缸与压装杆一起退回，锁紧缸也同时退回；到位后，压力继电器 6YJ 发出信号，使 3DT、9DT 断电，5DT、7DT 通电，进行落对和送对，并让 10DT 断电，恢复可压装状态；此后，压力继电器 3YJ 发信使 5DT、7DT 断电，一次压装过程结束。

9.3　液压技术在数控机床中的应用

液压装置在数控机床中，由于其结构紧凑、输出功率大、工作可靠、易于控制和调节等特点而得到广泛的应用。例如，数控机床的刀架、工作台、主轴箱或动力滑台的运动、工件夹紧、静压支承、刀具的更换、工作台的定位分度等装置上常采用液压传动方式来提高自动化程度和简化机床结构。但液压装置需配置液压泵和油箱，并易产生泄漏和污染，所以主要用于大中型数控机床。

9.3.1 VP1050 加工中心的液压系统

图 9-3 所示为 VP1050 加工中心的液压系统回路。VP1050 型加工中心是工业龙门结构立式加工中心。在该加工中心中链式刀库的刀链驱动、主轴箱的配重、刀具的安装和主轴高低速切换等动作的完成均是通过液压传动实现的。

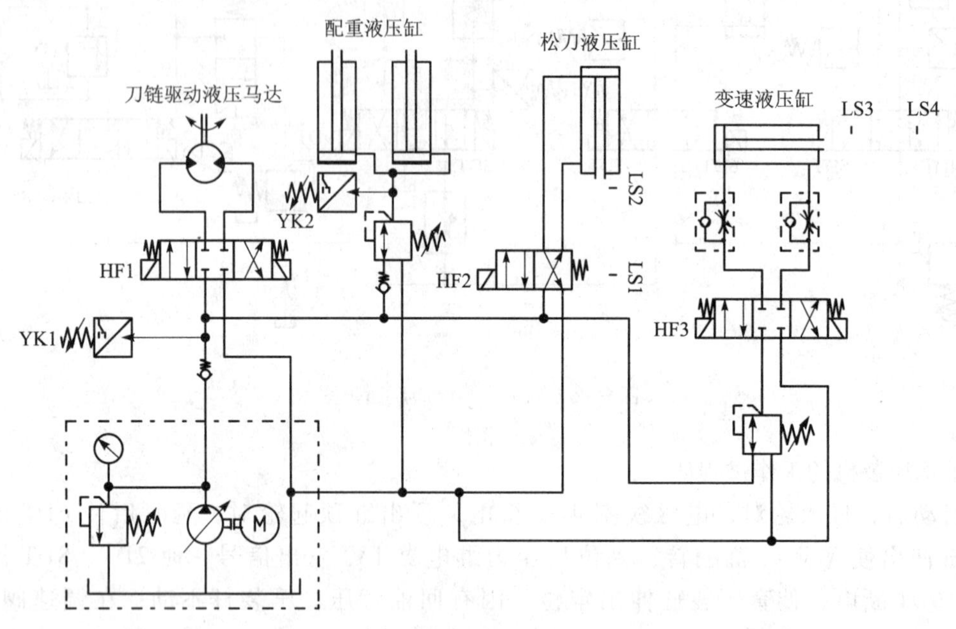

图 9-3　VP1050 加工中心液压系统回路图

1. 液压泵源

VP1050 加工中心的液压系统采用变量泵供油，并在泵出口设置单向阀减小系统断电或其他故障造成液压泵压力突降对系统产生的不良影响，避免机械部件的冲击损坏。压力开关 YK1 用来检测液压系统的压力状态，如供油压力达到预定值，则数控系统可以正常工作；如果 YK1 没有发出信号，则整个数控系统的动作将全部停止。

2. 刀链驱动

VP1050 加工中心的链式刀库有 24 个刀位。在换刀时，由一个双向液压马达驱动刀链转动，使刀位移动到机械手的抓刀位置。液压马达的转向、启停由一个 O 形中位的三位四通电磁换向阀 HF1 控制，到位信号由接近开关发出。

3. 主轴箱配重

由于加工中心的 Z 轴进给是通过主轴箱上下移动来实现的，所以该加工中心利用 2 个液压缸进行主轴箱配重，其目的是消除主轴箱自重对 Z 轴进给精度的影响。主轴箱向上运动时，液压油通过单向阀和溢流减压阀向这两个液压缸下腔供油，产生向上的配重力。压力继电器 YK2 用于配重回路工作状态的监测。

4. 刀具的安装

加工中心采用碟簧拉紧机构对刀具进行拉紧，并利用松刀液压缸使刀具与主轴脱开。松刀液压缸的动作由一个单电控二位四通换向阀 HF2 控制。接近开关 LS1、LS2 用于松刀缸活

塞杆运动位置的检测，它们发出的信号提供给 PLC，来协调刀库、机械手等其他机构完成整个换刀动作。

5. 主轴高低速切换

加工中心主轴传动通过一级双联滑移齿轮进行高低速切换。变速液压缸在一个双电控三位四通换向阀 HF3 的控制下，通过推动拨叉来改变主轴变速箱的交换齿轮的位置，实现主轴高低速的切换。高、低速切换完成信号由接近开关 LS3 和 LS4 发出。通过溢流减压阀可调节变速液压缸的工作压力。单向节流阀用来控制变速液压缸的运动速度，以降低高、低速齿轮换位时的冲击振动。

9.3.2 H 形三维数控钻孔机床的液压系统

H 钢构件在钢结构主梁、立柱等主要构件中有着非常广泛的应用。H 钢专用三维数控钻孔机可以有效解决 H 钢构件钻孔精度的问题。该数控机床中的夹紧装置和钻削进给均采用液压驱动，如图 9-4 所示。

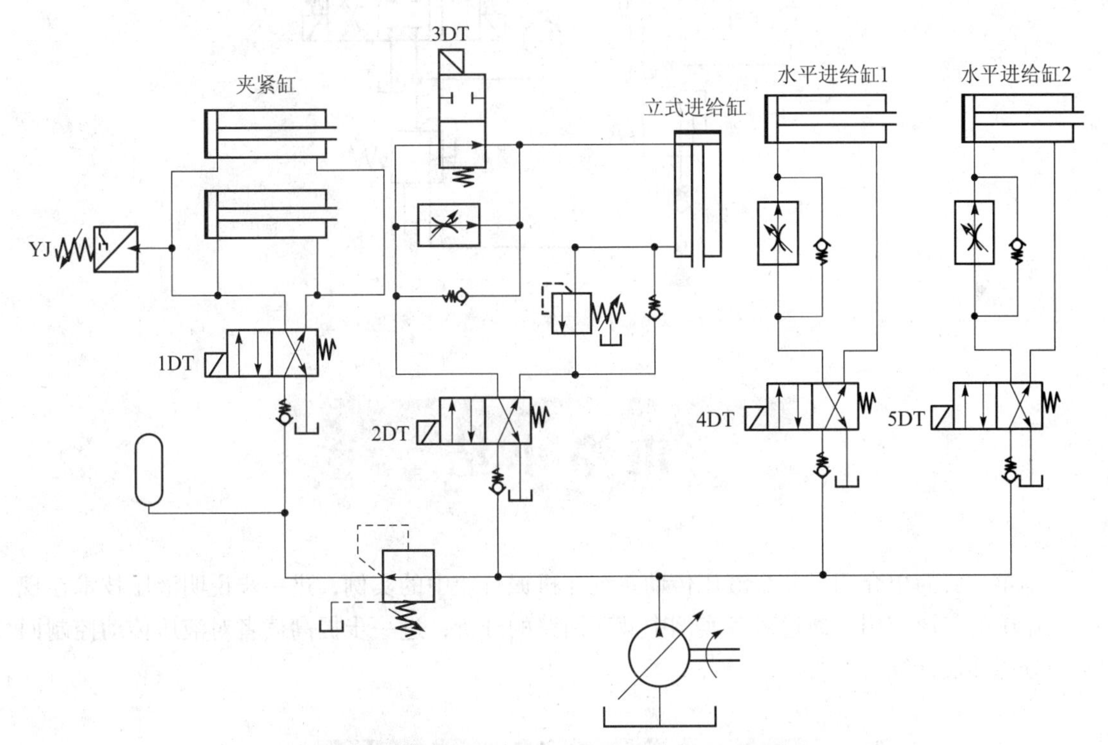

图 9-4 H 钢三维数控钻孔机床液压系统回路图

该钻孔机的液压系统采用限压式变量叶片泵供油，调速采用容积节流调速方式，省去了溢流阀，提高了系统的回路效率。

工件夹紧采用两个夹紧液压缸，为防止其他液压缸运动时对夹紧力的影响，夹紧支路上通过单向阀和减压阀串联来保证夹紧的可靠性。两个水平进给缸用于左右切削动力头的进给，立式进给缸用于立式动力头的进给，它们均采用单向调速阀进行进口节流调速，以保证切削加工时速度的稳定性。立式进给缸还用一二位二通换向阀进行快进与工进的切换，并在

有杆腔油路上串联一顺序阀以平衡重力负载。为防止各缸运动时的互相干扰，在每个供油支路上均单独装有单向阀。

9.3.3 J1CK6132型数控车床的液压系统

J1CK6132型数控车床是济南第一机床厂生产的双轴控制、经济型精密数控车床。该型号数控车床中采用了液压卡盘和液压尾座，来提高机床自动化程度并获得较大的输出力，如图9-5所示。由于它的液压回路比较简单，这里不再具体分析。

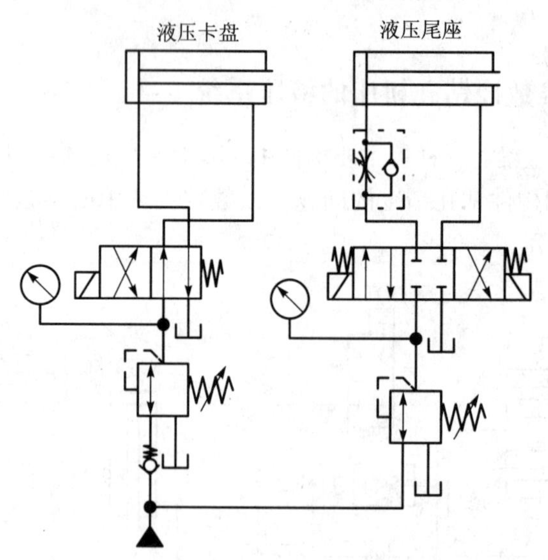

图9-5　J1CK6132型数控车床液压系统回路图

本章小结

本章主要简单介绍了几个液压传动系统在机械行业中的实例，进一步说明液压技术在现代工业中的广泛应用。通过对各实例中液压回路的分析，进一步提高读者对液压传动控制回路的分析和设计能力。

思考题

1. 轴承压装机的液压回路中使用了哪些压力控制阀，在回路中各有什么功能？
2. 在VP1050加工中心液压系统中使用了哪些控制阀，在回路中各有什么功能？
3. H钢三维数控钻孔机的液压系统中使用了哪些控制阀，在回路中各有什么功能？
4. 说明J1CK6132型数控车床液压系统中的单向阀和减压阀的作用。

部分章节实验课题答案

1. 第3章实验课题答案

课题三：门开关控制装置（见附图1、附图2）

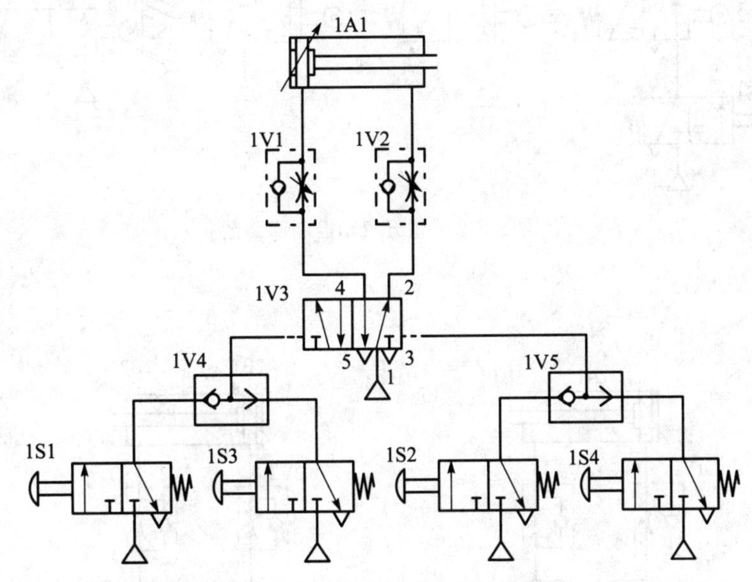

附图1　课题三气动控制回路图

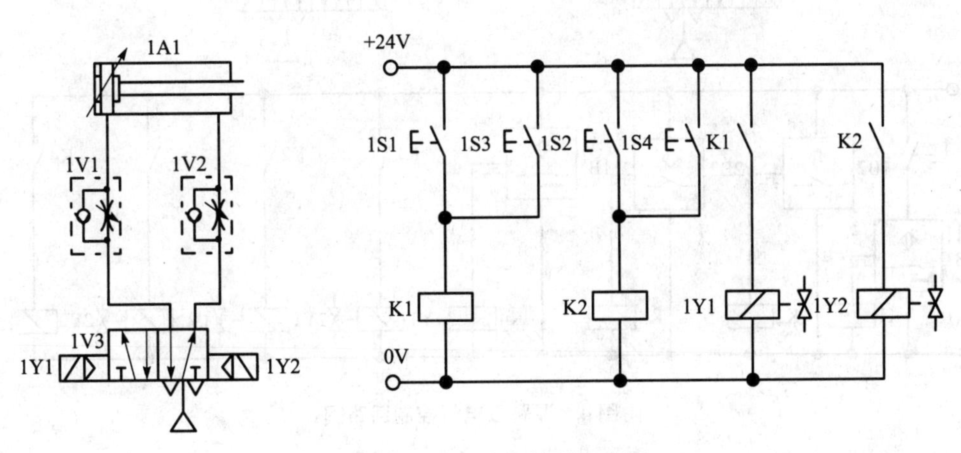

附图2　课题三电气控制回路图

课题五：纸箱抬升推出装置（1）（见附图3、附图4）

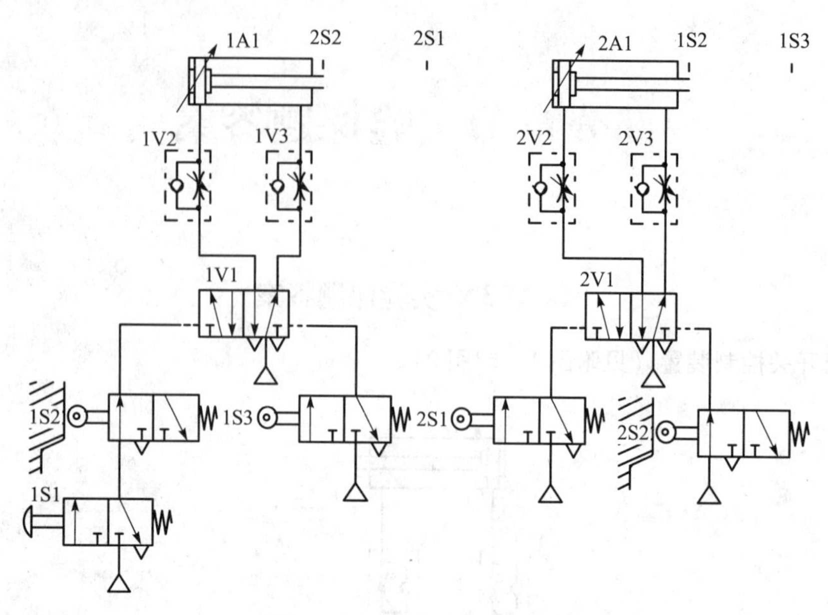

附图3　课题五气动控制回路图

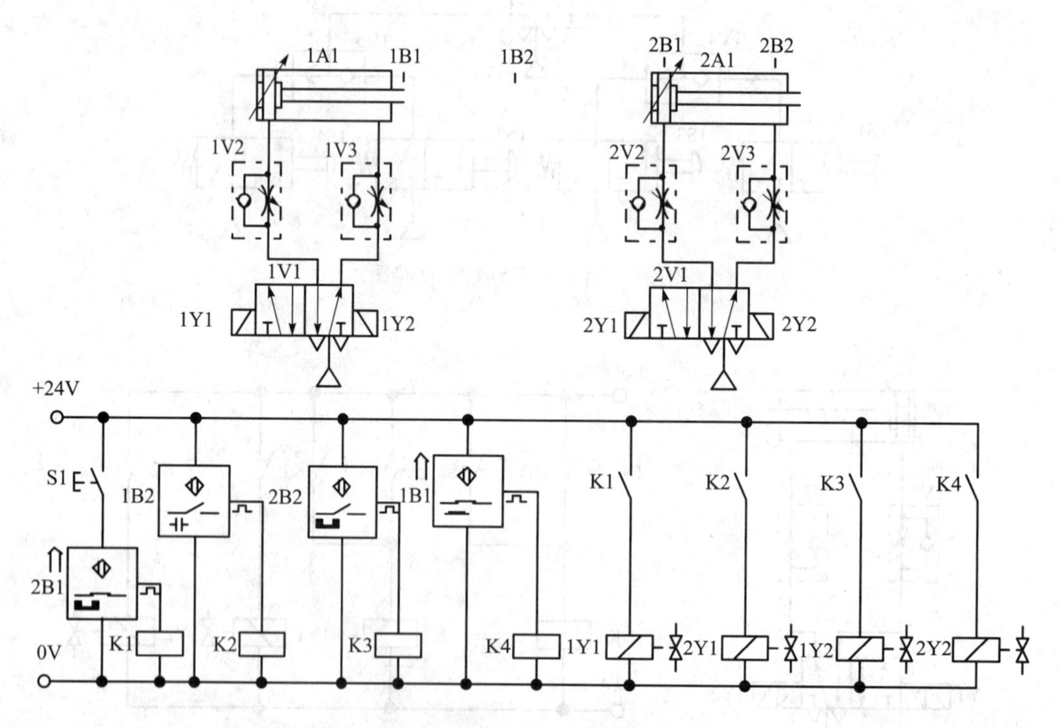

附图4　课题五电气控制回路图

课题六：纸箱抬升推出装置（2）（见附图5、附图6）

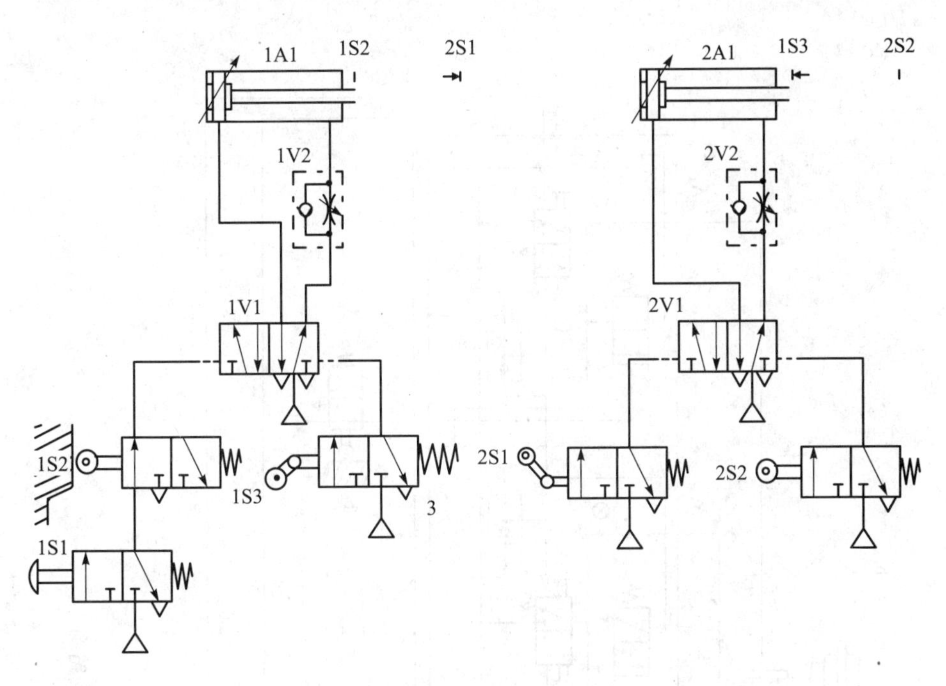

附图5　课题六脉冲信号消障气动控制回路图

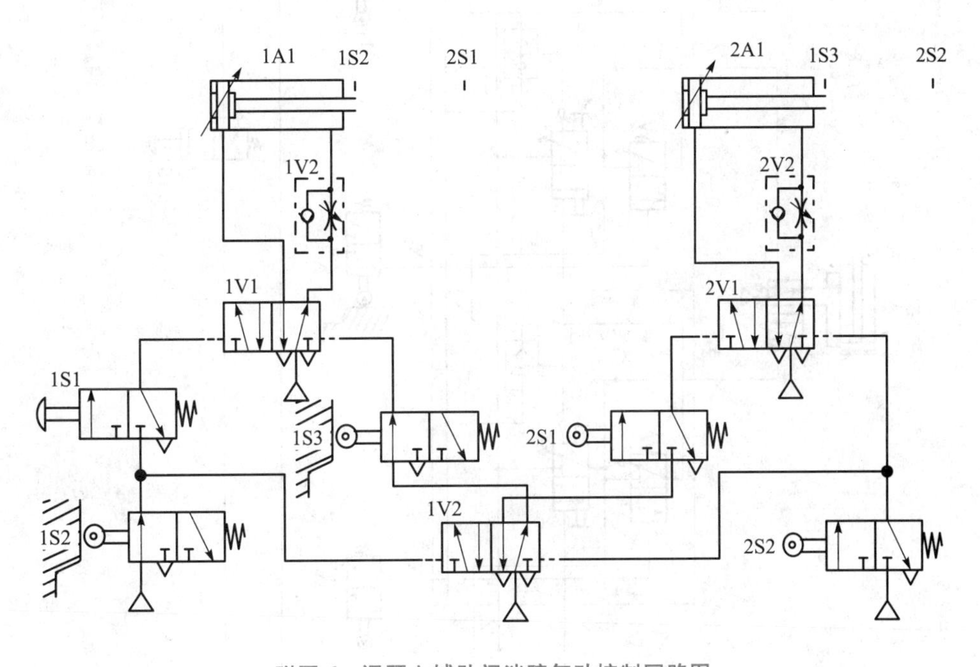

附图6　课题六辅助阀消障气动控制回路图

课题七：节拍器的应用（见附图7）

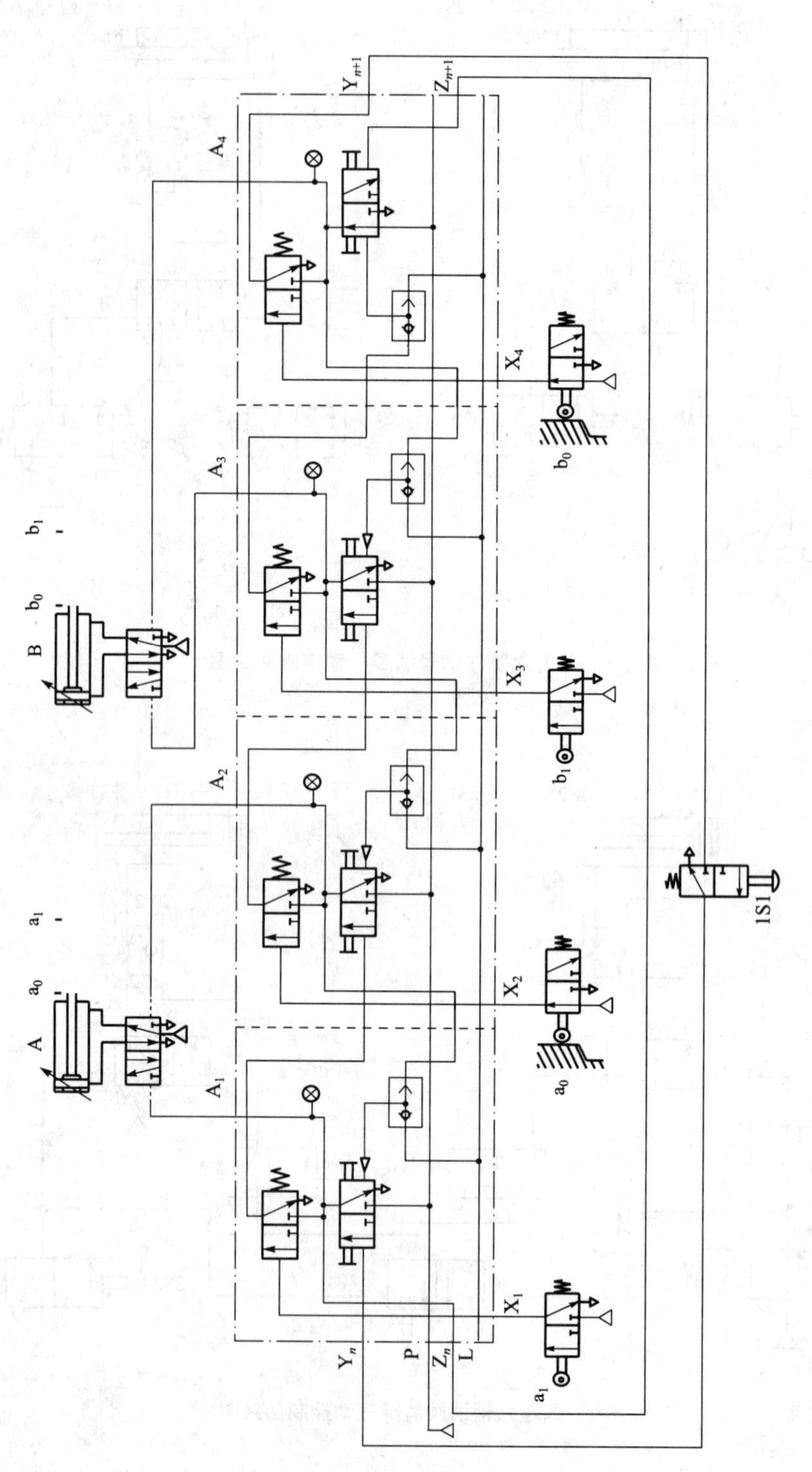

附图7　课题七气动控制回路图

课题八：工件抬升装置（见附图 8）

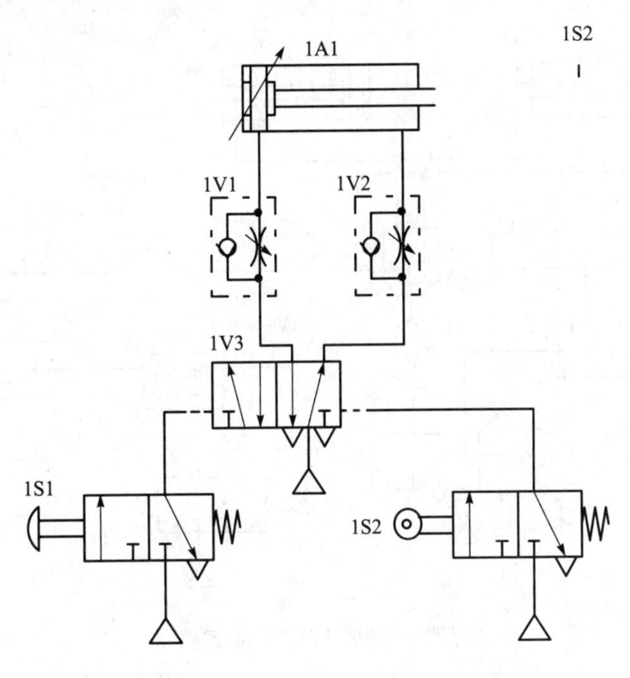

附图 8 课题八气动控制回路图

课题九：木条切断装置（见附图 9）

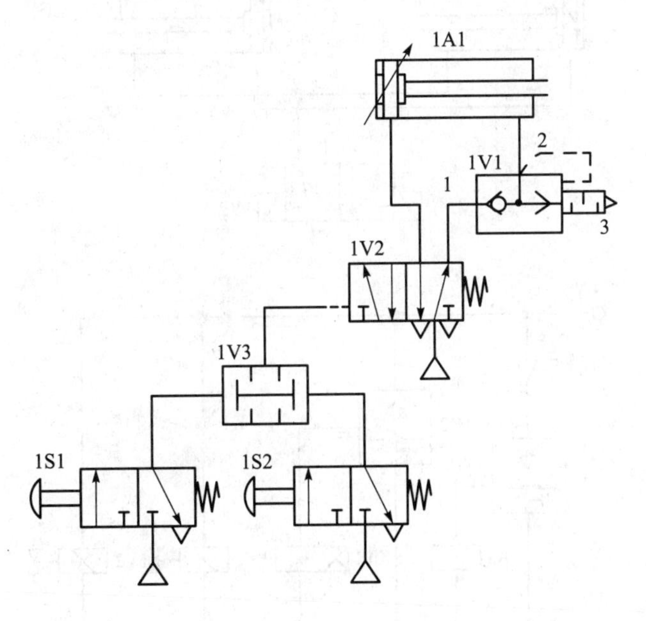

附图 9 课题九气动控制回路图

课题十：标签粘贴设备（见附图10、附图11）

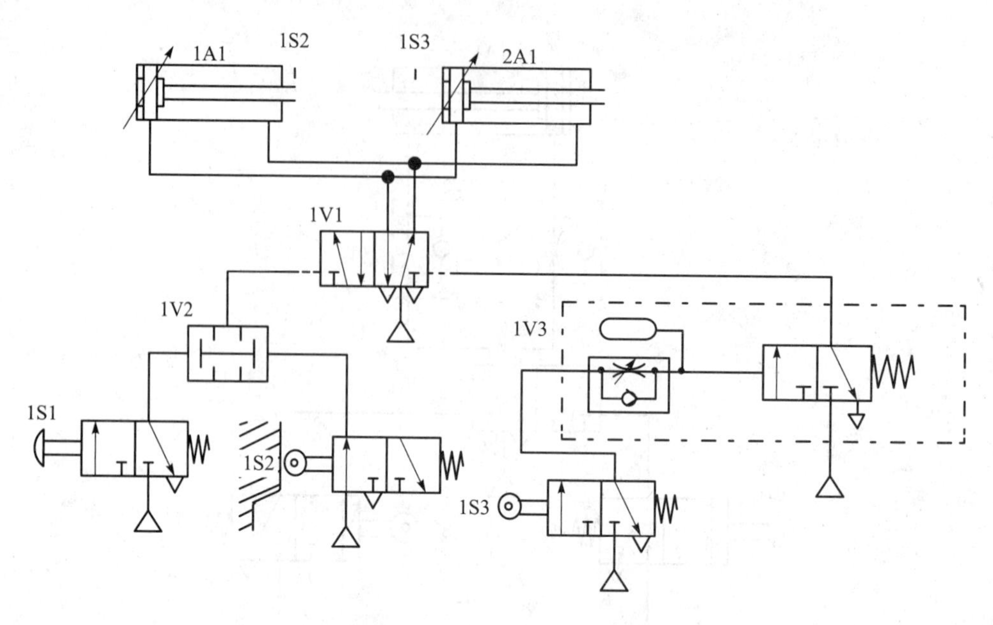

附图10　课题十气动控制回路图

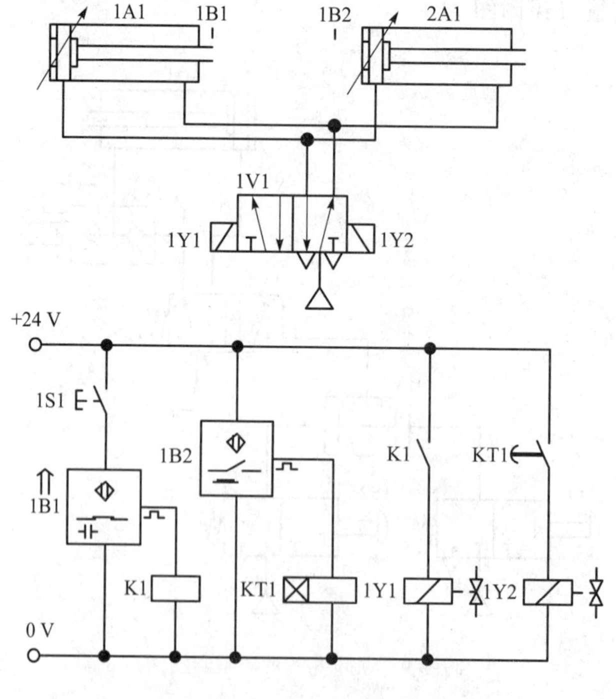

附图11　课题十电气控制回路图

课题十一：圆柱塞分送装置（见附图 12、附图 13）

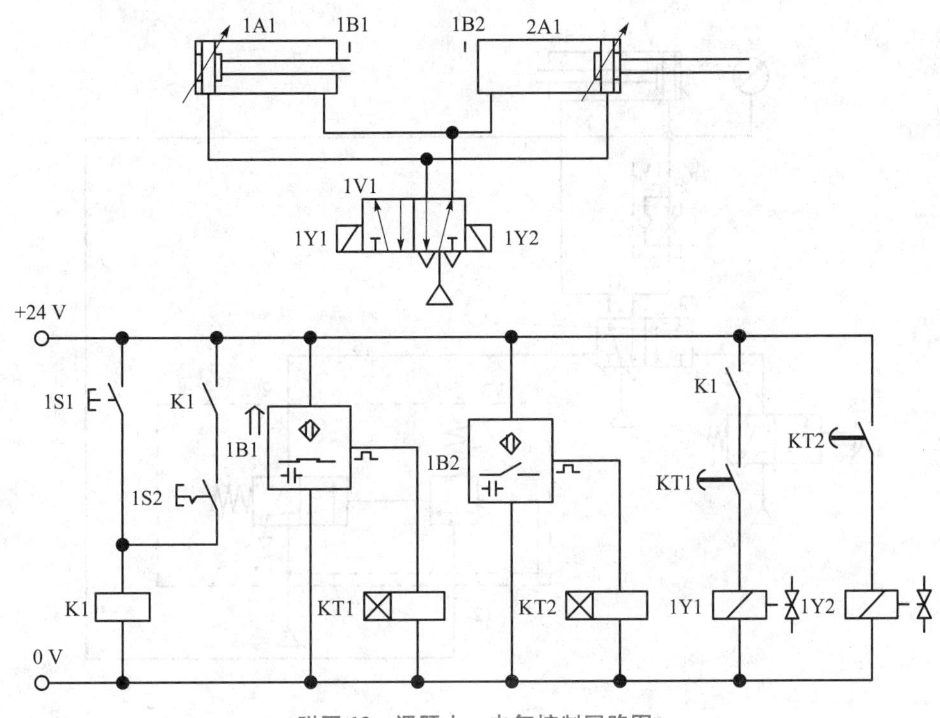

附图 12　课题十一电气控制回路图

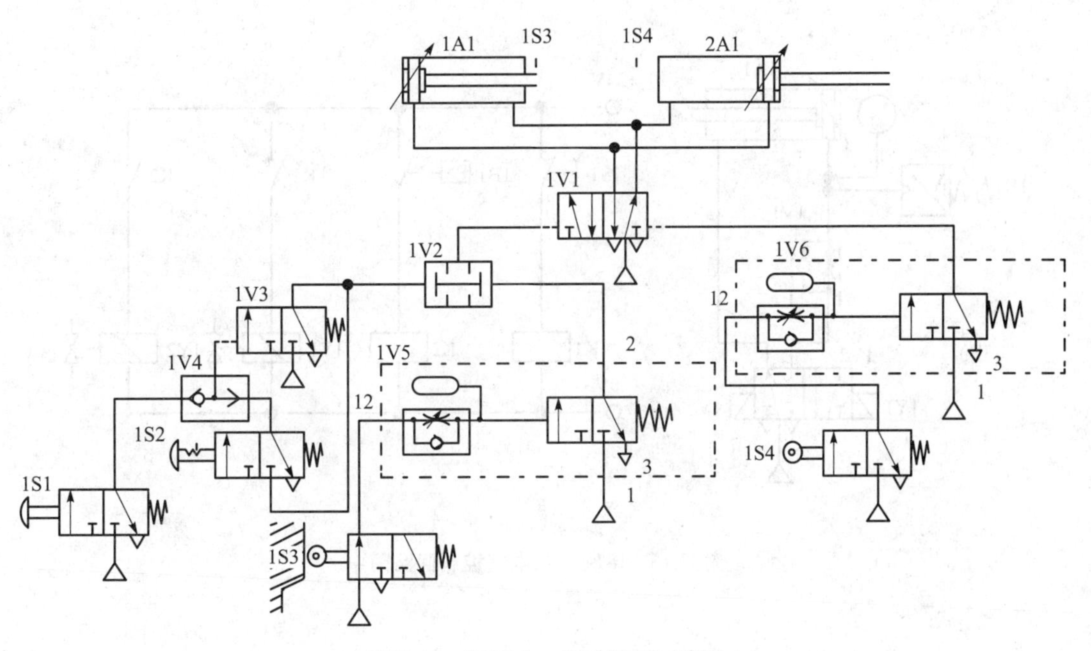

附图 13　课题十一气动控制回路图

课题十二：碎料压实机（见附图14、附图15）

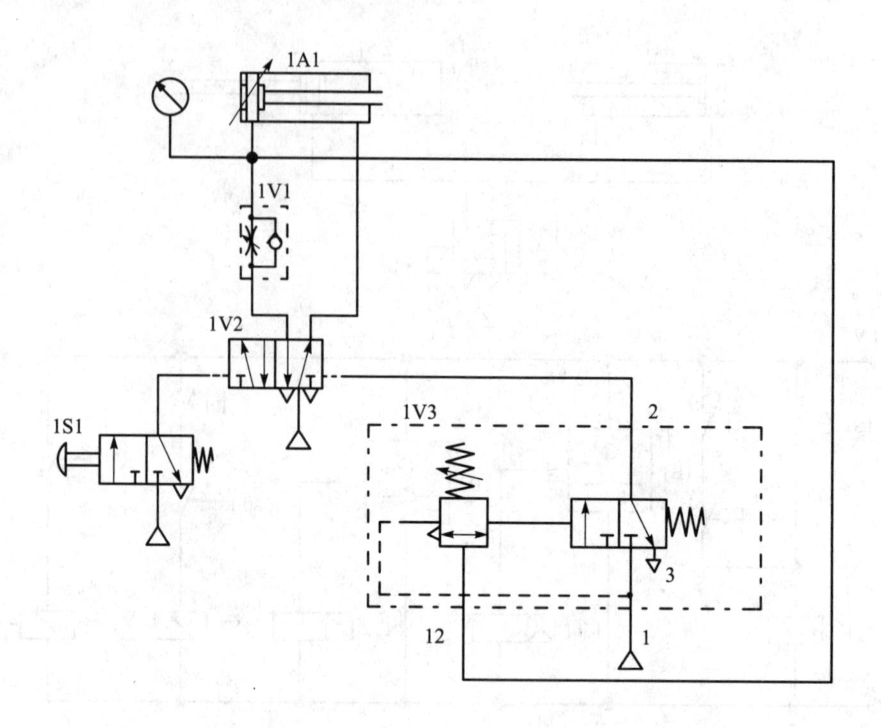

附图14　课题十二气动控制回路图

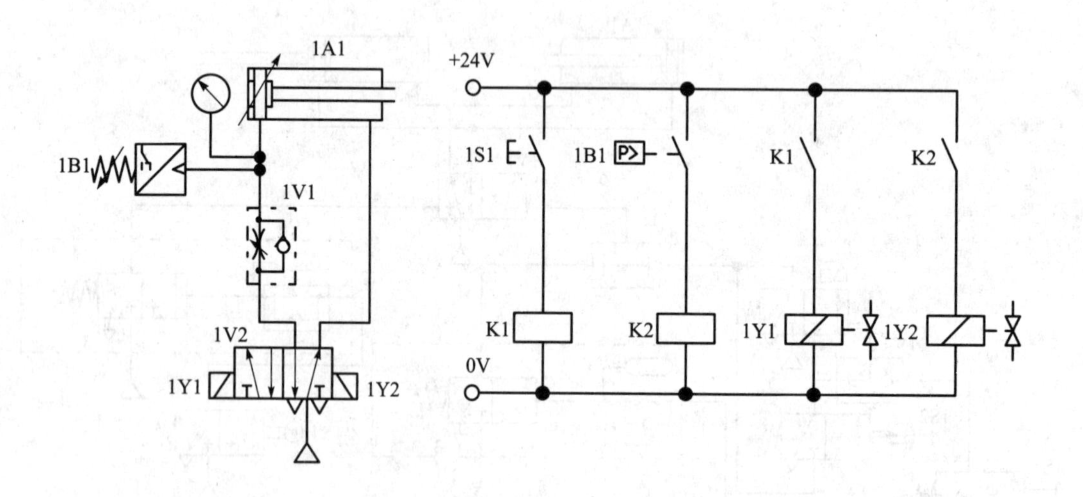

附图15　课题十二电气控制回路图

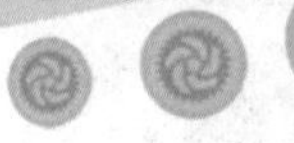

课题十三：塑料圆管熔接装置（见附图 16、附图 17）

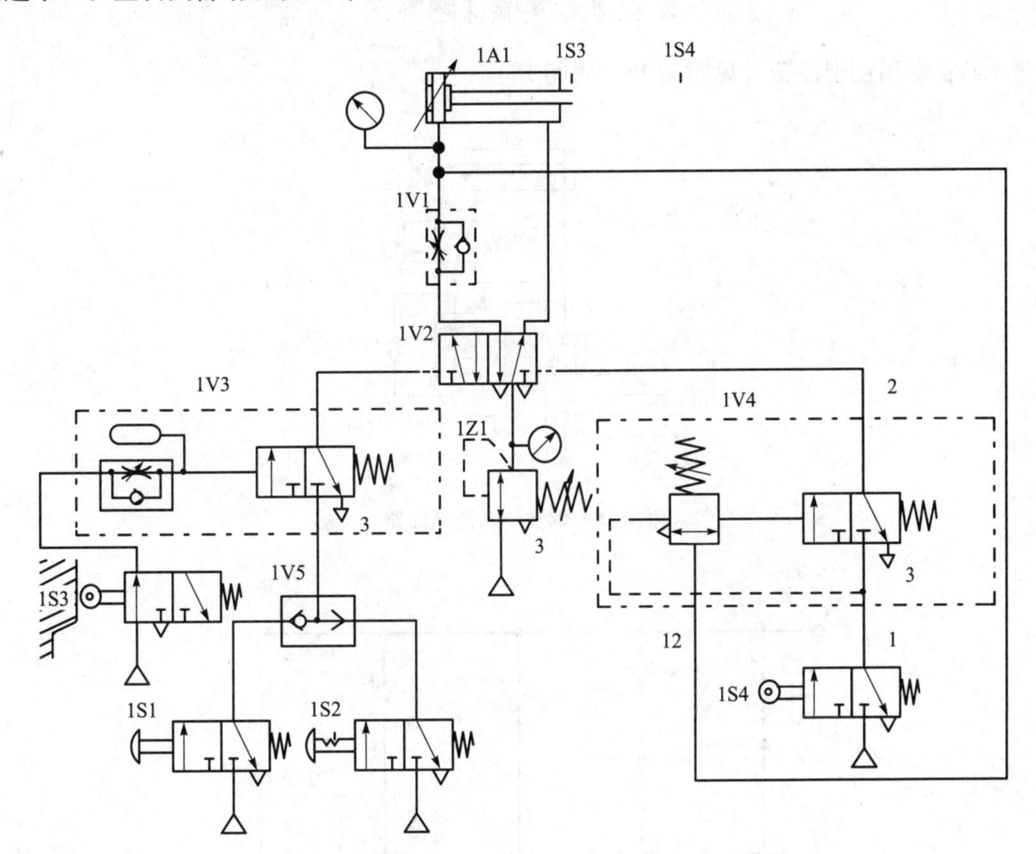

附图 16　课题十三气动控制回路图

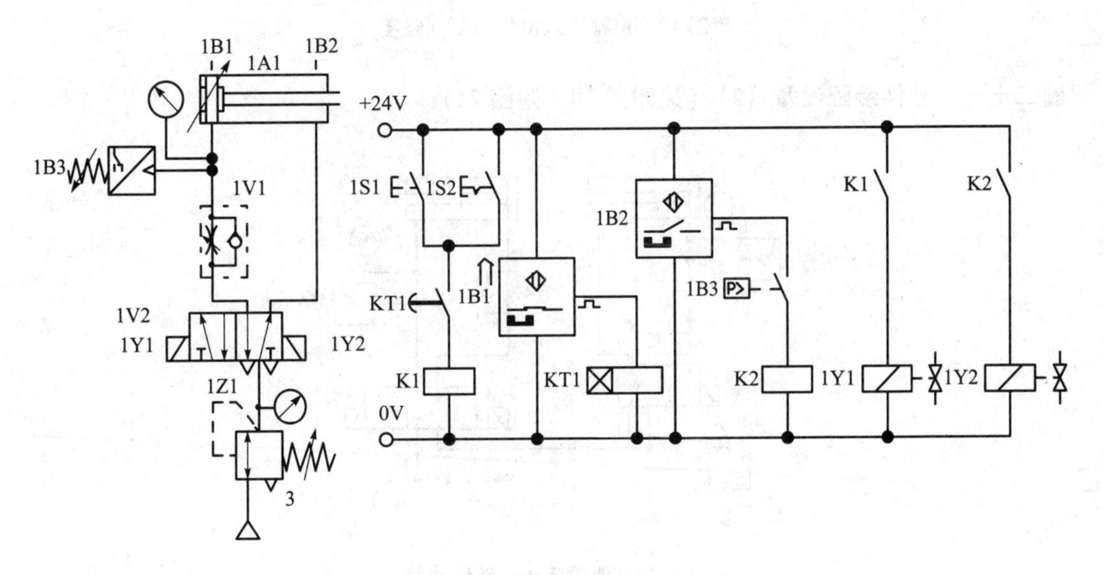

附图 17　课题十三电气控制回路图

2. 第8章实验课题答案

课题十八：专用刨削设备（见附图18、附图19）

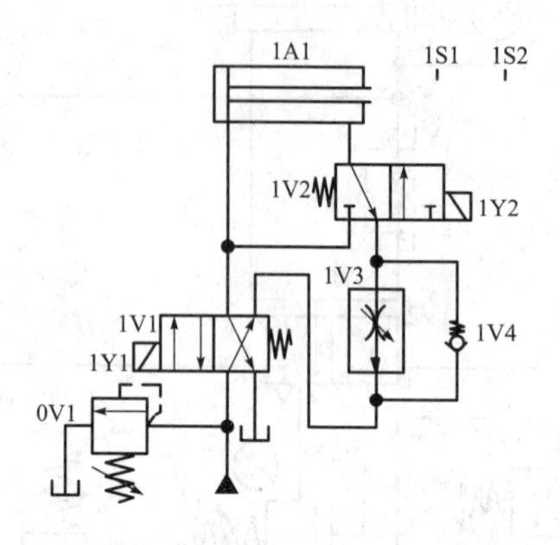

附图18　课题十八液压回路

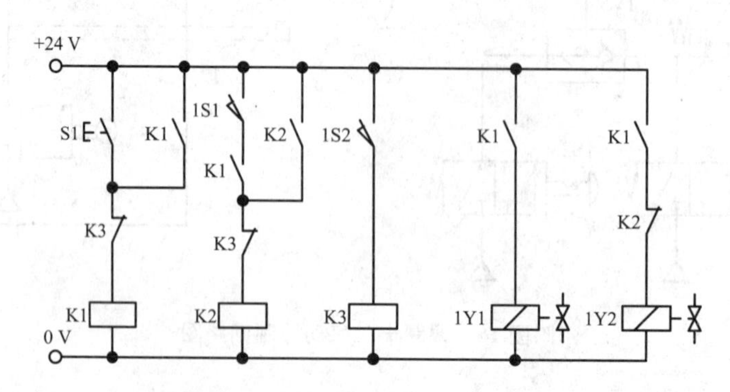

附图19　课题十八电气控制回路图

课题二十一：零件装配设备（2）（见附图20、附图21）

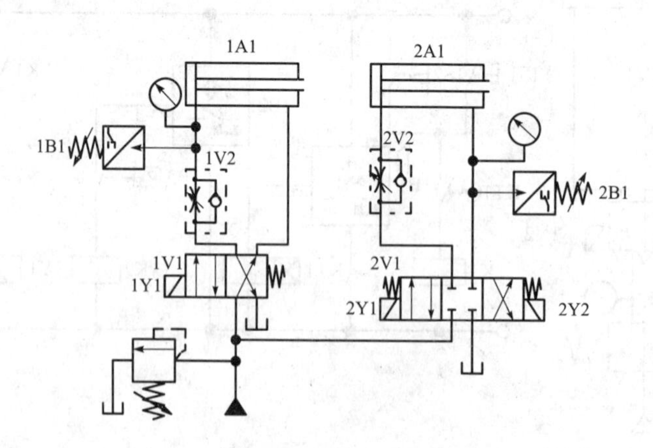

附图20　课题二十一液压回路

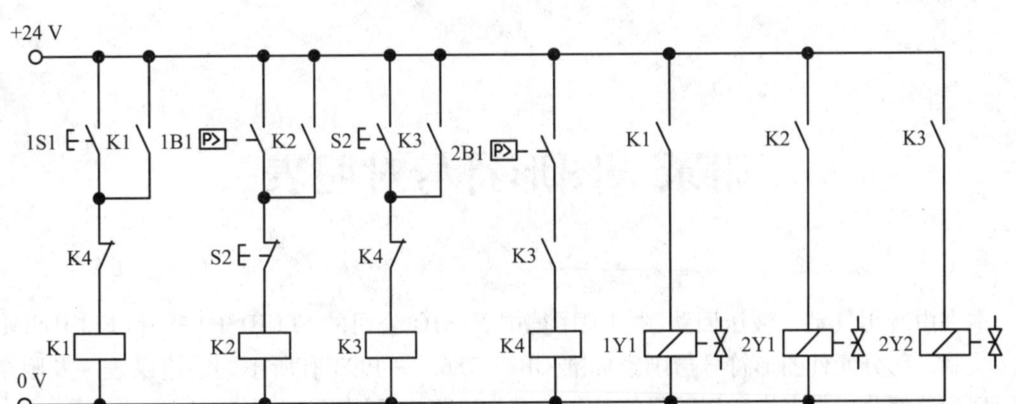

附图 21　课题二十一电气控制回路图

课题二十二：液压钻床（见附图 22）

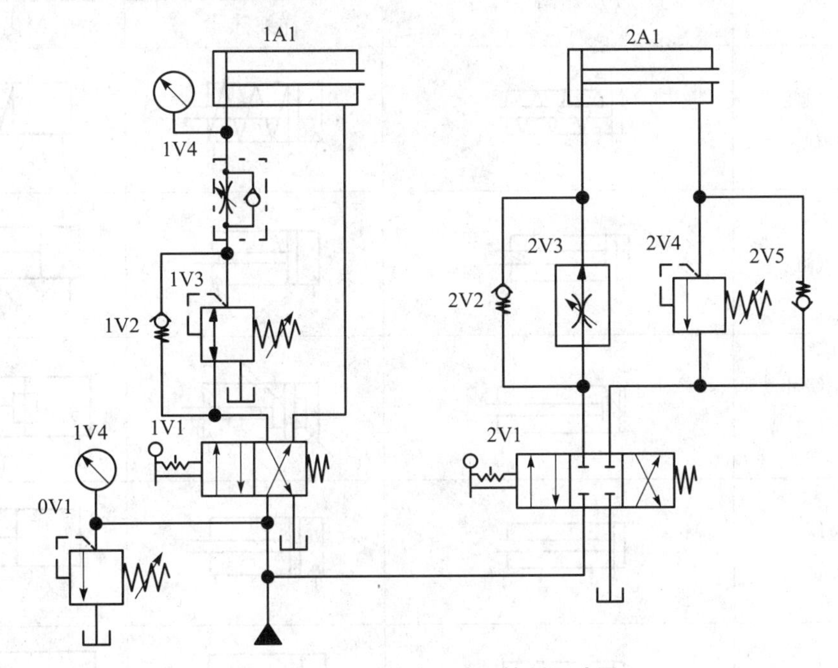

附图 22　课题二十二液压控制回路图

附录　图形符号对照表

本书中所用气动、液压回路图均采用德国 FESTO 公司的 FLUIDSIM-P 和 FLUIDSIM-H 软件绘制，部分元件图形符号与国家标准 GB/T 786.1—1993 有所不同。附录表一及附录表三所列为这部分元件书中所用图形符号与国家标准规定的图形符号的对比。

附录表一：执行元件

元件名称	书中所用图形符号	GB/T 786.1—1993 图形符号	
		详细符号	简化符号
单作用气缸（带弹簧）	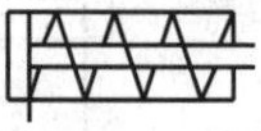	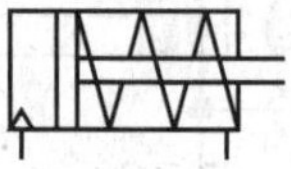	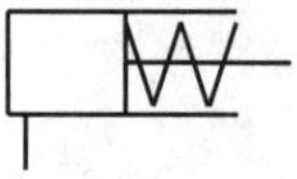
双作用气缸	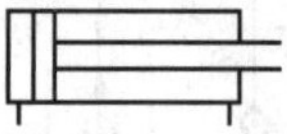	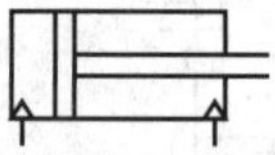	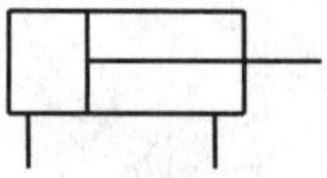
双向可调缓冲双作用气缸	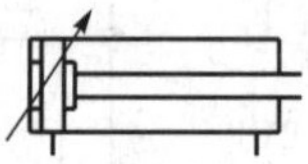	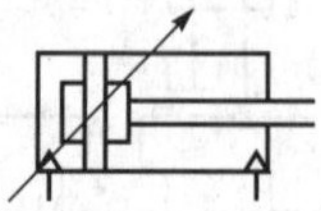	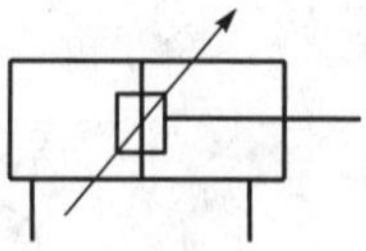
单作用液压缸（不带弹簧）	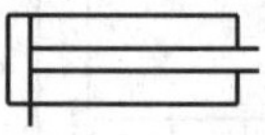	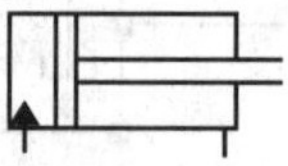	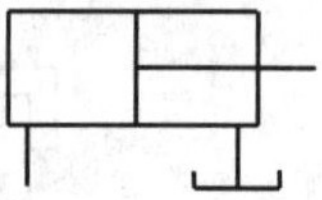
双作用液压缸	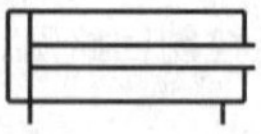	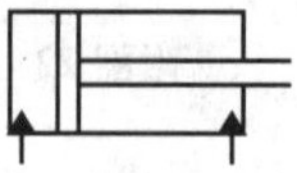	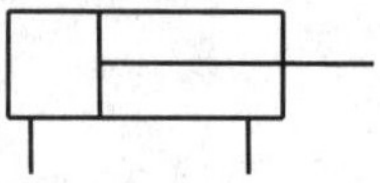
双向可调缓冲双作用液压缸	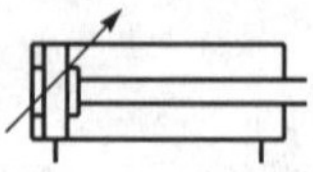	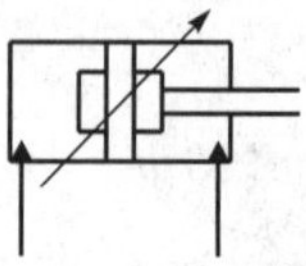	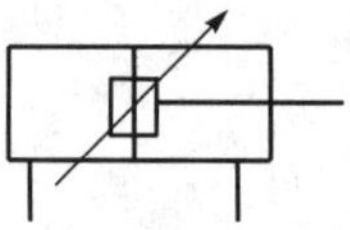
双活塞杆液压缸	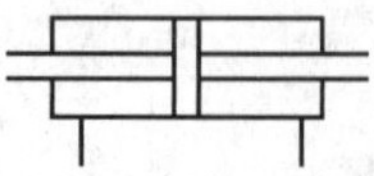	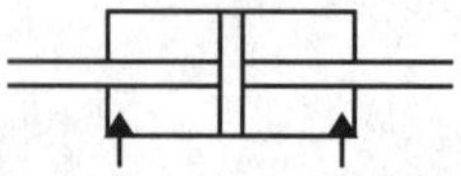	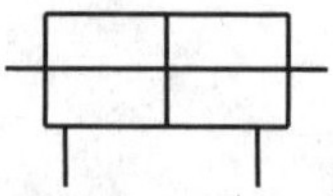

附录表二：控制阀

元件名称	书中所用图形符号	GB/T 786. 1—1993 图形符号	
		详细符号	简化符号
压力继电器*			
气动溢流减压阀			
直动式顺序阀			
外控式顺序阀			
溢流减压阀			
*：液压系统中压力继电器的图形符号只要将图中的空心三角改为实心三角即可。			

参 考 文 献

[1] 左健民．液压与气压传动［M］．北京：机械工业出版社，1998.
[2] 刘新德．袖珍液压气动手册［M］．北京：机械工业出版社，2004.
[3] 帕·克罗斯．气动技术［M］．上海：同济大学出版社，1990.
[4] D. Merkler B. Schrader M. Thomes. 液压技术［M］．上海：同济大学出版社，1991.
[5] 上海工业大学流体控制研究室．气动技术基础［M］．北京：机械工业出版社，1982.
[6] SMC（中国）有限公司．现代实用气动技术［M］．北京：机械工业出版社，1998.
[7] 张磊．实用液压技术 300 题［M］．北京：机械工业出版社，1998.
[8] Werner Deppert，Kurt Stoll. 气动技术［M］．北京：机械工业出版社，1999.
[9] 沙杰．加工中心结构、调试与维护［M］．北京：机械工业出版社，2003.
[10] 周士昌．液压气动系统设计运行禁忌 470 例［M］．北京：机械工业出版社，2002.
[11] 胡海清．气压与液压传动控制技术基本常识［M］．北京：高等教育出版社，2005.
[12] 中国机械工程学会设备维修分会．《机械设备维修问答丛书》编委会编．液压与气动设备维修问答［M］．北京：机械工业出版社，2002.
[13] 钱荣芳．H 钢三维数控钻孔机床的液压系统设计［J］．液压与气动，2004（2）.
[14] 陈秀梅，韩福生，等．采样机的液压驱动系统设计［J］．液压与气动，2005（9）.